dictionnaire laitier

DEUXIÈME ÉDITION AUGMENTÉE

JEAN-FRANÇOIS BOUDIER - FRANÇOIS M. LUQUET

PRÉFACES
G. BRENET
J. CASALIS †

TECHNIQUE & DOCUMENTATION
11, rue Lavoisier
75384 PARIS CEDEX 08

© Technique et Documentation
11, rue Lavoisier, F - 75384 PARIS CEDEX 08, 1981
ISBN : 2-85206-092-2

dictionnaire
laitier

préfaces

de la première édition

DEPUIS le début du siècle, les structures de transformation du lait ont évolué profondément. Les productions fermières et artisanales ont fait place à l'industrie laitière.

Il s'est posé le problème du transfert de l'information. Pendant longtemps les connaissances techniques basées sur l'observation et le tâtonnement, se sont transmises par la parole. Les quelques rares livres professionnels anciens ne comportent pas de textes sur les techniques laitières, car rien ne le justifiait. En effet, la diffusion des procédés était limitée à un secteur très localisé, dans lequel les contacts directs entre initiés étaient constants. Elle s'appuyait toujours sur la démonstration et la compréhension était donc grandement facilitée.

Actuellement, grâce à l'Enseignement et à la Recherche, les connaissances sont plus approfondies ; elles se transmettent d'une région à un pays, voire à un continent. Elles constituent les fondations de l'Industrie Laitière, qui se doit de constituer un service de documentation. Mais trop souvent, leur assimilation se heurte à un obstacle : la signification précise des termes techniques utilisés, c'est-à-dire la terminologie. A l'extrême, chaque auteur se crée une langue particulière, comme chaque région à ses expressions propres ; regrettons, en passant, les discussions nées tout simplement, d'une mauvaise compréhension réciproque des termes employés.

L'idée d'un lexique donnant les définitions de base se justifie donc amplement. Il importe, toutefois, qu'il renferme celles employées par la majorité des auteurs : là est la difficulté. MM. LUQUET et BOUDIER se sont efforcés de résoudre ce problème majeur en consultant les nombreux documents qui remplissent les bibliothèques scientifiques et techniques. Ce présent ouvrage, qui vient à son heure, est le fruit de leur travail. Les enseignants, les étudiants, les hommes de la science et de la profession l'apprécieront certainement. Nous nous réjouissons d'une telle initiative qui facilitera grandement la tâche de tous les responsables de formation. Aussi réel est notre plaisir à féliciter sincèrement les auteurs de ce « lexique des termes utilisés en industrie laitière ».

G. BRENET,
Inspecteur National
de l'Enseignement Laitier.

LE VOCABULAIRE se modifie d'année en année dans tous les domaines de la science et de la technologie. Des termes disparaissent que l'on ne rencontre plus que dans des traités ou des manuels déjà anciens. Des néologismes apparaissent périodiquement ; en outre fréquemment des emprunts sont faits aux langages des pays où ont été inventés ou mis au point de nouvelles techniques, de nouveaux procédés. Le vocabulaire n'a pas échappé à cette règle générale : L'Industrie Laitière est restée longtemps empirique et les laitiers utilisaient souvent un langage quelque peu folklorique. Depuis quelques décennies, ce langage s'est enrichi, modifié, au fur et à mesure du progrès des connaissances. Et souvent le même terme a pris plusieurs significations. Tant et si bien que des définitions précises devenaient nécessaires. Les pays anglophones et germanophones étaient, jusqu'à présent, en avance sur la France avec les ouvrages de DAVIS : « Dictionnary of Dairying » et de SCHULZ : «Molkerei Lexikon : Milchwirtschaft von A − Z».

MM. LUQUET et BOUDIER publient un lexique laitier français dans lequel ils ont rassemblé environ 2000 mots ou expressions dont ils donnent la définition. On ne saurait trop les féliciter d'avoir puisé dans les traités de laiterie (anciens ou modernes) les termes de métier et d'avoir en même temps donné des indications sur les données les plus récentes de la technologie et de la Science Laitière.

Cet ouvrage rendra certainement aux professionnels laitiers, aux étudiants et aux enseignants laitiers de grands services. Je souhaite qu'il trouve auprès d'eux une large diffusion qui permettrait, comme cela se fait pour les ouvrages de DAVIS et de SCHULZ, des rééditions successives où seraient apportés des compléments et des améliorations.

J. CASALIS †
Professeur au Centre National
des Industries Agricoles, Douai.

avant-propos

NOUS qui sommes confrontés quotidiennement à des problèmes de terminologie et d'interprétation, avons jugé utile de donner à chaque terme une définition se rapprochant de la réalité scientifique et technique afin que ceux qui s'intruisent en Industrie Laitière ou se recyclent en la matière, aient en mains un outil de base.

Cet ouvrage s'adresse à des non initiés ou à des personnes en contact avec les professionnels laitiers de tous niveaux (techniciens de fabrication, de laboratoire, relation culture, commerciaux, administratifs).

Le vocabulaire choisi est donc volontairement simple et exact afin d'éviter toute contradiction.

Cette seconde édition comprend 2 500 mots, complétés par leur traduction anglaise.

Nous avons essayé de tenir compte des suggestions critiques faites par les lecteurs de la première édition, mais soulignons que c'est sciemment que nous n'avons pas indiqué les noms usuels des fromages (que l'on trouvera dans la littérature adéquate).

Nous nous sommes attachés à la définition des produits laitiers ainsi qu'aux méthodes ou aux appareils se rapportant à la composition du lait.

Nous souhaitons que cette nouvelle édition apporte au lecteur une pleine satisfaction et signalons que nous restons ouverts à toute proposition.

J.-F. BOUDIER - F.-M. LUQUET

annexes

abréviations

n.f.   : nom féminin - *feminine noun*

n.m.   : nom masculin - *masculine noun*

n.p.   : nom propre - *proper noun*

abv.   : abréviation - *abbreviation*

adj.   : adjectif - *adjective*

v.   : verbe - *verb*

loc.   : locution - *phrase*

angl.   : anglais - *english*

Laitière de Cherbourg
(XIXe siècle)

GERLIER

Pho. Michelet

a

ABOMASUM n.m.
Autre nom désignant la caillette.
♦ Abomasum

ABSORBANCE n.f.
Voir DENSITÉ OPTIQUE.
♦ Absorbance

ABSORBANT [pouvoir] adj.
(ou absorptivité n.f.)
Rapport de l'énergie radiante reçue par unité de surface à l'énergie absorbée par cette même surface.
♦ Absorptivity or absorptive power

ABSORPTION n.f.
Au sens général signifie assimilation. Pour se nourrir les bactéries lactiques absorbent le lactose pour y puiser leur énergie en le transformant en acide lactique.
♦ Absorption

ABSORPTION ATOMIQUE
[spectrométrie d'] n.f.
Principe physique d'analyse spectrométrique de quantités très faibles d'éléments minéraux.
Ex. : oligoéléments du lait (fer, zinc, cuivre, etc.)
        métaux toxiques (mercure, plomb, etc.)
♦ Atomic absorption spectrometry (AAS)

ABSORPTION OPTIQUE n.f.
Principe optique de certains photomètres exprimé par la loi de BEER et LAMBERT

$$[A = Log \frac{I_0}{I}]$$

A = absorption optique (densité optique)
I_0 = intensité du flux (nitial)
I = intensité du flux transmis (flux sortant)

et permettant de mesurer l'absorption en % de la lumière passant à travers une solution.
♦ Optical absorption

ACARICIDES n.m.
Produits chimiques antiparasitaires utilisés pour détruire les acariens comme les mites, cirons, tiques... Ils peuvent se retrouver dans le lait.
Ex. : Le dicofol, le fénizon etc... voir pesticides).
♦ Acaricide

ACÉTALDÉHYDE n.m.
Aldehyde volatil organique de formule :
$CH_3—CHO$. Il provient de la dégradation des sucres au cours de la fermentation. Produit par la décarboxydation de l'acide pyruvique, il est souvent réduit en alcool éthylique. C'est un constituant important de l'arome des yaourts qui peut aussi se retrouver dans les beurres.
♦ Acetaldehyde

ACÉTIQUE [acide] adj.

CH_3—COOH acide organique dérivé de l'alcool éthylique par oxydation - volatil. Produit dans le rumen des polygastriques, transporté par la voie sanguine jusqu'à la mamelle, il sert de base à la synthèse des constituants du lait. Donne des acétates avec les bases. Produit par la fermentation hétérolactique.

♦ Acetic acid

ACÉTOÏNE n.m.

Acétylméthylcarbinol CH_3—CO—CHOH—CH_3 insipide précurseur du diacétyle - se transforme en diacétyle par oxydation. Produit de la fermentation du lactose ou de l'acide citrique par les ferments lactiques hétérofermentaires : *Leuconostocs, Streptococcus diacetylactis.*

♦ Acetoïn

ACHROMOBACTER n.m.

Voir achromobacteriaceae.

♦ Achromobacter

ACHROMOBACTERIACEAE n.f.

Famille (BERGEY) rassemblant des bactéries saprophytes, formant une part importante de la microflore psychrotrophe. Aérobie ne fermentant pas les sucres, ne coagulant pas le lait qui peut même devenir alcalin. Certaines espèces produisent des substances visqueuses, d'autres des substances colorées. Gram négatif, trois genres : *Alcaligenes, Achromobacter, Flavobacterium.*

♦ Achromobacteriaceae

ACIDE n.m.

Composé hydrogéné libérant en solution aqueuse des protons H^+, donnant un pH inférieur à 7.

Ex. : Acide chlorhydrique $HCl \rightarrow H^+, Cl^-$

Acide lactique :
CH_3—CHOH—COOH
$\rightarrow CH_3$—CHOH—COO$^-$, H^+

«La fonction acide» est caractérisée par la propriété : Acide + Base → Sel + eau.

♦ Acid

ACIDE [indice d'] n.m.

Indice caractérisant une matière grasse. C'est le nombre de milligrammes de potasse nécessaire pour neutraliser l'acidité libre d'un gramme de cette matière grasse. Il est surtout employé pour le beurre.

♦ Acid value or Acid number :
= % FFA (as oleic acid) X 1,99

ACIDE GRAS n.m.

Acide organique possédant un groupement polaire hydrophile constitué par le radical univalent carboxyle COOH et un groupement hydrophobe constitué d'une chaine carbonée. Leur structure peut se présenter sous forme :
- linéaire, monoinsaturée (ex. acide oléique) ou polyinsaturée (ex. acides linoléique et linolénique), saturée (ex. acides butyrique, caproïque, stéarique).

- ramifiée (acide isovalérique),

Les acides gras estérifient le glycérol sous forme de glycérides ou lipides: Ils confèrent aux matières grasses, suivant leur structure et leurs proportions relatives des qualités physiques particulières (point de fusion, texture, goût, ...)

On les dose par voie :
- Chimique - Mesure d'indices (iode, Reichert, Meissl, Polenske...)
- Chromatographique - Après estérification (souvent méthylation)
- Spectrophotométrique.

♦ Fatty acid

ACIDES GRAS VOLATILS INSOLUBLES [incide de] ou AVI n.m.

Voir POLENSKE (indice de)

♦ Insoluble volatile acids value

ACIDES GRAS VOLATILS SOLUBLES [indice de] ou AVS n.m.

Voir REICHERT-MEISSL-WOLNY (indice)

♦ Soluble volatile acids value

ACIDES INSOLUBLES TOTAUX [indice] n.m.

Voir HEHNER (indice de)

♦ Insoluble acids value

ACIDES SOLUBLES TOTAUX [indice] n.m.

Voir PLANCHON (indice de)

♦ Soluble acids value or water soluble fatty acids value (WSA)

ACIDIFICATION n.f.

Processus biochimique résultant de l'action des bactéries lactiques sur le lactose qui se trouve principalement transformé en acide lactique.

Ex. : La courbe d'acidification du sérum de fromagerie permet de suivre l'évolution de l'égouttage, l'aptitude des bactéries à produire de l'acide lactique.

♦ Acidification or souring

ACIDIMÈTRE n.m.

Instrument servant à doser l'acidité des solutions selon le principe de la titrimétrie. Acidimètre Dornic : étalonné pour doser l'acidité du lait ou du lactosérum au moyen de soude N/9.

♦ Acidimeter

ACIDITÉ n.f.

Se traduit par un pH inférieur à 7. L'acidité d'un lait frais entre 16 et 18° Dornic, ou pH 6,65 à 6,67. Acidité titrée et pH varient en sens inverse.

♦ Acidity

ACIDITÉ [degré d'] n.f.

Valeur caractérisant une matière grasse ; c'est le nombre de millilitres de liqueur basique normale (NaOH ou KOH) nécessaires pour neutraliser les acides gras libres contenus dans 100 g de matière grasse. Il est très utilisé pour quantifier la lipolyse.

♦ Acid Degree Value (ADV)

ACIDOPHILE [flore] adj.

On trouve aussi le terme acidurique ; désigne des microorganismes qui aiment les milieux acides, peut aussi parfois désigner des micro-organismes qui peuvent pousser à des pH bas. Ex. : les lactobacilles sont des germes acido-philes en particulier *lactobacillus - acidophilus.*
♦ Acidophilic (bacteria) or Aciduric (bacteria)

ACIDOVORE [flore] adj.

Désigne les microorganismes consommant l'aci-de lactique des fromages : levures - moisissures.
♦ Acid eating (bacteria) or Acid consuming (bacteria)

ACIDULÉ adj.

Terme de dégustation qualifiant un goût acide et âcre.
Ex. : le lactosérum a un goût acidulé.
♦ Acidulous or acidulated

ACIDURIQUE adj.

Voir ACIDOPHILE.
♦ Aciduric

ACINUS n.m.

Cellule de l'épithélium mammaire, secrétrice du lait. Au pluriel des acini.
♦ Acinus

ACKERMANN [calculateur d'] n.p.

Calculateur mécanique très simple permettant de calculer rapidement l'extrait sec du lait (par kilo de lait) connaissant la densité à 15 °C et sa teneur en matière grasse (par kilo de lait) à partir de la formule de FLEISCHMANN
♦ Ackermann calculator

ACTINISATION n.f.

Procédé de pasteurisation qui associe l'action du rayonnement ultra-violet à celle du rayonne-ment infra-rouge dans des tubes à quartz. La mise en œuvre ne nécessite pas de générateur de vapeur, mais seulement de l'électricité ; il convient particulièrement pour les petites unités.
♦ Actinisation

ADAM-MEILLÈRE [méthode] n.p.

Méthode pondérale éthéro-ammoniacale autre-fois utilisée pour le dosage de la matière grasse du lait. Voir GALACTOMÈTRE.
♦ Adam-Meillere (method)

ADAMS [méthode d'] n. p.

Méthode pondérale de dosage de la matière grasse. Une quantité connue de lait est absorbée sur un papier filtre puis après séchage on extrait la matière grasse par solvant (éther) dans un appareil Soxhlet et l'on pèse le résidu.
♦ Adams (method)

ADDITIF ALIMENTAIRE n.m.

D'après la commission du CODEX alimentarius, l'additif serait «toute substance y compris les substances microbiennes qui n'est pas normale-ment consommée en tant que denrée alimen-taire en soi et n'est pas normalement utilisée comme ingrédient principal d'une denrée alimentaire et dont l'addition à la denrée alimentaire à divers stades de son élaboration entraîne ou peut entraîner directement ou indirectement une action sur les caractéristiques de cette denrée. On peut les classer en deux catégories :

* Les additifs directs :

1. : Agents conservateurs
   - antimicrobien
   - antioxygène
   - antibiotique
   - protecteurs contre les parasites
2. : agents d'action organoleptique
   - colorants
   - aromatisants
   - agents de sapidité (salant, édulcorant, acidulant, exhausteur de saveur, éblouis-seur)
   - agents de texture (émulsifiant, disper-sant, épaississant, gélifiant, liant, antiex-sudant, desséchant, attendrisseur, raffer-misseur, moussant, foisonnant, allégeant, antimottant, agent de glaçage, agent d'enrobage, excipient, révélateur, dena-turant)
3. : améliorants de la valeur nutritive ou nu-triments artificiels.

* Les additifs de fabrication :
Ce sont des auxiliaires temporaires, opération-nels, technologiques, de fabrication.
On trouve parmi eux :
   - les acides
   - les bases
   - les solvants d'extraction
   - les clarifiants (défécants, séquestrants, anticoagulants, échangeurs d'ions)
   - les enzymes
   - les levures chimiques
   - les agents de démoulage
   - les antimoussants.

♦ Food additive

ADERMINE n.f.

Nom scientifique européen de la vitamine B_6 (voir VITAMINE)
♦ Adermine

ADJUVANT n.m.

Toute substance ajoutée dans un but précis. Ce terme est surtout utilisé pour les auxiliaires de fabrication et les renforçateurs de goût.
♦ Additive or processing aids

ADN n.m.

Acide désoxyribonucléïque, principal constituant du noyau de la cellule et des chromosomes en particulier. La réaction de Feulgen utilisée pour le dépistage des laits mammiteux, est fondée sur la teneur en ADN du lait.

♦ DNA (Deoxyribonucleic acid)

ADOUCISSEMENT n.m.

Traitement appliqué à l'eau d'alimentation des chaudières en vue de réduire sa dureté. Réalisé selon deux procédés :

- Chimique : par addition de chaux $Ca(OH)_2$ et de carbonate de soude Na_2CO_3. Les sels incrustants se décomposent et décantent.

Ex. : $(CO_3H)_2Ca + Ca(OH)_2 \rightarrow 2\ CaCO_3 + 2H_2O$

- Échange d'ions :
  - sur terres naturelles (glauconies)
  - sur matières organiques traitées (charbons sulfonés)
  - sur résines synthétiques «zéolithes» appelées «permutites».

♦ Water softening

ADOUCISSEUR n.m.

Appareil servant à l'adoucissement des eaux dures. Les ions sodium Na^+ présents dans l'échangeur permutent avec les ions calcium Ca^{++} et magnésium Mg^{++} des sels dissous dans l'eau. Il se forme des sels de sodium non incrustants. Lorsque l'échangeur a permuté tous ses anions Na^+, il faut régénérer avec une solution de chlorure de sodium.

♦ Water softener

ADRÉNALINE n.f.

Hormone dont la secrétion est provoquée par un choc ou une émotion (bruit, présence étrangère...) et qui chez la vache bloque la secrétion lactée.

♦ Adrenalin

ADSORPTION n.f.

Phénomène de fixation en surface (d'adhésion). Les résines échangeuses d'ion utilisées pour l'adoucissement de l'eau de chaudière fonctionnent suivant ce principe. La réaction de SCHERN — GORLI employée pour le contrôle de la pasteurisation est fondée sur le principe de l'adsorption de fines particules colorées par les agglutinines du lait cru.

♦ Adsorption

ADULTÉRATION (ou fraude) n.f.

Les principales adultérations du lait sont :
- le mouillage
- l'écrémage
- l'adjonction d'antibiotiques et antiseptiques
- l'adjonction d'un lait d'une autre origine comme le lait de vache ajouté au lait de chèvre.

♦ Adulteration

AÉROBACTER n.m.

Voir ENTÉROBACTER

♦ Aerobacter

AÉROBIE adj.

Se dit de microorganismes qui ne peuvent se développer qu'en présence d'air ou d'oxygène libre.

♦ Aerobic

AÉROBIOSE n.f.

Vie en présence d'air. En aérobiose, les levures contribuent à la désacidification de la surface des fromages à pâte molle.

♦ Aerobiosis

AÉROMONAS n.m.

Bactérie Gram négative faisant partie de la microflore psychrotrophe. Présence de cils polaires. Indologène. Les contaminations par Aéromonas ont pour origine l'eau.

♦ Aeromonas

AÉROSOL n.m.

Suspension dans une phase gazeuse inerte d'un produit sous forme de très fines particules ou gouttelettes.

♦ Aerosol

AFFINAGE n.m.

Période pendant laquelle les fromages subissent sous l'action des enzymes naturelles et microbiennes des transformations physicochimiques qui leur confèrent leurs caractéristiques organoleptiques (texture, goût, aspect). La durée et les conditions d'ambiance et les soins diffèrent selon les types de fromages.

Ex. : pour le Camembert de lait pasteurisé, la durée moyenne d'affinage est de 1 à 2 semaines à 8 - 10 °C et 85 % HR (humidité relative).

pour le Gruyère de Comté, 10 jours en cave froide à 10 à 12 °C et 85 % HR, 2 à 3 mois en cave chaude à 16 à 17 °C et 90 à 95 % HR.

♦ Ripening or ageing or maturation or curing

AFLATOXINES n.f.

Ce sont des dérivés de la coumarine produit par Aspergillus flavus Link (sol, graines oléagineuses). Parmi les dizaines de formules différentes, la plus dangereuse est Aflatoxine B_1 qui se métabolise en M_1 (lait de vache)

Toxicité : DL 50 par voie orale du caneton de 1 j. B_1 0,24 mg/kg - M_1 0,32 mg/kg - M_2 (B_2) 1,24 mg/kg

Chez la vache 0,30 à 1,5 % d'aflatoxine ingérée passe dans le lait (M_1). Voir MYCOTOXINES.

♦ Aflatoxin

AFNOR abv.

Sigle désignant l'Association Française de NORmalisation. Cet organisme a pour objet d'établir des normes et de veiller à leur respect. Ces normes s'appliquent tant aux marchandises qu'aux méthodes d'analyse ou de fabrication.

♦ AFNOR

AGAR-AGAR n.m.

Gélifiant autorisé sous le n° E 406. Voir GÉ-LOSE.

♦ Agar-Agar

AGGLOMÉRATION [procédé] n.f.

Procédé de fabrication de poudres de lait entier instantanées. Voir INSTANTANISATION.

♦ Agglomeration process

AGGLUTINATION n.f.

Phénomène observé dans le lait cru à $7 - 8\,^{\circ}C$ dans le cas de l'écrémage spontané au cours duquel les globules gras se rassemblent en grappes sous l'influence des agglutinines. Ce phénomène disparaît progressivement lorsque le lait est chauffé au-dessus de $60\,^{\circ}C$ (voir ANTICORPS).

♦ Agglutination or clustering

AGGLUTININES (ou euglobulines) n.f.

Anticorps de nature protidique qui apparaissent dans certains sérums (sang, lait...) et provoquent l'agglutination de certains microbes et même des globules rouges. Les agglutinines existent normalement dans le lait cru (lacténines L_1, L_3), elles sont adsorbées à la surface des globules gras. Elles inhibent certaines bactéries pouvant être entraînées vers la surface avec les globules gras ou se déposer au fond des récipients dans le lait écrémé (voir lacténines). Leur action s'exerce également sur les globules gras qu'elles emprisonnent dans une sorte de gel favorisant ainsi leur remontée à la surface du liquide.

♦ Agglutinins

AGUEUSIE n.f.

Perte de la sensibilité gustative.

♦ Ageusia or ageustia

AÏRAG n.m.

Nom donné en Asie centrale (Mongolie) au Koumiss fabriqué à partir du lait de jument.

♦ Aïrag

AISY n.f.

Liquide acide résultant du murissement spontané ou provoqué d'une recuite. C'est une véritable culture de ferments thermophiles. Il intervient dans la constitution de la présure dite naturelle dans la fabrication traditionnelle du comté. Voir RECUITE - SERAC.

♦ Aisy

AISYLIÈRE n.f.

Tonneau vertical servant à la fabrication de l'Aisy.

♦ Aisyliere or Tub for making aisy

ALACTASIE n.f.

Intolérance que présentent certaines personnes (en particulier les enfants) au lactose, du fait de l'absence de lactase ou β galactosidase.

♦ Alactasis or lactase deficiency

ALANINE n.f.

Acide aminé aliphatique de formule :

$$COOH-CH-CH_3$$
$$\quad\quad\quad\; |$$
$$\quad\quad\quad NH_2$$

♦ Alaline

ALBUMINE n.f.

Holoprotéïne, substance organique azotée. Dans le lait normal de vache, l'albumine se trouve à l'état colloïdal et représente 4 à 5 g/L. Elle se présente sous 3 formes :

- β lactoglobuline	2,7 g/ℓ
- α lactalbumine	1,2 g/ℓ
- sérum albumine	0,3 g/ℓ

Contrairement aux deux autres composants la serum albumine est non synthétisée par le tissu mammaire et son taux augmente en cas de mammites et en fin de lactation. Elle exerce un effet protecteur vis-à-vis de la caséine. Coagulation sous l'action des acides et de la chaleur à partir de $60\,^{\circ}C$.

♦ Albumin

ALBUMINEUX [lait] adj.

Dont la teneur en albumine se rapproche de celle de la caséine. Lait des monogastriques. Les laits humains, d'ânesse, de femme sont albumineux.

♦ Albuminous milk or albumin rich milk

ALCALIGÈNES n.m.

Voir ACHROMOBACTÉRIACEAE.

♦ Alcaligenes

ALCALIN [composé] adj.

On emploie aussi l'adjectif basique. Un composé alcalin est un composé qui en solution donne des valeurs de pH > 7 soit par la libération de OH^- ou par la fixation d'H^+.

Ex. : Soude (NaOH). Carbonate de soude ($NaCO_3$), Phosphate trisodique (Na_3PO_4).

♦ Alkaline (compound)

ALCALIMÉTRIQUE [titre] adj.

Parfois appelé titre alcalimétrique complet (ou TAC). Il correspond à la neutralisation des composés alcalins et alcalinoterreux, par une solution titrée acide jusqu'au virage de l'hélianthine ou méthylorange. On aura neutralisation de la soude caustique, des carbonates et bicarbonates de sodium et 2/3 de phosphates. Il s'exprime en milliéquivalent/litre (mé/ℓ). degré français (°f), ou degré allemand (°d).

♦ Total alkalinity

ALCALIN [titre] adj.

(encore appelé titre alcalimétrique simple ou TA) il correspond à la neutralisation des composés alcalins et alcalinoterreux, par une solution titrée acide jusqu'à décoloration de la phénolphtaléine. On aura neutralisation de la soude caustique, de la moitié des carbonates et du tiers des phosphates. Il s'exprime en milliéquivalent/litre (mé/ℓ). degré français (°f), ou degré allemand (°d).

♦ Partial alkalinity

ALCALINITÉ n.f.

Caractère de ce qui est alcalin - synonyme de basicité.

♦ Alkalinity

ALCALINITÉ [caustique] n.f.

Ou TA$_{OH}$. Correspond à la concentration en soude caustique libre - terme utilisé pour les eaux de chaudière.

♦ Caustic alkalinity or available alkalinity

ALCANNINE n.f.

On trouve aussi l'orthographe Alkannine. Colorant naturel rouge extrait d'une racine, figurait dans la liste des colorants sous le n° E. 121 mais interdit en France depuis le 1er Octobre 1976.

♦ Alkannine

ALCOOL n.m.

1. (nom). Nom courant donné à l'éthanol ou alcool éthylique CH_3-CH_2OH. Peut provenir de la fermentation des sucres par certaines levures (*Saccharomyces* en particulier)

$$C_6H_{12}O_6 \rightarrow 2CH_3-CH_2OH + 2CO_2 \nearrow$$
Glucose → alcool éthylique
 + Gaz carbonique
Fermentation indésirable en laiterie sauf dans la préparation du kéfir...

2. (fonction). Fonction carbonylée caractérisée par la liaison $-\overset{|}{C}-OH$. On distingue trois types d'alcool :
- alcool primaire $-CH_2-OH$
- alcool secondaire $>CHOH$
- alcool tertiaire $-\overset{|}{\underset{|}{C}}-OH$

3. (test à l'). Épreuve pour le tri du lait destiné à subir un traitement thermique. Le lait ne doit pas floculer lors de l'adjonction d'alcool. On utilise de l'alcool titrant $68°, 72°, 75°$ GL.

♦ Alcohol

ALDÉHYDE n.m.

Composé carbonylé de formule $R-\overset{\parallel}{\underset{O}{C}}-H$ (alcool déshydrogéné). Il dérive d'un acide par réduction (hydrogénation) ou d'un alcool par oxydation (deshydrogénation). Certains aldehydes contribuent à la formation de la saveur des produits laitiers (yaourt en particulier).
Ex. : acétaldéhyde.

♦ Aldehyde

ALDÉHYDRASE n.f.

Voir RÉDUCTASE.

♦ Aldehydrase

ALDOSE n.m.

Terme désignant un glucide présentant une fonction pseudo-aldéhydique sur le $1°$ carbone.
Ex. : le glucose est un aldose.

♦ Aldose

ALDRINE n.f.

Insecticide organochloré utilisé en Agriculture que l'on retrouve dans le lait sous sa forme époxydée : la dieldrine. Ses résidus dans les produits laitiers sont soumis à la réglementation.

♦ Aldrin

ALFA [Procédé] n.p.

Procédé de fabrication du beurre à partir de crème très concentrée en matière grasse sans élimination de babeurre inventé par le Suédois DE LAVAL (à la fin du XIXème siècle). C'est le Professeur allemand MOHR qui le mit au point vers 1914. Le passage de la crème au beurre est obtenu par un refroidissement dirigé, accompagné d'un léger malaxage dans un transmutateur (voir TRANSMUTATEUR). Le beurre Alfa est obligatoirement un beurre de crème douce et présente donc très peu d'arôme. Par contre, il est doué d'une aptitude à la conservation supérieure à celle d'un beurre obtenu par barattage. Ce procédé n'est pas utilisé en France.

♦ Alfa (process)

ALGINATES n.m.

Gélifiants autorisés sous les n° E 400 à E 405.

♦ Alginates

ALIPHATIQUE adj.

Se dit d'un composé organique qui a une structure en chaîne ouverte.
Ex. : Hydrocarbure (éthane, butane) ac. aminé (alanine) acides gras (ac. butyrique, propionique) etc...

♦ Aliphatic (compound)

ALLERGÈNE n.m.

Substance provoquant des allergies.
Ex. : la betalactoglobuline est l'allergène majeur du lait.

♦ Allergen

ALLERGIE n.f.

Modification des réactions d'un organisme à une substance lorsque cet organisme a été l'objet d'une atteinte antérieure par la même substance. Les manifestations d'allergie sont généralement des troubles cutanés (boutons, plaques), des troubles digestifs (nausées, vomissements, diarrhées), des troubles respiratoires mais parfois des troubles plus graves (troubles circulatoires, cardiaques).
Ex. : L'histamine et la tyramine peuvent provoquer des accidents d'allergie de même que de nombreux antibiotiques.

♦ Allergy

ALLOLACTOSE n.m.

Sucre analogue au lactose qui se trouve dans le lait humain en réalité mélange de lactose et de deux fucosidolactoses levogyres.

♦ Allolactose

ALLOTROPHIQUE adj.

Se dit d'un aliment qui a perdu ses propriétés nutritives.

♦ Allotrophic (substance)

ALMASILIUM n.m.

Alliage léger dans la composition duquel rentre de l'aluminium, du magnésium et du silicium. Cet alliage assez résistant à la corrosion sert à la confection des bidons de lait.

♦ Almasilium

AMERTUME n.f.

Saveur recherchée dans la bière. Constitue un défaut des produits laitiers et en particulier des fromages. Elle est dûe à la libération de peptides amers et n'est perceptible qu'au dessus d'un certain seuil. La structure terminale des peptides amers isolés présente la forme cyclisée de l'acide glutamique du côté N—terminal :

L'amertume en fromagerie peut aussi être dûe à un excès de chlorure de calcium. Certaines bactéries (psychrotrophes) peuvent être également responsables de l'amertume dans les produits laitiers.

♦ Bitterness

AMINE n.f.

Composé azoté de formule générale

$$R_1-CH-N<$$
$$\qquad /$$
$$\qquad R_2$$

On distingue
- les amines primaires de formule :

$$R_1-CH-NH_2$$
$$\quad /$$
$$\quad R_2$$

- les amines secondaires de formule :

$$R_1-CH-NH$$
$$\quad / \qquad\quad R_2 \quad CH_2$$
$$\qquad\qquad\qquad |$$

- les amines tertiaires de formule :

$$R_1-CH-N-CH_3$$
$$\quad / \quad\ \backslash$$
$$\quad R_2 \quad CH_2-$$

Elles peuvent se retrouver dans les produits laitiers protéolysés en particulier les fromages où elles proviennent de la decarboxylation d'acides aminés. Certaines d'entre elles sont toxiques : histamine - tyramine, etc.

♦ Amine

AMINO-ACIDE (ou acide aminé) n.m.

Composé azoté constituant l'élément de base des protéines. Possède deux fonctions : acide et amine (basique).

$$\qquad\quad COOH$$
$$\qquad /$$
$$R-CH$$
$$\qquad \backslash$$
$$\qquad\quad NH_2$$

On distingue parmi les nombreux acides aminés :
- Les acides aminés aliphatiques - acides monoaminés et monocarboxylés
  Ex. : Alanine, Valine, Leucine...
  acides monoaminés et dicarboxylés

Ex. : Acide aspartique et acide glutamique acides diaminés et monocarboxylés
Ex. : Lysine, Arginine
acides aminés soufrés
Ex. : Cystine, Cystéine, Méthionine.
- Les acides aminés à noyau aromatique
  Ex. : Phénylalanine et Tyrosine
- Les acides aminés hétérocycliques
  Ex. : Tryptophane, Proline, Histidine..

Ils se combinent au lactose pour donner des composés brunâtres (caramel) lors du chauffage élevé du lait : réactions de Maillard.

♦ Amino-acid

α AMINOBUTYRIQUE [acide] adj.

Acide α aminé de formule

$$CH_3-CH_2-CH-COOH$$
$$\qquad\qquad\qquad |$$
$$\qquad\qquad\qquad NH_2$$

Il provient de la transformation de l'arginine au cours de l'affinage des fromages. C'est un des constituants de l'arôme des fromages.

♦ α aminobutyric acid

AMMONIAC n.m.

Gaz à odeur piquante de formule NH_3, très soluble dans l'eau il donne une base appelée ammoniaque (NH_4QH).
- Étape ultime de la dégradation des protéines, il sera libéré dans les produits très protéolysés (fromages à pâte molle et croûte lavée, type Munster) où il contribue à la saveur. Il sert d'autre part à neutraliser le caillé pour permettre le développement d'une flore caséolitique putrifiante.
- Dans les machines frigorifiques, il sert comme fluide frigorigène (compresseur à ammoniac).

♦ Ammonia

AMMONIUMS QUATERNAIRES n.m.

(fonction ammonium NH_4^+) : composés organiques cationiques utilisés en nettoyage et désinfection. Difficiles à rincer, ils sont interdits en France en laiterie.

♦ Quaternary Ammonium Compound (QAC) or quat or quac

AMMOUILLAGE n.m.

Massage léger par lequel on excite agréablement le pis et prépare la traite. On trouve aussi les termes : amolliage, amodage, emmodage, émolliage.

♦ Udder massage or udder stimulation

AMPHOLITE n.m.

Composé qui, en solution présente des caractères acides ou basiques selon le pH du milieu Ex : la caséine :
  – en pH acide se comporte comme une base →chlorhydrate de caséine
  – en pH alcalin se comporte comme un acide → caséinate de chaux (voir DISSOCIATION).

♦ Amphoteric compound

AMPHOTÈRE Adj.
Caractère d'un ampholite.
♦ Amphoteric

AMYLASES n.f.
Enzymes appartenant à la 3ème classe (hydrolase) qui hydrolysent l'amidon en dextrine et maltose. On distingue l'α-amylase et la β-amylase. Se retrouvent en faible quantité dans le lait.
♦ Amylase

ANABIOSE n.f.
État de vie très ralentie sous lequel peut se trouver un organisme lorsque les conditions extérieures sont défavorables.
Ex. : le froid provoque l'anabiose.
♦ Anabiosis

ANABOLISME n.m.
Réactions biochimiques de transformation qui aboutissent à la synthèse des différents constituants organiques.
Ex. : synthèse des protéines à partir des acides aminés.
♦ Anabolism

ANAÉROBIE adj.
Qui vit en l'abscence d'air ou d'oxygène. Qualité de certains microorganismes.
Ex. : germes de la putréfaction (sporulés ou non), des sporulés tels : *Clostridium perfringens - Clostridium botulinum.*
Les levures, en anaérobiose, fermentent les sucres en alcool, gaz carbonique et chaleur.
♦ Anaerobic

ANAÉROBIOSE n.f.
Vie en l'absence d'air. De nombreuses espèces microbiennes redoutées en laiterie sont douées de cette aptitude.
♦ Anaerobiosis

ANALYSE SENSORIELLE n.f.
Série d'examens organoleptiques pratiqués par un collège de personnes (expertes ou non) dans des conditions strictement définies (température, bruit, isolement...). Les notes attribuées selon un barème de cotation portent sur les principaux points suivants : odeur, goût, aspect, texture. L'interprétation peut être définie statistiquement.
♦ Sensory-analysis

ANAPHYLAXIE n.f.
Sensibilisation de l'organisme à une substance telle qu'une seconde dose même très faible de cette substance provoque une réaction allergique violente. Voir ALLERGIE.
♦ Anaphylaxis

ANEURINE n.f.
Nom scientifique européen de la vitamine B_1 (voir VITAMINE).
♦ Aneurin

ANHYDRIDE [d'acide] n.m.
Composé chimique obtenu par l'élimination interne d'eau d'une ou deux molécules d'acide oxygéné.
Ex. : Anhydride carbonique ou gaz carbonique CO_2
Anhydride sulfureux SO_2
Anhydride sulfurique SO_3.
♦ Anhydride

ANION n.m.
Atome ou groupe d'atomes ayant capté un ou plusieurs électrons se trouvant chargé d'électricité négative, il constitue un ion négatif susceptible de se déplacer vers l'anode d'une cuve à électrolyse.
Ex. : ion chlorure Cl^-, ion sulfate SO_4^{--}.
♦ Anion

ANIONIQUE [détergent] adj.
Détergents organiques qui en solution aqueuse donnent des ions chargés négativement. Ils sont stables en milieu alcalin. Un excès entraîne une floculation. On trouve surtout des alcools arylsulfonates, alcools sulfonés ou sulfatés.
Ex. : Igepon - Mersolat - Teepol...
♦ Anionic (detergent)

ANNATTO n.m.
Colorant naturel, jaune orangé, communément employé pour colorer les fromages et parfois le beurre. De nature caroténoïde - colorant autorisé sous le n° E 160.
♦ Annatto

ANOREXIANT n.m.
Se dit d'une substance qui diminue l'appétit. On trouve aussi le terme Anorexigène.
♦ Anorexigen

ANORMAL [lait] adj.
Lait ne répondant pas à la définition légale. Il peut avoir plusieurs origines :
- origine physiologique : colostrum, lait de fin de lactation
- origine pathologique : infections mammaires (mammites, brucellose...)
- origine toxicologique : pesticides en abondance, substances médicamenteuses, antibiotiques...)
- lait souillé : malpropretés macroscopiques et microcospiques.
♦ Abnormal milk

ANOSMIE n.f.
Perte totale ou partielle du goût.
♦ Anosmia or anosphrasia

ANTHOCYANE n.m.
Colorant naturel utilisé pour les nuances rouge - violacées, autorisé en fromagerie, yaourt, lait gélifié sous le n° E 163.
♦ Anthocyan (anthocyanin)

ANTHRAX n.m.
Maladie du bétail causée par *Bacillus anthracis*, appelée aussi maladie du charbon.
♦ Anthrax

ANTIBIOSE n.f.

Croissance contrariée de deux espèces microbiennes en présence. L'un produisant des facteurs (généralement antibiotiques) défavorisant la croissance de l'autre.

Ex. : *Streptococcus lactis* producteur de nisine inhibitrice pour *Streptococcus agalactiae.*

♦ Antibiosis

ANTIBIOTIQUES n.m.

Substances d'origines diverses mais principalement microbiennes, pouvant bloquer le développement ou la multiplication de certains microbes. En médecine, ils sont destinés à combattre les infections. Ils sont utilisés en solutions aqueuses ou huileuses (retard).

Ex. : Pénicilline (*Penicillium notatum*)
Streptomycine (*Streptomyces griseus*)
Chloramphénicol (produit chimique de synthèse).

Les sulfamides sont souvent rangés parmi les antibiotiques. Leurs résidus sont redoutés en technologie car ils inhibent les fermentations ou les ralentissent lorsqu'ils sont peu concentrés. Ils sont potentiellement dangereux pour l'homme.

♦ Antibiotics

ANTICORPS n.m.

Substance défensive de nature protéique engendrée dans l'organisme par l'introduction d'un antigène avec lequel elle se combine (agglutination) pour en neutraliser l'effet toxique.

Ex. : les lacténines (agglutinines) vis-à-vis des bactéries lactiques. Le test de l'anneau (Ring test) pour le dépistage de la brucellose est basé sur ce principe.

♦ Antibody

ANTIGÈNE n.m.

Substance pouvant engendrer des anticorps.

Ex. : vaccin, bactérie pathogène, virus, toxine... corps étranger.

♦ Antigen

ANTIMOTTANT n.m.

Substance utilisée pour empêcher la prise en masse totale ou partielle de denrées alimentaires. L'industrie laitière utilise les phosphates comme antimottant dans la fabrication des laits concentrés.

♦ Anticaking or antibulking or free flowing agent

ANTIOXYDANT n.m.

Produit réducteur évitant les oxydations néfastes pour le goût des produits alimentaires.

Ex. : l'acide ascorbique (vitamine C) - tocophérols (vitamine E) - BHA—BHT - Composés sulfhydriles (—SH) provenant des acides aminés soufrés et libérés lors du chauffage du lait.

♦ Antioxidant

ANTIOXYGÈNE n.m.

Composé chimique qui joue le rôle de donneur d'hydrogène (H_2) et s'oxyde en lieu et place de la matière grasse en brisant les réactions en chaîne de l'autooxydation. On trouve aussi le terme antioxydant. En France sont autorisés :

- gallate de propyle - octyle - dodécyle
- BHA—BHT
- ester ascorbique et citrique de monostéarate et de monopalmitate de glycérol.

♦ Anti-oxygen or anti oxidant

ANTISEPTIQUE n.m.

Produit détruisant les microorganismes généralement par dénaturation de leurs protéines. Contrairement à l'antibiotique il n'a pas besoin pour agir que les microorganismes soient sur un substrat nutritif. A faible dose, il ralentit les fermentations.

Ex. : H_2O_2 - Hypochlorites - Formol - Phenol, etc...

♦ Antiseptics

APOENZYME n.m.

Partie de l'enzyme toujours de nature protidique qui définit la spécificité de l'enzyme par rapport au substrat.

♦ Apoenzyme

APPELLATION [d'origine] n.f.

Spécification particulière attribuée à certains fromages ayant fait l'objet de décisions administratives concernant la zone de collecte du lait et de fabrication, la race de la femelle laitière, la technologie et les caractéristiques du fromage.

Ex. : Beaufort, Gruyère de Comté, Maroilles, Roquefort, etc...

♦ "Appellation of origin"

APPÉTABILITÉ n.f.

Pouvoir que possède un aliment à exciter l'appétit.

♦ Appetability

ARALAC n.m.

Fibre textile obtenue à partir de caséine acide durcie par passage au bain de formol.

♦ Aralac

ARBET n.m.

Nom donné au chalet d'alpage où se fabrique le Beaufort artisanal.

♦ Arbet or cheese making chalet

ARCS [système] abv.

Voir CHERRY BURREL (procédé)

♦ ARCS process

ARÉOMÈTRE n.m.

Instrument servant à mesurer le poids spécifique d'un liquide par la méthode d'immersion.

Ex. : densimètre, alcoomètre, lactomètre...

♦ Areometer or hydrometer

ARIZONA n.f.
Entérobactérie de la tribu des salmonelleae (BERGEY). Gram négatif. Pathogène : affections comparables à celles des Salmonelles. Espèce *Arizona arizonae*
♦ Arizona

ARMAILLI n.m.
Berger de la région à gruyère qui pendant l'estive fabriquait le fromage dans leur chalet. On trouve aussi les termes ermailli ou ermaillé.
♦ Armailli

ARN n.m.
Acide ribonucléïque présent dans le cytoplasme de la cellule. Intervient dans la synthèse des protéines.
♦ RNA (ribonucleic acid)

AROMATE n.m.
Substance végétale odorifiante ; épice, condiment : basilic, cannelle, cumin, genièvre, poivre, thym...
♦ Flavoring agent or flavouring agent

AROMATIQUE Adj.
Qui a rapport à l'arôme. En chimie, désigne les composés organiques dont la molécule forme une chaîne fermée (cyclique).
Ex. : benzène, phénol... certains acides aminés (phénylalanine - tryptophane - tyrosine).
♦ Aromatic

AROME n.m.
Substance chimique réagissant de manière agréable sur les papilles gustatives de la langue et sur les cellules olfactives du nez. Dans les fromages, l'arôme est principalement développé par la libération des produits terminaux de la protéolyse (acides aminés). Dans les autres produits laitiers, l'arôme est développé par des esters, acides gras volatils, cétones (diacétyle du beurre) et aldehydes (éthanal ou acétaldéhyde des yaourts).
♦ Flavor - (Flavour) or aroma

ARRIÈRE-GOÛT n.m.
En analyse sensorielle, c'est une nuance positive (agréable) ou négative (désagréable) qui suit la disparition du stimulus gustatif.
♦ After taste

ARTISON n.m.
Minuscule acarien vivant dans le feutrage des moisissures qui mange la base du mycelium et permet d'obtenir une croûte légèrement moisie et sans feutrage. Sa présence indique une bonne réussite de la fabrication des pâtes pressées non cuites, type Mimolette. Appelé aussi Ciron.
♦ Cheese mite

ASCHAFFENBURG [test d'] n.p.
Épreuve de turbidité permettant de différencier les laits pasteurisés et UHT du lait stérilisé ordinaire dans lequel la totalité des protéines solubles est précipitée. Méthode Aschaffenburg pour le dosage des protéines. Voir ROWLAND.
♦ Aschaffenburg test

ASCOMYCÈTE n.m.
Voir MOISISSURE.
♦ Ascomycete

ASCORBATES n.m.
Sels de l'acide ascorbique utilisés comme agents antioxygènes sous les n° E 300 à E 304.
♦ Ascorbates

ASCORBIQUE [acide] adj.
Vitamine C ou antiscorbutique. Il se combine à l'oxygène de l'air et permet de réduire l'effet néfaste de l'oxygène sur les aliments : c'est un antioxydant.
♦ Ascorbic acid

ASEPSIE n.f.
Ensemble de conditions préventives pour éviter les infections microbiennes.

Ex. : repiquage des souches de levain au moyen de matériel stérile, en ambiance stérile (à proximité d'une flamme).

♦ Asepsis

ASEPTJOMATIC [procédé] n.p.
Procédé suédois de fabrication aseptique et continu de yaourt.
♦ Aseptjomatic process

ASPARTIQUE [acide] adj.
Acide aminé diacide de formule

$$COOH-CH-CH_2-COOH$$
$$\vert$$
$$NH_2$$

♦ Aspartic acid

ASPERGILLUS [genre] n.m.
Champignon ou moisissure saprophyte à mycélium cloisonné appartenant à la famille des ascomycètes. Les fructifications présentent l'aspect d'un goupillon.
Ex. : *Aspergillus niger* - *Aspergillus glaucum* sont nuisibles à la surface des fromages ou du beurre.
♦ Aspergillus (genus)

ASTRINGENCE n.f.
Terme de dégustation qualifiant un goût acide et âcre. Les substances astringentes provoquent un resserrement des papilles gustatives.
Ex. : certaines pâtes cuites présentent cette astringence.
♦ Astringency

ATAD n.p.
(Applications des Techniques Aseptiques à la Diététique) ou (Approvisionnement - Transport Aérien - Distribution). Procédé français de stérilisation «ultra-flash» par friction.
♦ ATAD process

ATHUS-ROTOSAN [système] n.p.
Procédé de margarinerie en continu.
♦ Athus-Rotosan (process)

ATOMISATION n.f.

Action de réduire un liquide (p. ex. le lait) en très fines particules. Obtenue généralement :
- par passage sous pression à travers un orifice de diamètre faible (buse de très faible diamètre).
- par projection par un jet d'air comprimé
- par turbine tournant à grande vitesse (20.000 t/mn).

Voir SPRAY.

♦ Spraying or atomization

ATTRASSADOU n.m.

Nom local donné à un instrument de décaillage en fabrication artisanale de Cantal ou Saint-Nectaire. On trouve parfois le terme traçadou.

♦ Attrassadou or dipper

ATWATER [coefficient d'] n.p.

Coefficients qui sont affectés aux 3 constituants majeurs de la biochimie (Glucides - Lipides Protides) pour permettre de déterminer par le calcul la valeur énergétique d'un aliment. Ces coefficients indiquent la quantité de calories métabolisables contenue dans 1 gramme de chacun des constituants majeurs. Pour le lait, ces coefficients sont : 3,87 pour les glucides, 8,79 pour les lipides, 4,27 pour les protéines. Souvent on utilise les coefficients arrondis respectivement 4 - 9 - 4 quel que soit l'aliment.

♦ Atwater (factor)

AURÉOMYCINE n.p.

Antibiotique que l'on retrouve dans le lait, large spectre d'action. Thermolabile. Autre nom de la chlortetracycline.

♦ Aureomycin

AUTOCLAVAGE n.m.

Action de passer un produit en autoclave. En laboratoire pour la microbiologie on opère généralement à 3 températures 110 - 115 - 120 °C pdt des durées allant de 15' à 20'.

♦ Autoclaving

AUTOCLAVE n.m.

Appareil généralement de forme cylindrique à fermeture hermétique capable de supporter de fortes pressions. Il travaille en atmosphère de vapeur saturée. Il est utilisé pour stériliser les produits aussi bien de laboratoire (milieux - vaisselle en verre...) que de consommation (lait stérilisé en bouteille).

♦ Autoclave

AUTOLYSE n.f.

Destruction naturelle des cellules vivantes par les enzymes qu'elles contiennent en elles-mêmes ou qu'elles produisent. On trouve aussi parfois le terme d'autophagie.

♦ Autolysis

AUTOMATISATION n.f.

L'anglicisme «automation» est parfois employé. C'est l'ensemble des moyens à mettre en œuvre pour assurer la conduite automatique d'une unité de fabrication. Ce qui suppose :
- l'existence de capteurs de mesures
- le traitement des données (calculateurs)
- les dispositifs de régulation
- la possibilité de changer de processus c'est-à-dire d'exécuter des fabrications différentes (programme).

Ex. : fabrication en continu et automatisée du beurre.

♦ Automation

AUTO-OXYDATION [de la matière grasse] n.f.

Oxydation spontanée des acides gras insaturés suivant une réaction en chaîne où interviennent des radicaux libres. Le processus est déclenché par l'accrochage d'un atome d'hydrogène (H) à un groupement α méthylé et catalysé par la température, les métaux lourds (Fe et Cu) et le pH (optimum pH 2 à 4).

Voir HYDROPEROXYDES.

♦ Autoxidation

AUTOPHAGIE n.f.

Voir AUTOLYSE.

♦ Autolysis

AUTOTROPHE adj et n.m.

Qui est capable d'élaborer ses propres besoins en substances organiques à partir d'éléments minéraux.

Ex. : les végétaux sont autotrophes.

♦ Autotrophic (bacteria) or Autotroph (n)

AUXOTROPHE adj. et n.m.

Se dit d'un microorganisme hétérotrophe, qui a besoin de facteurs de croissance (ou bios) : vitamines, oligoéléments... pour pouvoir se développer.

Ex. : les streptocoques lactiques, les lactobacilles lactiques.

♦ Auxotrophic (bacteria) or auxotroph (n)

AVEUGLE [fromage] adj.

Se dit d'une pâte cuite dont les ouvertures ne se sont pas formées à la suite d'un mauvais ensemencement ou d'un traitement thermique trop poussé.

♦ Blind (cheese)

AVITAMINOSE n.f.

État pathologique provoqué par la carence d'une ou plusieurs vitamines. Les avitaminoses les plus connues sont le rachitisme (carence en vitamine D), le beriberi (carence en vitamine B_1) et la pellagre (carence en vitamine PP), le scorbut (carence en vitamine C).

♦ Avitaminosis

AVOSET [procédé] n.p.

Procédé américain de stérilisation du lait par injection directe de vapeur
♦ Avoset (process)

AXÉROPHTOL n.m.

Voir VITAMINE A.
♦ Axerophtol

AZORUBINE n.f.

Colorant rouge autorisé sous le n° E 122, il est souvent utilisé comme agent de dénaturation de produit laitier par ex. lait écrémé lors de la retrocession.
♦ Azorubin

AZOTÉES [matières] adj.

Composés organiques contenant de l'azote. Elles sont en grande quantité dans le lait, 34 g environ par litre. Dosage : Il existe plusieurs principe de dosage des matières azotées du lait :
- Méthode indirecte par dosage de l'azote et multiplication par un coefficient correctif (6,38)
Ex. : méthode KJELDAHL
- Méthodes rapides :
 - Méthode au formol
 - Méthode Kofrany
 - Méthode colorimétrique au noir amido ou à l'orangé G
- Méthodes physiques :
 - Spectrophotométrique en I.R. (infra rouge). Procédé IRMA.
 - Fluorimétrique
♦ Nitrogenous subtances

AZOTE NON PROTÉIQUE n.m.

Voir NPN (non protein nitrogen).
♦ Non protein nitrogen (NPN)

AZOTE PROTÉIQUE n.m.

Azote entrant dans la composition des protéines (caséine, albumine, globuline, protéoses. peptones). Il représente environ 95 % de l'azote du lait.
♦ Protein nitrogen

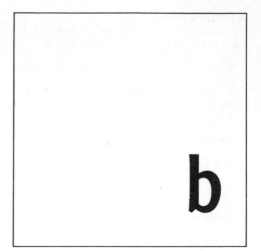

Baratte

BABCOK [méthode] n.p.

Méthode américaine de dosage volumétrique de la matière grasse semblable à la méthode Gerber mais plus longue, car elle demande 3 centrifugations.

♦ Babcok (method)

BABEURRE n.m.

Liquide laiteux extrait du beurre au cours du barattage du lait ou de la crème. Sa composition dépend de l'acidité initiale de la crème ainsi que de la dilution par l'eau de lavage. En baratte classique la teneur en matière sèche atteint 7 à 9 %. La teneur en phospholipides est élevée 0,2 à 0,5 %.

♦ Buttermilk

BAC TAMPON n.m.

Bac situé entre un appareil fonctionnant à débit régulier et un appareil fonctionnant par intermittence ou à débit irrégulier.

Ex. : bac tampon avant pasteurisation à plaques.

♦ Balance tank (or vat) or buffer tank (or vat)

BACH [procédé] n.m.

Procédé allemand de conservation (par traitement thermique) de produits alimentaires (yaourts emballés par exemple) par l'emploi de 2 champs électromagnétiques à hyperfréquence)

♦ Bach (process)

BACILLE n.m.

Au sens large, toute bactérie qui a la forme d'un bâtonnet.

♦ Bacillus or rod shaped bacterium

BACILLUS n.m.

Bactérie sporulée, Gram positif, aérobie stricte ou anaérobie facultative appartenant à la famille des Bacillaceae. Formant des endospores douées de thermorésistance très élevée. Ayant des activités enzymatiques variées, ces bactéries sont responsables d'accidents technologiques divers : altérations des laits bouillis ou insuffisamment stérilisés, des fromages fondus, laits concentrés, pâtes cuites... La plupart à l'état végétatif sont mésophiles et se trouvent inhibées par l'acide lactique.

Ex. : *Bacillus subtilis - Bacillus cereus - Bacillus stearothermophilus* (thermophile utilisé comme organisme test pour la recherche des antibiotiques).

♦ Bacillus

BACITRACINE n.f.

Antibiotique agissant contre les bactéries Gram positives.

♦ Bacitracin

BACTÉRICIDE n.m.

Tout agent doué d'une action bactéricide.

♦ Bactericide

BACTÉRICIDE [action] adj.

Qui tue les bactéries. Propriété des agents physiques, chimiques, biochimiques (chaleur, produits désinfectants, antibiotiques) sous certaines conditions (température, durée, concentration...).

Ex. : la pasteurisation du lait a pour but l'action bactéricide à l'égard des bactéries pathogènes.

♦ Bactericidal (action)

BACTÉRIES n.f.

Microorganismes unicellulaires possédant un noyau primitif (sans membrane) se reproduisant par scissiparité. Ils forment un règne intermédiaire entre les végétaux et les animaux. Taille comprise entre 0,3 et 10 microns. Ils peuvent se présenter sous forme de bâtonnets (bacilles) de sphères (coques) d'hélices filamenteuses (mycobactéries). Agents de fermentations diverses, certains peuvent former des spores.

♦ Bacterium pl bacteria

BACTÉRIES LACTIQUES n.f.

Se rencontrent dans les produits végétaux et laitiers. Rôle utile ou nuisible. Fermentent le lactose en produisant de l'acide lactique en proportion élevée. Classées en deux grands groupes selon ORLA - JENSEN (1924)

- homofermentaire

- hétérofermentaire.

Gram positif, catalase négative, absence de cytochrome - oxydase, anaérobie facultative. Exigent des facteurs de croissance. Ne réduisent pas les nitrates.

Ex. : *Streptococcus lactis - Streptococcus cremoris - Lactobacillus bulgaricus - Lactobacillus brevis - Leuconostoc citrovorum.*

♦ Lactic acid bacteria

BACTÉRIENS [lits] adj. (ou filtres bactériens)

Procédés utilisés pour traiter les eaux usées. Le fonctionnement consiste à faire ruisseler l'eau sur une masse de matériaux poreux ou caverneux servant de support aux microorganismes épurateurs (aérobies).

♦ Biological filter or trickling filter

BACTÉRIOLOGIE n.f.

Partie de la microbiologie qui étudie les bactéries. Parfois utilisée de façon impropre comme synonyme de microbiologie.

♦ Bacteriology

BACTÉRIOPHAGES (ou phages) n.m.

Microorganismes trop petits pour être visibles au microscope optique (moins de 0,2 microns). Ce sont des virus, parasites intracellulaires des bactéries. Ils se présentent sous la forme d'un têtard et sont formés d'une enveloppe protéique contenant un acide nucléique. Leur

action est spécifique sur des bactéries jeunes, de souche déterminée. Inactifs sur lait coagulé par la présure, le calcium leur est indispensable. Détruits par les hypochlorites et iodophores. Responsables d'accidents sur les levains : cas des bactéries lactiques (lenteur ou absence d'acidification). Prévention : utilisation d'un mélange de souches pour levains, rotation des souches, milieu sans calcium ionisé.
♦ **Bacteriophage or phage**

BACTÉRIOSTATIQUE [action] adj.

Qui inhibe (stoppe) le développement et la multiplication des bactéries, sans les tuer. Les lacténines du lait cru exercent une action bactériostatique sur les bactéries lactiques pendant les premières heures qui suivent la traite.
♦ **Bacteriostatic (action)**

BACTOFUGATION n.f.

Technique d'épuration des laits mise au point en Belgique en 1969 par SIMMONART. Elle combine les effets du traitement thermique à ceux de la centrifugation à grande vitesse. Elle est utilisée pour l'élimination des corps bactériens et en particulier des spores redoutées en fabrication de pâtes pressées.
♦ **Bactofugation**

BACTOMÈTRE n.m.

Appareil permettant le comptage de microorganismes par mesure du changement d'impédance.
♦ **Bactometer**

BAGNOLET n.m.

Récipient large et peu profond dans lequel le lait séjournait plusieurs heures en vue de séparer la matière grasse par écrémage spontané. Voir RONDOT.
♦ **Shallow milk pan**

BAGUETTE n.f.

Tringle plate originellement en bois, maintenant en métal servant à maintenir et manœuvrer la toile lors du soutirage du grain après cuisson en fromagerie à pâte cuite.
♦ **Flexible metal strip**

BANDEROLEUSE n.f.

Machine permettant la fermeture et la consolidation des emballages par un cerclage en métal, en plastique ou en papier.
♦ **Stay-taping machine or strapping machine**

BAQUETTE n.f.

Nom donné parfois à une bassine.
♦ **Bucket**

BARA n.m.

Nom donné en Auvergne au caillé de babeurre. On trouve aussi les termes de foujou et sarassou en Haute-Loire.
♦ **Bara or buttermik curd**

BARATTAGE n.m.

Opération intervenant dans la fabrication du beurre s'effectuant par agitation. Elle comporte deux temps :
- Formation de mousse permettant le rassemblement des globules gras à la surface des bulles.
- Expulsion à partir des globules gras d'une fraction de la matière grasse liquide, celle-ci permettant l'agglomération et la soudure des globules gras rassemblés, emprisonnant des gouttes de babeurre.
Ce phénomène est dénommé : inversion des phases. La matière grasse de lait ou de crème en phase dispersée (donc discontinue) donne une phase grasse continue : le beurre.
♦ **Churning**

BARATTE n.f.

Machine servant à battre le lait ou la crème pour fabriquer le beurre. La baratte remplie à 50 % de sa capacité est entraînée par un moteur dans un mouvement de révolution autour d'un axe fixe. Elle peut présenter des formes variées (tonneau, cube, cône...)
♦ **Churn (butter)**

BASE n.f.

Composé hydrogéné libérant en solution aqueuse des ions OH^- et donnant un pH supérieur à 7.
Ex. : soude $NaOH \rightarrow Na^+, OH^-$
ammoniac $NH_4OH \rightarrow NH_4^+, OH^-$
La fonction basique est caractérisée par son action sur les acides : base + acide → sel + eau (voir ALCALIN).
♦ **Base**

BASICITÉ n.f.

Voir ALCALINITÉ.
♦ **Basicity**

BASSET n.m.

Panier entouré de paille de seigle (source de champignons entretenant l'humidité) dans lequel on conditionnait autrefois le beurre en vrac.
♦ **Ryed chip basket**

BASSINE n.f.

Bac tronconique large et profond dans lequel le lait est mis à coaguler dans les fabrications en discontinu des pâtes molles surtout. Sa capacité est de 100 l généralement, parfois 160 l (brie).
♦ **Milk pan or curdling tub**

BASTE n.m.

Cuve en bois ou aluminium dans laquelle le lait fraîchement trait est mis à cailler dans la fabrication fermière du Saint-Nectaire.
♦ **Baste or curdling tub**

BATCH n.m.

Cuve à simple ou à double paroi.
♦ **Batch**

BDI [méthode] n.p. (abv.)
Méthode de Bureau of Dairy Industry pour déterminer l'indice de lipolyse.
♦ BDI (method)

«BECS» n.m.
Petites fissures obliques qui se forment sous la croûte des gruyères très gras ayant peu d'ouvertures.
Ex. : becs de lainure.
♦ "Checks"

BEL [procédé] n.p.
Procédé français de valorisation du lactosérum permettant l'obtention de protéines (lactoprotéines) et de levures lactiques (Saccharomyces fragilis)
♦ Bel (process)

BELLOCK [procédé] n.p.
Procédé australien de production en continu de caséine chlorhydrique.
♦ Bellock process

BENZOATES n.m.
Sels de l'acide benzoïque utilisé comme convervateurs, autorisés sous les n° E 210 à E 217.
♦ Benzoates

BERGE [procédé] n.p.
Dispositif utilisé pour l'égouttage des fromages frais. Il est constitué par une série de toiles (maintenant généralement en nylon) repliées en 4 formant ainsi des poches dans lesquelles le caillé est versé. L'égouttage est accéléré par des mouvements d'oscillation des toiles.
♦ Berge process

BERGEY n.p.
Bactériologiste américain, fondateur du Bergey's Manual of déterminative bacteriology (Manuel de classification des microorganismes). La classification de Bergey est universellement reconnue et appliquée.
♦ Bergey

BERLINGOT n.m.
Emballage tetraedrique de capacité variable dans lequel peut être conditionné le lait. Il est formé de papier Kraft blanchi revêtu de polyéthylène.
♦ Tetrahedral pack

BERRIDGE n.p.
Savant anglais qui a défini l'activité coagulante de la présure. L'unité présure (UP) est la quantité d'enzyme contenue dans 1 ml, qui peut coaguler 10 ml de substrat standard (lait écrémé désséché spray) en 10 secondes à 30 °C. A découvert que la réaction primaire de la présure pouvait s'effectuer à basse température (4 °C) sans que la coagulation intervienne.
♦ Berridge

BERTHE n.f.
Pot métallique qui servait au transport du lait.
♦ Berthe or milk can

BERTRAND [méthode] n.p.
Méthode employée pour le dosage des sucres réducteurs tels que le glucose, lactose. Réduction de la liqueur de FEHLING et dosage du Cu_2O obtenu par le permanganate de potassium en solution ferrique.
♦ Bertrand (method)

BETABACTERIUM n.m.
Désignation par ORLA - JENSEN de certaines bactéries lactiques appartenant au groupe des hétérofermentaires : lactobacilles faibles producteurs d'acides (lactiques, succinique...) mais fortes productions gazeuses. Thermophile sans action sur la caséine. Parfois rôle néfaste en Industrie Laitière : agents de gonflements précoces.
Ex. : *Bactérium casei* α encore appelé *Lactobacillus casei*
Bactérium casei γ encore appelé *Lactobacillus brevis*
Bactérium casei δ = *L. fermenti*
Bactérium casei ε = *L. helveticus*
♦ Betabacterium

BETACOCCUS (ou Bétacoque) n.m.
Désignation par ORLA - JENSEN de certaines bactéries lactiques appartenant au groupe des hétérofermentaires : leuconostocs. Ressemblent aux streptocoques, produisent de l'acide lactique en faible quantité, du gaz carbonique. Ferments d'arôme des crèmes et des fromages frais (diacétyle-acétoine). Mésophiles. Proviennent des végétaux. Produisent des fermentations visqueuses avec le saccharose.
Ex. : *Leuconostoc citrovorum* - *Leuconostoc paracitrovorum*.
♦ Betacoccus

BÉTAÏNE n.f.
$COOH-CH_2-N^+(CH_3)_3$, substance rencontrée dans la pulpe des betteraves se comportant comme la choline. Elle diffuse dans le lait et se décompose facilement en glycol et triméthylamine $N(CH_3)_3$ pouvant conférer au lait et produits laitiers des goûts de poisson.
♦ Betaïne

BÉTANINE n.f.
Colorant naturel autorisé dans les produits laitiers sous le n° E 162.
♦ Betanine

BEURRE n.m.
Produit exclusivement obtenu par barattage soit de la crème, soit du lait ou de ses sous-produits et suffisamment débarassé de lait et d'eau par malaxage et lavage pour ne plus renfermer par 100 g, que 18 g au maximum de matières non grasses, dont 16 g au maximum d'eau (art. 17 décret du 25.III.1924). L'Union Européenne du Commerce des produits laitiers et dérivés a défini deux types de beurre :
- le beurre lactique : beurre fabriqué à partir de

lait et/ou crème ayant subi un processus d'acidification bactériologique.
- le beurre de crème douce : beurre fabriqué à partir du lait et/ou crème qui n'a pas fait l'objet d'un processus d'acidification bactériologique ou à partir de crème neutralisée. Beurre pasteurisé : fabriqué à partir de crèmes pasteurisées et satisfaisant aux normes légales (moins de 25 bactéries coliformes indologènes/g de beurre, abscence de conservateur, goût franc, phosphatase négative ...)
♦ Butter

BHA - BHT n.m. abv.
Butyl - Hydroxy Anisole et Butyl - Hydroxy Toluène (ou dibutyl para crésol) : antioxygènes autorisés comme conservateurs du beurre ou du butter-oil destinés aux industries alimentaires. (*BHA : n° E 320 et BHT n° E 321).
♦ Butylated **Hydroxyanisole** - Butylated Hydroxytoluène

BICHROMATE de POTASSIUM n.m.
Oxydant énergique utilisé dans certaines réactions de dosages. Utilisé comme conservateur chimique du lait, du lactosérum, pour les analyses de matière grasse ou de protéines à la dose de 1g/l.
♦ Potassium bichromate or dichromate

BICOLORATION n.f.
Accident en technologie fromagère sur les pâtes cuites pressées. Il est caractérisé par l'apparition d'une zone périphérique plus claire, dûe à la matière grasse. Celle-ci fondue lors du chauffage subit un entrainement par le sérum, si le pressage est mal conduit (trop fort, trop précoce, trop rapide). Découvert par KEILLING.
♦ Bicolouration or Bicolouring

BIFFE n.f.
Beurre de deuxième qualité fabriqué à partir des «brèches». Voir BRECHES.
♦ Biffe or second grade butter

BIFIDUS [lactobacillus] n.m.
Appartient au genre lactobacillus homofermentaire thermophile. Anaérobie strict. Hôte de l'intestin des enfants nourris au lait maternel, sa présence correspond à un état de meilleure santé.
♦ Bifidus

BIOCATALYSEUR n.m.
Catalyseur biologique. Voir CATALYSEUR.
Souvent employé pour définir une enzyme.
Ex. : enzymes de nature protéique complexe.
♦ Biocatalyst

BIOCHIMIE n.f.
(Bios = vie). Partie de la chimie qui traite des phénomènes vitaux.
♦ Biochemistry

BIODÉGRADABLE adj.
Qualité d'une substance qui peut être détruite par les organismes vivants (microorganismes).
♦ Biodegradable

«BIOKYS» n.m.
Lait fermenté tchécoslovaque dans lequel outre les ferments lactiques habituels on trouve le Bifidobacterium bifidum.
♦ Biokys

BIOLOGIE n.f.
(Bios = vie, logos = étude). Science qui traite de toutes les manifestations de la vie : biologie animale, biologie végétale.
♦ Biology

BIORISATION n.f.
Ancien mode de pasteurisation dans lequel le lait chauffé à 75 °C était pulvérisé en brouillard.
♦ Biorisation

BIOS n.m.
Facteur de croissance des microorganismes : désigne une substance plus ou moins complexe telle que des acides aminés, vitamines, sels minéraux, indispensable au développement de certains microorganismes.
♦ Bios

BIOSYN [procédé] n.p.
Procédé russe de valorisation du lactosérum par l'obtention de champignons mycéliens (Oospora lactis).
♦ Biosyn (process)

BIOSYNTHÈSE n.f.
Formation d'une substance organique par un être vivant.
Ex. : la mamelle synthétise le lactose à partir du glucose sanguin.
♦ Biosynthesis

BIOTINE n.f.
Vitamine H. Action de transfert du groupe COOH. Facteur de croissance de la levure. Existe en faible quantité dans le lait.
♦ Biotin

BIROUS n.m.
Nom local donné aux aiguilles utilisées lors du piquage des roqueforts.
♦ Birous or skewers or needles

BIRS [procédé] n.p.
Procédé de séchage du lait et de la crème. C'est une déshydratation très ralentie à température ambiante (18 à 28 °C) dans une grande tour (70 m de haut) du haut de laquelle le produit tombe sous forme de gouttes. La déshydratation se fait par circulation à contre-courant d'air désséché circulant à faible vitesse (0,05 à 1 m/s). Il conserve les substances aromatiques.
♦ Birs (process)

BIXINE n.f.
Colorant jaune orangé de nature carotenoïde autorisé sous le n° E 160. Voir ANNATTO, ROCOU.
♦ Bixin

BLAW KNOX [procédé] n.p.

Procédé d'instantanisation de la poudre. Les particules de poudre sont agglomérées par une faible humidification (6 à 8 %) par de la vapeur à basse pression avant d'être séchée à la partie inférieure de la chambre par un courant d'air turbulent (115-138 °C). Elles sont ensuite tamisées.

♦ Blaw knox (process)

BLENDING n.m.

Terme anglais caractérisant le mélange de deux ou plusieurs sortes d'un produit pour obtenir un produit standardisé. Il s'applique au beurre (travail de beurres de caractéristiques et/ou d'origines différentes) et au lait souvent dans le sens de mélange d'un lait de mauvaise qualité avec un lait de meilleure qualité. C'est l'équivalent du terme «coupage» rencontré en oenologie.

♦ Blending

BLEU [accident du] n.m.

Se rencontre sur les fromages à pâte molle dont les faces reposent sur des stores mal drainés ou mal aérés. Dû au développement de *Penicillium glaucum* au détriment de *Penicillium caseicolum* ralenti par la production d'alcool des levures.

♦ Blue mold defect

BLISTER n.m.

Emballage ou suremballage constitué d'un film transparent fin qui adhère à une plaquette de carton imprimé grâce à un vernis spécial.

♦ Blister or blister pack

BLONDIN adj.

Adjectif qualifiant un fromage à pâte molle et croûte lavée (Munster - Maroilles) quand il commence à prendre la teinte brunâtre caractéristique.

♦ Becoming reddish

BMR n.f. (abv.)

(Brabant Mastitis Reaction). Méthode rapide de détection de lait mammiteux. Utilisation du lauryl sulfate de sodium comme réactif. On calcule le temps d'écoulement du lait mélangé au réactif dans un capillaire.

♦ BMR (Brabant Mastitis Reaction)

BODROST n.m.

Boisson fermentée pétillante fabriquée à partir de lactosérum en URSS.

♦ Bodrost

BOÏLLE n.f.

Bidon porté à dos pour descendre le lait, terme utilisé en région à gruyère (Suisse, Savoie, Doubs, etc...) On trouve aussi parfois le terme Bouille.

♦ Milk can

BONDE n.f.

Forme de moulage des fromages frais type Neufchatel.

♦ Bonde or neufchatel packing form

BORATES n.m.

Sels de l'acide borique autrefois utilisés comme conservateurs.

♦ Borates

BORDEN FLAKE FILM DRYING [procédé] n.p.

Procédé de séchage du lait, s'apparentant au procédé par cylindre chauffant, permettant d'obtenir des flocons de lait très sec poreux et ayant un haut degré de solubilité. Il faut opérer une préconcentration poussée (rapport de concentration 4).

♦ Borden flake film drying (process)

BOTULISME n.m.

Intoxication dûe au *Clostridium botulinum* pouvant être mortelle.

♦ Botulism

BOUCANÉ adj.

Terme s'appliquant à un produit qui est fumé, par extension état de tout ce qui est séché à l'air libre.

♦ Smoke-dried

BOUES ACTIVÉES n.f.

Procédé d'épuration des eaux résiduaires consistant à maintenir les boues en suspension en leur fournissant l'oxygène nécessaire à la prolifération des microorganismes aérobies.

♦ Activated sludge

BOUES de CENTRIFUGATION n.f.

Dépôt que l'on recueille lors de l'épuration centrifuge du lait. Se composent surtout de leucocytes et de microbes. Parfois aussi on trouve quelques micelles de caséines coagulées.

♦ Separator slime

BOUILLEUR n.m.

Cylindre de tôle en contact direct avec le feu et qui est destiné à augmenter la surface de chauffe des chaudières à vapeur.

♦ Boiler

BOURGNE n.f.

Haut vase fermé fabriqué de rouleaux de paille cousus entre eux avec des lanières faites d'écorce de ronce dans lequel on met à s'affiner les fromages de chèvre en Vendée et en Poitou.

♦ Bourgne or twisted straw vessel

BOUSA n.f.

Boisson alcoolisée (fermentée par Saccharomyces busae tauricae) voisine du Koumiss mais fabriquée avec du lait de bufflesse écrémé. Elle est consommée sur les bords de la mer d'Azov.

♦ Bousa

BOUTONNIÈRE [test de la] n.f.

Méthode d'appréciation de la coagulation qui consiste à enfoncer un doigt dans le caillé et à le soulever lentement ensuite jusqu'à ce que se produise la cassure du petit dôme ainsi soulevé. Si le dôme est assez important : caillé présure. On peut aussi étudier la netteté de la cassure et la teinte du sérum exsudé qui sont des indices précieux de fabrication.

♦ Boutonniere (buttonhole) test

«BOUTONS» n.m.

Nom donné aux grumeaux se trouvant à la surface des laits concentrés sucrés. Il s'agit de filaments myceliens ayant pour origine la contamination atmosphérique au moment du conditionnement

♦ "Buttons" in condensed milk or brownish lumps

«BRANO MLYAKO» n.m.

Boisson lactée acide et alcoolisée originaire de Bulgarie. Le lait (de brebis) subit une fermentation lactique (par *Lactobacillus bulgaricus* et *Streptococcus thermophilus*) et alcoolique (par *Saccharomyces lactis* et *Saccharomyces casei*). La teneur en alcool est de l'ordre de 0,4 à 0,5 %.

♦ "Brano mlyako"

BRASSAGE n.m

Action mécanique destinée en fromagerie, à rendre homogène la température et faciliter le ressuyage des grains de caillé en cuve de fabrication. Technique utilisée pour la fabrication de certains yoghourts dont le caillé est pulvérisé avec l'incorporation des fruits.

♦ Stirring

BRASSE n.f.

Sorte de «poche» ou louche servant à écrémer la surface du caillé dans la bassine lors de la fabrication traditionnelle du camembert.

♦ Scoop or large dipper

BRASSOIR n.m.

Instrument servant au brassage du caillé. Il ne découpe plus le caillé mais maintient les grains en suspension dans le sérum. Il peut être manuel et de différentes formes ou mécanique. Porte des noms imagés propres à chaque région (lyre-violoncelle).

♦ (Curd) stirrer

BRÉCHÉE [pâte] adj.

Accident de fabrication survenant aux pâtes cuites pressées et qui se manifeste par un manque de cohésion des grains après le pressage. Cause : glaçage superficiel des grains de caillé dû à un chauffage trop brutal. Le sérum a des difficultés à s'exsuder.

♦ Shattery (body) or cheese without cohesiveness

«BRÈCHES» n.f.

Nom donné dans les fruitières à la matière grasse du lactosérum qui était récupéré en jouant sur la température et l'acidité. Elles servaient à fabriquer un beurre de deuxième qualité, appelé biffe.

♦ Vat drippings

BREED [méthode de] n.p.

Numération directe sous le microscope des germes après coloration à partir de 0,01 ml étalé sur 1 cm^2. Cette méthode ne permet pas de distinguer les germes morts des germes vivants.

♦ Breed method

BREGOTT n.f.

Produit suédois d'imitation des crèmes constitué d'un mélange 80 % de crème et 20 % d'huile végétale.

♦ Bregott

«BRETZES» n.f.

Nom parfois donné dans l'Est et le Jura aux grumeaux ou petits caillots que l'on trouve dans les laits pathologiques (mammites, etc...)

♦ "Bretzes"

BRIK (ou brique) n.f.

Emballage parallélépipèdique de capacité variable dans lequel peut être conditionné le lait. Même constitution que le berlingot. On trouve sur le marché des emballages de ce type d'origine :
- suédoise : Tetrapak
- américaine : Sealking, Pure-Pak (Elopak étant le représentant européen)
- allemande : Blocpak, Zupack, Pergapak
- autrichienne : Selfpak
- belgo-suédoise : Systempak.

♦ Brik

BRISE-TOME n.m.

Sorte de moulin pour réduire en grains la «tome», utilisé dans la fabrication traditionnelle de pâte pressée. Il peut porter des noms locaux comme friseuse pour le Cantal.

♦ Curd mill

BROCCIO n.m.

Voir RICOTTA.

♦ Broccio

BROMÉLAÏNE n.f.

Enzyme coagulante extraite de l'ananas, parfois utilisée comme succédané de la présure.

♦ Bromelin

BRONOPOL n.m.

(2 bromo - 2 nitro - 1,3 propandiol) : produit utilisé (à la dose de 0,2 ‰) pour la conservation des échantillons de lait destinés à l'analyse chimique (MG et protéines) dans le cadre du paiement du lait.

♦ Bronopol

BROSSAGE n.m.

Opération se déroulant en cave pour les pâtes pressées cuites ou non cuites qui consiste à brosser la croûte des fromages avec une brosse ou un linge pour l'entretenir et la parfaire. On dit aussi frottage.

♦ Brushing or scrubbing

BROUSSE n.f.

Voir SERAC

♦ Brousse

BRÛLÉ [fromage] n.m.
Fromage présentant des noyaux durs provenant d'une mauvaise répartition de la présure lors de l'emprésurage.
♦ Burnt (curd)

BRÛLON [goût de] n.m.
Voir CUIT (goût de).
♦ Scorched or burnt flavour

BRUCELLA n.f.
Groupe de bactéries pathogènes pour l'homme et les animaux. Agents des «brucelloses». Bâtonnets Gram négatif, aéro-anaérobies.
Ex. : *Brucella abortus* responsable de l'avortement chez les bovins
Brucella melitensis rencontré chez les caprins
Brucella suis rencontré chez les porcins.
Dépistage fondé sur la recherche des anticorps : test de l'anneau (Ring test) pour le lait ou test de la lactosérum (ou sérum) agglutination.
♦ Brucella

BRUNISSEMENT n.m.
Modification de la couleur du lait due à un début de caramélisation du lactose lors de traitements thermiques sévères (stérilisation). Voir RÉACTION de MAILLARD.
♦ Browning

BUDDE [procédé] n.p.
Procédé allemand de conservation du lait par addition d'eau oxygénée et chauffage à 50-55 °C pour compléter l'action de la catalase.
♦ Budde process

BUFFLOVAK [procédé] n.p.
Procédé américain de séchage du lait sur tambour unique sous vide.
♦ Bufflovak process

BURFI n.m.
Produit indien obtenu par cuisson d'un mélange (5/2) de khoa et de sucre. Des préparations de même type portent les noms de Peda, ou Pedha, et de Khurchan.
♦ Burfi

BURON n.m.
«Atelier» de fabrication du Cantal fermier dans les montagnes d'Auvergne.
♦ Buron or cheese making chalet

BURRI [anse de] n.p.
Anse calibrée à 0,001 ml utilisée dans la méthode Thompson.
♦ Burri (loop) or Burri (Smear)

BUTTER OIL n.m.
Mot anglais désignant l'huile de beurre obtenue par fusion et centrifugation du beurre ; contient moins de 0,2 % d'eau. Des conservateurs (gallates) sont souvent incorporés. Conservation : 3 mois à 1 an à 10 °C ; 1 à 2 ans à 0 °C. Utilisation : reconstitution industrielle de divers produits laitiers : crèmes glacées, beurre, fromages, crème.
♦ Butter oil

BUTTERINE n.f.
Matière grasse à tartiner d'origine américaine (produit d'imitation du beurre) composée de 50 % de matière grasse de beurre et 50 % de graisses végétales.
♦ Butterine

BUTYLÈNE GLYCOL n.m.
Composé aromatique de formule $CH_3-CHOH-CHOH-CH_3$ qui peut être formé dans le beurre par *Streptococcus citrovorus*. Il provient de la réduction de l'acétoïne. Cette réduction est favorisée par les basses acidités et les températures modérées.
♦ Butylène glycol

BUTYRATEUR n.m.
Machine servant à la fabrication en continu du beurre. C'est FRITZ qui vers 1940 a su réaliser les premiers butyrateurs comprenant :
- un cylindre de barattage
- un cylindre de malaxage.
Depuis des nombreux perfectionnements permettent de réaliser l'inversion des phases (barattage), séparation du babeurre, lavage, malaxage, réglage de l'humidité, avec tous les types de crèmes douces ou acides. On équipe, actuellement, les butyrateurs de capteurs automatiques d'humidité assurant l'autorégulation de la machine.
♦ Continuous butter making machine

BUTYRIFICATION n.f.
Opération aboutissant à l'obtention du beurre.
♦ Butter making

BUTYRIQUE adj.
Relatif au beurre et à la matière grasse laitière en général.
1. Fermentation butyrique : dégradation sous l'action de microorganismes butyriques des composants des produits laitiers. Il se produit la libération d'acides gras généralement à courtes chaînes et d'alcools et de gaz (hydrogène en particulier). Elle est responsable d'accidents de fabrication en particulier en fromagerie (gonflements et mauvais goûts).
Ex. : Clostridium butyricum
Le foin donné aux vaches peut contenir de 500 à 1000 spores de Clostridium/gMS. Les ensilages de graineries permettent d'atteindre des pH de 3,8 — 4 ceux des légumineuses un pH de 4,5 — 5. Les «butyriques» trouvés sont en général : Clostridium butyricum, tyrobutyricum, paraputrificum 1, sporogènes. Les fèces concentrent 10 à 100 fois le nombre de spores de l'alimentation, ces spores sont éliminées 12 à 36 h après l'ingestion, et leur disparition demande 2 à 4 semaines. Au niveau de la traite, le nettoyage de la

mamelle, l'élimination des premiers jets permettent de diminuer d'environ 10 fois la pollution.

♦ **Butyric acid fermentation**

2. Acide butyrique : acide gras linéaire saturé en C_4. C'est un acide volatil soluble. Il représente :

3,5 % des acides gras du lait de vache
2,6 % '' '' '' '' '' '' ''
4 % '' '' '' '' '' '' ''

♦ **Butyric acid**

BUTYROMÈTRE n.m.

Petit appareil en verre comprenant une panse et une tige creuse, gradué, utilisé pour le dosage volumétrique de la matière grasse du lait et des produits laitiers.

Ex. : Butyromètres GERBER pour le lait
'' VAN GULICK pour les fromages.

♦ **Butyrometer**

Cerclage des meules d'emmental

CABANIÈRE n.f.
Personne chargée du salage des fromages en zone de Roquefort.
♦ Cabaniere or salter

CAFFUT n.m.
Nom donné dans l'Avesnois aux fromages abimés mal vendables qui seront pilés et mis en boule avec des aromates.
♦ Caffut

CAGEOT n.m. CAGETTE n.f.
Emballage à claire-voie en bois ou en osier servant au transport des fromages ou autres denrées alimentaires.
♦ Cheese basket or crate or case

CAGERET n.m. (ou cagerotte n.f.)
Forme à claire-voie généralement en osier qui permet l'égouttage de fromages à la Pie pendant le transport, la livraison et jusqu'à la consommation. On trouve les noms «caseret», «caserette», «chasière», «caserel».
♦ Wicker drainer or rattan drainer

CAGET n.m.
Store en paille de seigle égluée ou en jonc très fin qui permet de maintenir le fromage sans le toucher avec la main pendant les retournements. S'utilise en pâtes molles (Brie particulièrement). On l'orthographie parfois Cajet.
♦ Straw-mat

CAHIER DES CHARGES n.m.
Énumération des clauses et des conditions pour l'exécution d'un contrat de vente ou d'achat.
♦ Particulars of sale

CAILLADE n.f.
Voir CAILLEBOTTE.
♦ Casein curd

CAILLAGE n.m.
Opération traditionnelle aboutissant à la séparation en deux parties des constituants du lait :
- la coagulation au cours de laquelle la caséine est insolubilisée
- l'égouttage au cours duquel le lactosérum se sépare du caillé.
♦ Clotting

CAILLÉ (ou coagulum) n.m.
État insolubilisé de la caséine résultant de la coagulation.
♦ Curd or coagulum
Le caillé lactique résulte d'une acidification lactique et se caractérise par une déminéralisation plus ou moins complète (phosphore, calcium...) aboutissant à des pâtes friables caractéristiques des fromages de petits formats.
♦ Acid-curd
Le caillé présure résulte de l'action exclusive de la présure et se caractérise par une forte minéralisation en calcium donnant des pâtes cohérentes et fermes caractéristiques des fromages de grand format.
♦ Rennet-curd

Le caillé de type mixte présente des caractères physico-chimiques intermédiaires,
Ex. : fromages à pâte persillée type Bleu d'Auvergne, Roquefort...
♦ Mixed curd (acid and rennet curd)

CAILLEBOTTE n.f.
Désigne le caillé dans la fabrication de la caséine. Elle est obtenue :
- soit par coagulation présure du lait frais à 35-37 °C puis brassage et chauffage jusqu'à 65 °C après décaillage
- soit par acidification lactique spontanée à 25-30 °C suivie d'un décaillage et chauffage à 65 °C
- soit par acidification au moyen d'acides acétique, chlorhydrique ou sulfurique.
On trouve aussi le mot : caillade.
♦ Casein curd

CAILLÈRE n.f.
Cuveau tronconique en bois servant au caillage du lait en fabrication fermière (St Nectaire ou Fourme par exemple).
♦ Caillere or curdling tub

CAILLETTE (ou abomasum) n.f.
Quatrième compartiment de l'estomac des ruminants qui chez les jeunes non sevrés secrète la présure. En fabrication traditionnelle de Gruyère, le lait est ensemencé et coagulé par addition du bouillon de la macération de caillettes de veaux séchées dans du sérum (recuite).
♦ Abomasum or vells

CALCIFÉROL n.m.
Vitamine D (antirachitique) est le facteur de rétention du calcium et du phosphore. Se forme par irradiation ultra violette de certains stérols. Dans le lait, sa teneur varie saisonnièrement.(Voir VITAMINE D).
♦ Calciferol

CALCIUM n.m.
Métal alcalino terreux, associé à de nombreux corps sous forme de cation divalent
$$Cl_2 - Ca \rightarrow 2\,Cl^-, Ca^{++}$$
Dans le lait de vache il représente 1 à 1,2 g/l dont 10 % environ sous la forme ionisée (Ca^{++}). Associé à la caséine il contribue à la formation de l'édifice phospho-caséinate de calcium. La modification de l'équilibre entre les 3 formes suivantes joue un rôle déterminant dans la stabilité du lait :
$$Ca^{++} \rightleftarrows Ca \text{ complexé et/ou } Ca \text{ précipité}$$
$$(1) \qquad (2) \qquad (3)$$
La forme (1) tend à une plus grande stabilité.
Le chauffage tend à diminuer la forme (1).
♦ Calcium

CALICOT [à beurre] n.m.
Toile de coton assez grossière qui servait d'emballage pour le beurre en vrac.
♦ Calico or unbleached muslin

CALIQUA/SIREB [procédé] n.p.

Procédé français de valorisation du lactosérum permettant l'obtention d'une biomasse de champignons filamenteux.

♦ Caliqua/SIREB process

CALO-PULSEUR n.m.

Sorte de radiateur à air chaud utilisé dans la salle de fabrication des fromages. L'inconvénient majeur est la mauvaise répartition de l'air chaud, ce qui entraîne la formation d'un croûtage intempestif aux endroits où l'air chaud frappe les moules.

♦ Calo-pulsor

CAMATIC [système] n.p.

Système suédois de fabrication en continu de pâtes molles (camembert) à partir de préfromage obtenu par ultrafiltration (type MMV).

♦ Camatic process

«CAMP-FACTOR» n.m.

Substance secrétée par *Streptococcus agalactiae* qui a la propriété de lyser les hématies de moutons sensibilisées par la toxine staphylococcique. Ce phénomène se traduit par l'apparition sur gélose au sang d'une zône d'hémolyse totale.

♦ ''Camp-factor''

CANCOILLOTTE n.f.

Spécialité de Franche Comté obtenue à partir de lait écrémé caillé, fermenté, brassé. Elle est fondue, additionnée ou non de beurre et conditionnée en pot.

♦ Cancoillote

CANDE [système] n.p.

Procédé Suisse de séchage du lait par atomisation par disque centrifuge.

♦ Cande process

CANDIDA n.f.

Nom du genre de certaines levures volumineuses (10 μ) rondes ou ovales, appartenant à la famille des *Cryptococcaceae* autrefois dénommées *Torulopsis*. Fréquente dans le lait. Ex. : *Candida tropicalis ; Candida utilis* sélectionnée pour la production industrielle des levures alimentaires.

♦ Candida

CAPILLARITÉ n.f.

Phénomène physique se traduisant par la montée d'un liquide dans un tube de faible diamètre de la taille d'un capillaire (cheveu).

♦ Capillarity

CAPRIQUE [acide] adj.

Acide gras saturé à 10 atomes de carbone. C'est un acide volatil insoluble. Il représente

3 % des acides gras du lait de vache
8,4 % '' '' '' '' '' '' chèvre
9 % '' '' '' '' '' '' brebis

♦ Capric acid

CAPROIQUE [acide] adj.

Acide gras saturé à 6 atomes de carbone. C'est un acide volatil soluble. Il représente

2 % des acides gras du lait de vache
2,9 % '' '' '' '' '' '' chèvre
2,8 % '' '' '' '' '' '' brebis.

♦ Caproïc acid

CAPRYLIQUE [acide] adj.

Acide gras saturé à 8 atomes de carbone. C'est un acide volatil insoluble ou très peu soluble. Il représente

1 % des acides gras du lait de vache
2,7 % '' '' '' '' '' '' chèvre
2,7 % '' '' '' '' '' '' brebis

♦ Caprylic acid

CAPSANTÉINE n.f. (ou capsorubine)

Colorant jaune orange de nature carotenoïde extrait du paprika, autorisé sous le n° E 160.

♦ Capsantein or capsanthin

CAPSORUBINE n.f.   Voir CAPSANTÉINE.

♦ Capsorubin

CAPSULE n.f.

Petit matériel de laboratoire en forme de calotte dans lequel on fait évaporer le lait ou le lactosérum. Peut être en porcelaine (pour déterminer les cendres) ou en inox (pour déterminer l'extrait sec) voire en platine.

♦ Capsule or dish.

Enveloppe qui peut entourer soit une seule bactérie (*Escherichia coli*) soit unir un amas de bactéries et former une zooglée (cas de *Leuconostocs mesenteroïdes*) de nature polypeptidique mais le plus souvent de nature polyosidique (dextrane).

♦ Capsule

CAPTEUR n.m.

Instrument qui transforme une grandeur physique en grandeur électrique facilement utilisable. C'est un élément essentiel de la chaîne de mesure, de détection ou de commande. Il fournit à un automatisme un signal appelé variable d'entrée. On trouve maintenant souvent le terme senseur ou son origine anglosaxone.

♦ Sensor

CARBAMATES n.m.

Pesticides que l'on peut retrouver dans les produits laitiers mais toujours à faible dose ; Ex. : Sevine − CIPC (Chlorprophame).

♦ Carbamates

CARBERRY [procédé] n.p.

Procédé anglais de conversion du jus lactosé en alcool éthylique.

♦ Carberry process

CARBOHYDRATES (terme anglais ou hydrates de carbone (terme français))

Corps composés uniquement de Carbone, Hydrogène et Oxygène de formule $Cx(H_2O)y$. Ancien nom donné aux glucides.

♦ Carbohydrates

CARBO MEDICINALIS VEGETALIS n.m.

Colorant naturel noir autorisé sous le n° E 153.

◆ Carbo medicinalis vegetalis

CARBONATE n.m.

Sel résultant de la combinaison de l'acide carbonique (gaz carbonique + eau) avec une base (soude, chaux...).

Ex. : l'eau dure contenant du bicarbonate de calcium $[Ca(HCO_3)_2]$ soluble laisse déposer du tartre $(CaCO_3)$ par ébullition.

$$Ca(HCO_3)_2 \rightarrow CaCO_3 + CO_2 + H_2O$$
soluble   insoluble

◆ Carbonate

CARBONE n.m.

Élément chimique de symbole C constituant de toute matière organique.

◆ Carbon

CARBONIQUE [acide] adj.

Résulte de la combinaison du gaz carbonique et de l'eau, très instable, il ne peut être isolé. Mot souvent employé, de façon impropre, pour désigner le CO_2. Donne des sels appelés carbonates.

◆ Carbonic acid or carbon dioxide

CARBOXYMÉTHYLCELLULOSE n.f.

Agent émulsifiant et épaississant préparé à partir de cellulose. Il possède un très fort pouvoir de rétention d'eau (50 fois son volume) et est utilisé pour les crèmes glacées. Autorisé sous le n° E 466.

◆ Carboxymethylcellulose (CMC)

CARISTE n.m.

Conducteur d'un chariot dans un entrepôt ou magasin de stockage.

◆ Stacker driver

CAROTÈNES n.m.

Précurseurs de la vitamine A, colorants naturels de la graisse du lait. Leur teneur dans le lait dépend de l'alimentation, carotènes α et β dans le lait de vache. Absence de carotène dans les laits de brebis et de chèvre.

◆ Carotenes

CAROTÉNOÏDES n.m.

Colorants jaunes et rouges, solubles dans les graisses, très répandus dans le règne végétal, hydrocarbures insaturés en C_{40}.
Ex. : le carotène - la bixine du rocou
Colorants autorisés sous le n° E 160.

◆ Carotenoïds

CAROUBE n.f.

Fruit du caroubier dont on tire une substance utilisée comme gélifiant. Autorisé sous le n° E 410.

◆ Carob-bean

CARRAGHÉNATES n.m. (ou carragheen)

Galactosides produits par des algues marines utilisés comme gélifiants du lait, autorisés sous le n° E 407.

◆ Carrageenan

CASÉEUX adj.

Adjectif définissant un type de coagulum obtenu lors de l'épreuve de la lactofermentation : coagulum plus ou moins contracté et en suspension (bâtonnet), abondante expulsion de sérum verdâtre et peu acide due à des bactéries présurigènes (*Pseudomonas* etc...)

◆ Caseous

CASÉINATES n.m.

Sels résultant de la combinaison de la caséine avec les bases. Ils peuvent être déplacés par des acides :

— Caséinates + acides → sels + caséine
Ex. : caséinate de chaux + acide lactique
→ caséine + lactate de chaux.

Dans le lait la caséine se trouve à l'état de caséinate de chaux (de calcium) en solution colloïdale. Les solutions concentrées de caséinates très visqueuses entrent dans une large proportion dans la fabrication des colles, glues. L'industrie textile les a utilisés (lanital) avant 1939.

◆ Caséïnates

CASÉINE n.f.

Complexe protéique du lait, précipitant aussi bien à pH 4, 6 que sous l'action spécifique de la présure. Encore dénommée caséine isoélectrique. Synthétisée par la mamelle, sa teneur moyenne est de 27 g/l dans le lait de vache, soit 75 à 79 % du total azoté alors que chez les monogastriques sa teneur est souvent inférieur à 50 % du total azoté. A l'état natif se trouve sous forme micellaire : micelles électronégatives (excès d'acides aminés acides) de diamètre (100 à 300 nm) formant une solution colloïdale. Présente un polymorphisme génétique : variants génétiques A, B, C, D. Sa composition est hétérogène, par ordre de mobilité électrophérotique (u) décroissante en tampon basique on trouve :

caséine α : $u = 6{,}7 \times 10^{-5}$ cm2/V/s à pH 8,6
2 °C force ionique 0,1
caséine β : $u = 3{,}1 \times 10^{-5}$ cm2/V/s à pH 8,6
2 °C force ionique 0,1
caséine γ : $u = 2{,}0 \times 10^{-5}$ cm2/V/s à pH 8,6
2 °C force ionique 0,1

d'après Mac Meekin

La caséine présente des caractères amphotères dus à la présence dans sa molécule de groupements libres acides (COOH) et basiques (NH_2)
- Caséine + bases → caséinates
Ex. : caséine + chaux → caséinate de calcium
- Caséine + acides → sels de caséine
Ex. : Caséine + HCl → chlorhydrate de caséine

Dans le lait elle est associée au phosphate tri-calcique pour former du phosphocaséine de chaux (de calcium) colloïdal. La caséine est le constituant essentiel des fromages. Déshydratée elle entre dans de nombreuses fabrications industrielles galalithes, colles, lanital, produits alimentaires (biscuits...). La caséine industrielle servant à la fabrication de nombreux produits alimentaires, de colles... est obtenue par des techniques spéciales (voir CAILLEBOTTE).
♦ Casein

CASÉINE α n.f.
60 % de la caséine totale dont :
caséine α_s = sensible au calcium, riche en phos-phore (phosphosérine) 0,85 à 1 % de P
caséine k = PM 60000 insensible du calcium - rôle stabilisateur de l'état micel-laire de la caséine. Constitue le substrat spécifique de la présure - 15 % de la caséine totale.
♦ α Casein

CASÉINE β n.f.
29 % de la caséine totale PM 25000. N'est sen-sible au calcium qu'à partir de 20 °C - hydro-phobe.
♦ β casein

CASÉINE γ n.f.
4 à 8 % de la caséine totale PM 30000. Très faible teneur en phosphore (0,1 %).
♦ γ casein

CASÉINEUX [lait] adj.
Lait dont la teneur en caséine est nettement supérieure à celle des albumines. Lait des polygastriques.
Ex. : lait de vache, chèvre, brebis.
♦ Caseinous or casein rich milk

CASÉINO-GLYCOPEPTIDE (ou caséinopep-tide) n.m.
Fraction peptidique séparée de la caséine k sous l'action de la présure. Encore dénommée «protéose de Hammarsten», elle est soluble dans l'acide trichloracétique (TCA) à 12 %. PM 8000 contient 30 % de glucides mais aucun acide aminé soufré ni aromatique. Contient une forte proportion d'acides aminés alcools (20 %) : sérine, thréonine.
♦ Caseino-glycopeptide or glycomacropeptide

«CASERET» n.m., «CASERETTE» n.f., «CASEREL» n.m.
Voir CAGERET.
♦ Rattan drainer

«CASQUETTE» [fromage en] n.f.
Défaut de moulage se répercutant sur la forme caractérisée par un talon d'épaisseur irrégulière. Pour les pâtes pressées il s'accompagne souvent de défauts d'ouverture dûs à la stagnation du sérum dans la partie haute du fromage.
♦ Uneven-sided cheese or one-sided cheese

CATABOLISME n.m.
Réactions biochimiques qui transforment la matière complexe en éléments plus simples au sein d'un organisme vivant.
Ex. : destruction du lactose et transformation en acide lactique par les bactéries lacti-ques.
♦ Katabolism or catabolism

CATALASE n.f.
Enzyme appartenant au groupe des oxydo-réductases décomposant l'eau oxygénée en oxygène moléculaire (gazeux). Détruite par chauffage. - Test de la calatase = méthode d'appréciation indirecte de la qualité hygiéni-que du lait. Les laits pathologiques (mammites) et le colostrum ont une activité catalasique élevée.
♦ Catalase

CATALASIMÈTRE n.m.
Appareil servant à déterminer l'indice de catalase d'un lait c'est-à-dire le nombre de ml d'oxygène libérés en 2 h par 100 ml de lait maintenu à 30° en présence d'eau oxygénée.
Ex. : Catalasimètre de Koestler, de Roeder, de Lobeck
♦ Catalasimeter or catalase tester

CATALYSEUR n.m.
Substance dont la seule présence en faible proportion suffit à déclencher une réaction chimique à laquelle elle ne participe pas.
♦ Catalyst

CATÉCHINE n.f.
Ou vitamine P, composé intervenant dans les perméabilités membranaires.
♦ Catechin

CATHAROMÈTRE n.m.
Instrument pour l'analyse des mélanges gazeux, fondé sur la détection des différences de con-ductibilité thermique.
♦ Catharometer

CATION n.m.
Atome, ou groupement d'atomes, ayant perdu un ou plusieurs électrons, ce qui lui confère un caractère électropositif.
Ex. : Ca^{++}, Na^+, H^+, NH_4^+
♦ Cation

CATIONIQUE adj.
Caractéristique de certains agents de surface (détergents, désinfectants) qui en solution aqueuse fournissent des cations.
Ex. : Ammonium quaternaire stable en milieu acide
Résines échangeuses d'ions (permutation des cations).
♦ Cationic (agent)

CAVE D'AFFINAGE n.f.
Voir HÂLOIR.
♦ Curing room or ripening room or ripening cellar

CAYOLAR n.m.
Cabane du berger basque qui servait d'«atelier» et de «cave d'affinage» lors de la fabrication artisanale de fromage de brebis.
♦ Cayolar or cheese making chalet

CDS (ou Constante sérodensimétrique) abv.
Constante autrefois utilisée pour la recherche du mouillage du lait fondée sur l'équilibre isotonique du lait. Elle est donnée par la formule : $K(CDS) = 1000(D-1) + 3,85C$
D : densité du lait
C : concentration en chlorures en g/l
♦ "Serodensimetric constant"

CELLULE n.f.
Unité fondamentale, constituant de tous les organismes vivants végétaux ou animaux, douée d'un pouvoir d'assimilation. Limitée par une membrane cellulaire, elle possède un cytoplasme et un noyau plus ou moins complexe. Les bactéries sont unicellulaires : composées d'une seule cellule ; les moisissures pluricellullaires : composées de plusieurs cellules.
♦ Cell

CENDRES [du lait] n.f.
Matières minérales obtenues après incinération à 530 ± 20 °C pendant 3 heures et plus. On en trouve 7 à 8 g/l dans le lait de vache alors que la proportion de matières salines atteint 8 à 10 g/l.
♦ Ash

CENTRIFUGATION n.f.
Action de la force centrifuge séparant des éléments de densité différente. Elle est utilisée en industrie laitière pour :
- l'écrémage (lait, lactosérum, babeurre)
- la séparation du caillé au cours de la fabrication de fromages frais selon ce procédé
- l'épuration du lait.
♦ Centrifugation

CENTRIFUGE [force] adj.
Force s'exerçant sur une particule en mouvement circulaire tendant à la projeter vers l'extérieur de sa trajectoire. L'accélération obtenue est donnée par la formule
$G = 1,11 \times 10^{-5} \times r \times n^2 \times g$
r = rayon de la tête de centrifugation en cm
n = vitesse de la rotation en nombre de tours/mn
g = accélération de la pesanteur
♦ Centrifugal (force)

CENTRIFUGEUR n.m. (ou centrifugeuse n.f.)
Appareil agissant par force centrifuge pour séparer des éléments de différentes densités.
Ex. : centrifugeuse Gerber de laboratoire pour le dosage de la matière grasse. En industrie laitière il en existe de différents types adaptés à des fonctions particulières : écrémeuse - bactofugeur - clarifixateur - séparateur de caillé.
♦ Centrifuge

CENTRI-WHEY n.p.
Procédé de réincorporation des protéines du lactosérum dans le lait de fromagerie. La séparation des protéines précipitées est réalisée au moyen d'un clarificateur centrifuge. (Procédé PIEN - ALFA/LAVAL).
♦ Centri-whey process

CEP (Coefficient d'Efficacité Protidique) abv.
Coefficient qui permet, en nutrition, de chiffrer l'efficacité des protéines au point de vue croissance. Il est donné par la formule
$$CEP = \frac{\text{gain de poids (en g ou kg)}}{\text{protéines consommées (en g ou kg)}}$$
♦ Protein Efficiency Ratio (PER)

CÉPHALINE n.f.
Glycérophospholipide, rencontré dans toutes les cellules vivantes et dans la matière grasse du lait. Composition voisine des lécithines avec comme base azotée l'éthanolamine.
♦ Cephalin

CÉTONE n.f.
Composé carbonylé de formule $R_1-\underset{\underset{O}{\|}}{C}-R_2$
Elle dérive d'un alcool secondaire ou tertiaire par oxydation. Certaines cétones contribuent à la formation de saveurs dans les produits laitiers.
Ex. : Méthyl-cétone, diacetyle.
♦ Ketone

CÉTOSE n.m.
Terme désignant un glucide possédant une fonction cétone (sur le 2ème carbone généralement).
Ex. : le fructose est un cetose.
♦ Ketose

CHAILLÉE n.f.
Panier de bois à grande anse dont le fond est formé de planchettes séparées les unes des autres qui servent à l'affinage de certaines fabrications fermières et artisanales de fromages de chèvre.
♦ Whey strainer or chaillee

CHAILLEUX [fromage] adj.
Fromage à pâte cuite présentant un défaut de texture (présence de nombreux «becs» de lainure et «ouverture» mal distribuée).
♦ Cheese with picks and checks

CHALEUR SPÉCIFIQUE n.f.

Quantité de chaleur nécessaire pour élever de un degré un gramme de substance. La chaleur spécifique du lait entier pour des températures de 0 à 60 °C varie de : 0,92 à 0,94 cal/g/°C
- La chaleur spécifique du lait écrémé pour des températures de 0 à 60 °C varie de : 0,94 à 0,96 cal/g/°C
- La chaleur spécifique de la crème à 30 % de MG pour des températures de 0 à 60 °C varie de : 0,67 à 0,86 cal/g/°C.
♦ **Specific heat or thermal capacity**

CHAMBRAGE n.m.

Opération dans laquelle le lait séjourne à température voisine de celle de la pasteurisation pendant un temps limité pour assurer une parfaite homogénéité thermique. L'enceinte dans laquelle cette opération s'effectue s'appelle «chambreur».
♦ **Holding**

«CHAMBRE A LAIT» n.f.

Local spécialement aménagé pour garder le lait de la traite du soir au repos et le laisser murir jusqu'au lendemain matin où il rentrera en fabrication. Se rencontre dans les fruitières fabriquant les pâtes cuites. On trouve aussi le mot «laitier».
♦ **Milk room**

CHAMBREUR n.m.

Voir CHAMBRAGE.
♦ **Holder**

CHANCRE n.m.

Défaut de croûtage des fromages à pâte pressée résultant en général de blessures provoquées accidentellement au cours de manipulations (démoulage en particulier).
♦ **(Cheese) Cancer**

«CHÂNIS» n.m.

Sorte de «graisse» différente cependant de la «peau» de l'*Oïdium* dont s'entoure le fromage à pâte molle au début de la maturation. Il précède l'apparition de la «fleur» due au *Penicillium.*
♦ **Smear or slime**

«CHAPEAUX» n.m.

Languettes de caillé qui restent collées au moule lors de l'égouttage et que l'on rabat sur le fromage en formation. Voir LECHES.
♦ **Curd feathers**

CHARDONNETTE n.f.

Fleur d'artichaut sauvage cultivé en Poitou où elle sert pour coaguler le lait dans quelques fabrication locales. On trouve aussi le mot Cardonnette.
♦ **Bedstraw**

CHARGÉ [fromage] adj.

Fromage à pâte cuite présentant un défaut d'ouverture (nombre de trous trop important).
♦ **Overset cheese**

«CHASIÈRE» n.f.

Voir CAGERET.
♦ **Rattan drainer**

CHAUFFAGE n.m.

Traitement physique appliqué au lait cru soit pour l'assainir (destruction des germes et lui conférer une meilleure aptitude à la conservation (75 à 150 °C) soit pour le concentrer, soit pour le rendre apte à l'action coagulante de la présure (32 °C), ou aux développements des fermentations lactiques. Selon ces objectifs, différentes températures sont observées. L'action du chauffage est toujours associée à la durée.
♦ **Heating or scalding or warming or cooking**

CHÉLATES n.m.

Agents complexants sélectifs des cations souvent utilisés en complexomètrie.
Ex. : complexon (EDTA) utilisé pour séquestrer le calcium Ca^{++}.
♦ **Chelating agent**

CHÉLATION n.f.

Résultat de l'action des chélates.
♦ **Chelation**

CHÉMOSTAT n.m.

Appareil de laboratoire permettant d'obtenir une croissance microbienne continue à taux de croissance limité.
♦ **Chemostat**

CHERRY BURREL [procédé] n.p.

Procédé d'instantanisation de la poudre consistant à traiter la poudre par un courant d'air humide circulant à grande vitesse dans un tube appelé agglomérateur ou granulateur. Les fines particules s'agglomèrent en glomérules de 0,75 à 1,5 mm de diamètre. Le procédé est encore appelé système ARCS (Agglomerates Redries Cools Sizes).
♦ **Cherry Burrel process**

«CHÈVRE à CAILLÉ» n.f.

Nom donné à la table basse affectée au moulage du St-Nectaire fermier.
♦ **Moulding table**

CHÈVRERIE n.f.

Désigne parfois le lieu où l'on fabrique du fromage fermier de chèvre.
♦ **Goat farm dairy**

CHHACH n.m.

Voir LASSI.
♦ **Chhach**

«CHILLER» n.m.

Mot anglais définissant le malaxeur-refroidisseur utilisé dans le procédé Golden-Flow de fabrication en continu du beurre (voir GOLDEN-FLOW).
♦ **Chiller**

CHIMIOLITHOTROPHES n.m.

Microbes qui tirent leur source d'énergie de l'oxydation de composés chimiques minéraux.
Ex. : *Azotobacter, Nitrosomonas.*
♦ Chemolitotrophs

CHIMIOORGANOTROPHES n.m.

Microbes qui tirent leur source d'énergie de l'oxydation des composés organiques.
Ex. : la plupart des bactéries.
♦ Chemoorganotrophs

CHLORAMPHÉNICOL n.m.

Antibiotique rencontré dans le lait. Large spectre d'activité.
♦ Chloramphenicol

CHLORDANE n.m.

Pesticide organochloré que l'on peut retrouver dans le lait. Soumis à une législation.
♦ Chlordane

CHLORE n.m.

Corps chimique de masse atomique 35,5. jaune verdâtre, d'odeur suffocante. Employé comme désinfectant. Les sels de chlore sont appelés chlorures.
Ex. : chlorure de calcium $CaCl_2$.
♦ Chlorine

CHLORÉS [composés] adj.

Désinfectants utilisés en laiterie sous deux formes :
- hypochlorite ClONa (eau de javel)
- chloramines : sels se présentant sous forme de poudre blanche soluble dans l'eau. Le chlore étant libéré progressivement, son action est prolongée. L'effet désinfectant décroît lorsque le pH monte de 6 à 10. On les emploie à température modérée (40 à 45 °C) et à la concentration de 150 à 200 ppm. Au-delà, on augmente considérablement la corrosion de l'acier inoxydable et de l'aluminium. La présence de matières organiques fixe le chlore libre ce qui a pour effet de réduire leur activité désinfectante. Leur action est efficace sur les germes non sporulés à l'exception de *Bacillus subtilis et Mycobacterium tuberculosis.*
♦ Chlorine compound

CHLORHYDRIQUE [acide] adj.

Monoacide fort, HCl, libère un ion H^+ en solution. Donne des chlorures avec les bases. Exerce une action corrosive sur l'acier inoxydable. Associé à un passivant, il est utilisé pour le détartrage des métaux. Très dangereux. Appelé communément : Esprit de sel ou acide muriatique.
♦ Hydrochloric acid

CHLOROMÉTRIQUE [degré] adj.

C'est une unité qui mesure la teneur en chlore actif d'une solution. Une solution d'hypochlorite titre 1 degré chlorométrique quand elle contient 1 litre de chlore actif gazeux (soit 3,17 g) par kg de solution. L'eau de javel du commerce titre 12-13°. L'eau de javel industrielle titre 50 ou 100°.
♦ Available chlorine degree or chlorine strength

CHLOROPHYLLES n.f.

Pigments des parties vertes de la plante (surtout des feuilles) autorisés comme colorant vert sous le n° E 140.
♦ Chlorophylls

CHLOROPICRINE (ou microlysine) n.f.

Produit chimique utilisé à certaines époques comme conservateur du lait à la dose de 0,1 % et disparaissant à l'ébullition.
♦ Chloropicrin or nitrochloroform or microlysin

CHLORTÉTRACYCLINE n.f.

Autre nom de l'aureomycine.
♦ Chlortetracycline

CHLORURES n.m.

Sels de l'acide chlorhydrique. Ils constituent la partie la plus importante des sels solubles ionisés. Exprimés en chlorure de sodium, ils forment en moyenne 1,8 g/l du lait. Les ions chlorures semblent destinés à assurer l'équilibre osmotique du lait. Les laits anormaux en renferment des teneurs pouvant atteindre 2,5 g/l.
♦ Chloride

CHLORURE DE CALCIUM n.m.

Sel de chlore. En solution aqueuse il se dissocie sous forme : $CaCl_2 \rightarrow Ca^{++}$, $2Cl^-$. Additionné au lait de fromagerie, il lui restitue l'aptitude à coaguler sous l'action de la présure.
♦ Calcium chloride

CHOLESTÉROL n.m.

Constituant le plus important de l'insaponifiable de la graisse du lait : (0,1 g/l dans le lait de vache). C'est un ester du stérol.
♦ Cholesterol

CHOLINE n.f.

Base azotée entrant dans la composition des lécithines.
♦ Choline

«LA CHORT CHIA» n.f.

Nom donné dans le pays basque au moule autrefois utilisé dans la fabrication artisanale du fromage de brebis. Il était constitué d'une lame de hêtre entourée d'une ficelle.
♦ "Chort Chia" hoop

CHROMATOGRAPHIE n.f.

Méthode de fractionnement (ou séparation) des constituants d'un mélange par élution d'un fluide (liquide ou gaz) à travers un solide poreux, imprégné ou non d'un liquide fixé par adsorption.
♦ Chromatography

CHROMATOGRAPHIE SUR COUCHE MINCE (CCM) n.f.

Méthode de fractionnement des constituants d'un mélange par élution d'un liquide migrant par capillarité sur un support solide poreux activé et réparti en couche mince : exemple alumine sur plaque de verre. La caractérisation des constituants séparés s'effectue à l'aide de révélateurs le plus souvent colorés ou sous l'action de rayons ultra-violets.

Ex. : fractionnement de l'insaponifiable du beurre.

♦ Thin layer chromatography (TLC)

CHROMATOGRAPHIE EN PHASE GAZEUSE (CPC) n.f.

Méthode de fractionnement des solutés d'un mélange vaporisé et véhiculé par un gaz porteur inerte à travers un ensemble stationnaire poreux :

- si la phase stationnaire est uniquement constituée d'un solide poreux (charbon actif), on a affaire à une CPG d'adsorption (fractionnement des gaz permanents).
- si la phase stationnaire est un liquide imprégné par adsorption sur un solide poreux, on a affaire à une CPG de partage (fractionnement des esters méthyliques d'acides gras).

La caractérisation des constituants séparés s'effectue dans un détecteur à caractéristiques très variables :

Ex. : détecteur à ionisation de flamme : détection des substances carbonées dans une flamme d'hydrogène (esters méthyliques d'acides gras).
détecteur à capture d'électrons : détection des substances électrophiles au moyen d'une source radioactive au tritium ou au nickel 63 (pesticides chlorés).

♦ Gas Liquid Chromatography (GLC)

CHROMATOGRAPHIE EN PHASE LIQUIDE (CPL) (ou sur résine) n.f.

Méthode de fractionnement des constituants d'un mélange par élution d'un liquide solvant sur un support solide poreux (résine) maintenu dans une colonne ou un tube. La caractérisation des constituants se faisant par photocolorimétrie.

Ex. : fractionnement des acides aminés après hydrolyse des protéines.

♦ Liquid chromatography

CHROMOBACTERIUM n.m.

Bactéries en forme de bâtonnets, pigmentées en violet, appartenant à la famille des *Rhizobiaceae* (Bergey), se retrouvent dans la flore psychrotrophe. Aérobie, gram positif.

♦ Chromobacterium

CHROMOGÈNE adj. et n.m.

Se dit d'une substance, d'un facteur susceptible de produire une coloration, une pigmentation.

Ex. : La prodigiosine est une substance chromogène responsable de la couleur rouge framboise développée par Serratia.

♦ Chromogenic (substance)

CHRONO-MÉSO-STÉNOPASTEURISATION n.f.

Tentative vers les années 1930 de définition de barème de pasteurisation avec les standards :

- Chronopasteurisation 100 mn à 58,8 °C
- Mesopasteurisation   4 mn à 65,5 °C
- Sténopasteurisation   10 s   à 72,2 °C

♦ Chrono-meso-stenopasteurization

«CHURN» n.f.

Petite baratte conique de 100 à 200 l munie d'un agitateur et dont la partie inférieure est en relation avec un réservoir où circule un courant d'eau froide. Utilisée dans le procédé semi-continu Senn.

♦ "Churn" (butter)

CHYMOSINE n.f.

Fraction holoprotéïque active des présures animales, secrétées dans la caillette sous une forme inactive, la prochymosine qui est transformée en enzyme active par un processus autocatalytique accéléré par les ions H^+. Activité coagulante énorme 10^7 unités Soxhlet par gramme de protéine. Peut être obtenue pure ou cristallisée.

♦ Chymosin

CIP (Cleaning In Place) n.m. (abv.)

En français, on trouve parfois NEP (Nettoyage En Place). Installation automatique de nettoyage qui ne nécessite aucun démontage grâce à un circuit propre et à un système de vannes pneumatiques dont les opérations sont télécommandées. Les différentes opérations de lavage sont commandées par un programmateur à index ou à cartes perforées. La solution de nettoyage préparée et entretenue en permanence circule dans un ordre préétabli à pression et débit constants le temps et la température de circulation sont immuables pour un programme établi. Les solutions sont récupérées.

♦ CIP (Cleaning In Place)

CIRON n.m.

Insecte minuscule de la famille des acariens, rencontré sur les vieux fromages dont il consomme la moisissure, perce la croûte et pénètre dans la pâte où il forme de fins canaux (mimolette principalement).

♦ Cheese mite

CITERNE n.f.

Réservoir - désigne également la cavité principale de la glande mammaire.

♦ Tank (vat) and cistern (e.g. gland cistern - teat cistern)

CITRATES n.f.

Sels de l'acide citrique. Représentant 3,2 g/l dans le lait de vache. Citrate tripotassique - citrate trimagnésien - citrate tricalcique (1,7 g/l). Sels complexants du calcium en particulier, ils renforcent la stabilité du lait au chauffage. Ils peuvent être utilisés comme acidulants ou substances antioxygènes, autorisés sous les n° E 330 à E 333.
♦ Citrates

CITRIQUE [acide] adj.

Acide tricarboxylique (trois fonctions acide COOH

$$C_6H_8O_7 \text{ ou } CH_2-COOH$$
$$|$$
$$COH-COOH$$
$$|$$
$$CH_2-COOH$$

Acide prépondérant dans les agrumes. Teneur moyenne de 1,8 g/l dans le lait de vache, 1,5 g/l dans le lait de chèvre. Synthétisé par la mamelle à partir de l'acide pyruvique. Précurseur du diacétyle, agent de la flaveur des produits fermentés. Intervient dans l'état d'équilibre du calcium. Donne des citrates avec les bases.
♦ Citric acid

CITROBACTER [genre] n.m.

Bactéries coliformes d'origine fécale caractérisées par la mobilité, la production d'H_2S (dans la plupart des cas), fermentant le citrate de sodium, glucose, et pouvant produire de l'indole.
♦ Citrobacter

CLADOSPORIUM n.m.

Moisissure lipolytique produisant des pigments bruns ou noirs que l'on peut retrouver dans la crème ou le beurre.
♦ Cladosporium

CLAIE n.f.

Treillage en bois, osier ou en fer sur lequel on dispose les fromages après démoulage. On trouve aussi les mots : clayette, clayon.
♦ Cheese grate or mat or tray

CLARIFICATION n.f.

Élimination des matières en suspension et des matières colloïdales susceptibles de communiquer à l'eau une turbidité ou une couleur indésirables. Se pratique surtout par centrifugation.
♦ Clarification

CLARIFIXATEUR n.m.

Écrémeuse modifiée de telle manière que la crème soit homogénéisée par passage dans une turbine à la partie supérieure du bol et réintroduite dans le lait. L'opération est dénommée clarifixation.
♦ Clarifixator

«CLICHES» n.f.

Moules constitués de lanières de bois agrafées, utilisés dans la fabrication des livarots.
♦ Hoop made with wooden straps

CLIMATISATION n.f.

(conditionnement de l'air). Technique de traitement de l'air permettant de régler simultanément les caractéristiques suivantes d'une ambiances : température, humidité relative, renouvellement d'air et, le cas échéant, répartition de l'air, odeurs, teneurs en poussières, en bactéries et en gaz toxiques.
♦ Air conditioning

CLIVAGE n.m.

Défaut de moulage que l'on constate au haloir. Les fromages ont tendance à se séparer en tranches horizontales, mal soudées entre elles et entre lesquelles peuvent se développer des moisissures, *Penicillium glaucum* en particulier.
♦ Layering

CLOACA [genre] n.m.

Bactérie coliforme non pathogène, dénommée également *Aerobacter*. Le nom actuel est *Enterobacter*. Caractérisé par une forte production de gaz dans les produits laitiers et d'acétoïne. Faiblement acidifiant.

Ex. : *Enterobacter aerogenes*.

♦ Cloaca (genus)

CLÒNE |bactérien| n.m.

Désigne un ensemble de bactéries issues d'une même colonie.
♦ Clone

CLOSTRIDIUM n.m.

Nom de genre de bactéries appartenant à la famille des *Bacillaceae* (Bergey). Bacille sporulé, anaérobie, gram +. Ce genre comprend les bactéries butyriques (*Clostridium butyricum*) et des agents de putréfaction (*Clostridium putrefaciens*). Il comprend des espèces pathogènes : *Clostridium tenani, botulinum, septicum, perfringens...* Genre redouté en fromagerie des pâtes pressées où il produit des gonflements tardifs (*Clostridium tyrobutyricum*), seuil limite dans le lait de fromagerie 200 spores/l.
♦ Clostridium

CLUMPING n.m.

Association irréversible des globules gras. Ceux-ci en adhérant les uns aux autres, perdent leur individualité et ne sont plus détachables, ils forment des agrégats appelés «clumps». Ce phénomène résultant de la rupture de la membrane des globules gras et de la libération de matière grasse liquide est à l'origine de la formation des grains de beurre.
♦ Clumping

CLUSTERING n.m.

Association réversible des globules gras qui, associés en grappes (clusters) gardent leur individualité : les membranes demeurent intactes. Phénomène dû à la présence des agglutinines adsorbées par les membranes.

♦ Clustering

CMS n.f. (abv.)

Constante Moléculaire Simplifiée de Mathieu et Ferré. Calculée d'après la teneur en lactose et chlorures du lait. Ces deux constituants assurant pratiquement l'isotonie entre le lait et le sang, de part et d'autre du tissu mammaire.

$$CMS = (L + 11,9 \ NaCl) \ \frac{1000}{S}$$

L = lactose hydraté en g/l
NaCl = chlorure de sodium en g/l
S = volume de sérum fourni par 1 l de lait écrémé (en ml).

Valeurs comprises entre 74 et 79. Utilisée pour détecter le mouillage du lait. Une valeur inférieure à 70 permet d'affirmer que le lait a été mouillé.

♦ "Simplified molecular constant"

CMT (California Mastitis Test) n.m. (abv.)

Test rapide de détection de laits mammiteux. On mélange V/V le lait à examiner et un réactif [soude + détergent (alkyl - aryl sulfonate : teepol) + indicateur coloré (pourpre de bromocresol)] et l'on examine la consistance du mélange (gélification). On définit ainsi 5 classes — T (trace), +, ++, +++. Il existe une certaine relation entre ces classes et la teneur du lait en cellules. Ce test est aussi appelé test au teepol ou test de Schalm.

♦ CMT (California Mastitis Test)

COACERVATION n.f.

Technique consistant à déposer un film protecteur (colloïde) autour de microgouttes (huile, essence, parfum) ou microparticules (colorants, réactifs) dans le but de les stabiliser. En détruisant ce film (pression, pH, température, etc...) on restitue le matériel encapsulé.

Ex. : Utilisation des coacervats comme fixateurs d'arôme dans les chewing-gums, les patisseries, les produits laitiers en poudre. Cette technique est aussi appelée microencapsulation.

♦ Coacervation or microencapsulation

COAGULABILITÉ n.f.

Aptitude du lait à la coagulation. Les laits à coagulation rapide donnent les cailles les plus fermes et les plus faciles à égoutter.

♦ Coagulability

COAGULASE n.f.

Enzyme secrétée par les germes pathogènes, ayant pour effet d'augmenter la vitesse de coagulation du plasma sanguin.

♦ Coagulase

COAGULATION n.f.

Processus physico-chimique conduisant à la dénaturation des substances colloïdales, protéiques en particulier, sous l'action d'agents physiques chimiques ou biochimiques : température, acide, enzyme (présure). Procédé fondamental des fabrications fromagères utilisant comme substrat la caséine du lait. En fromagerie 3 types de coagulation sont utilisés :

a) acide (lactique essentiellement), floculation des micelles sous l'action des acides : à caractère réversible (neutralisation des charges électro-négatives de la caséine). Ex. : fromages frais.

b) présure déstabilisation enzymatique sous l'action de la présure et des ions calcium Ca^{++}, gélification à caractère irréversible (pâtes pressées).

c) mixte action combinée de l'acide lactique et de la présure (fromages à pâte persillée...).

Peut être réalisée en discontinu (cuves) ou en continu (par une brusque élévation de température sur du lait ayant subi l'action primaire de la présure).

♦ Coagulation or clotting

COAGULATION DOUCE n.f.

Accident d'origine microbienne. Les germes en cause sont :
- sporulés (*Bacillus albolactis, cereus, subtilis*)
- *Proteus*
- *Streptococcus liquefaciens* (caillé amer)
- levures et moisissures.

♦ sweet curdling or " broken cream" or " bitty cream"

COAGULUM n.m.

Voir CAILLÉ.

♦ Coagulum or curd

COCHENILLE n.f.

Colorant naturel rouge autorisé sous le n° E 120.

♦ Cocheneal

CODEX n.m.

Recueil officiel de médicaments et des méthodes de contrôle de ceux-ci.

♦ Codex

COEFFICIENT G n.m.

D'après Antoine M. Guérault désigne l'extrait sec dégraissé du fromage égoutté et salé provenant d'un litre de lait. Sa valeur varie de 27 à 34 selon les saisons et selon les types de fromages. Il est de : 30 à 32 pour les pâtes molles, 27 à 28 pour les pâtes cuites.

♦ "G factor"

COENZYME n.m.

Constituant de l'enzyme, pouvant être de nature protidique ou non, portant le site actif et définissant la spécificité de la réaction catalysée par l'enzyme. CoA→spécifique de réaction de transfert du groupement acyle.
Ex. : butyryl CoA
♦ Coenzyme

COEUR n.m.

Partie centrale de la pâte d'un fromage
Ex. : un camembert affiné à cœur.
♦ Core or body

«COEUR DUR» [fromage à] n.m.

Fromage accidenté provenant d'un lait trop acide dont le caillé a subi un brassage donnant un grain trop gros et trop humide.
♦ ''Chalky'' cheese

COFFIN, COFFINEAU n.m.

Corbeille en osier autrefois utilisée pendant l'hiver pour conserver les fromages de chèvre du Poitou (type chabichou).
♦ Coffin or cheese basket

COIFFÉ [grain de caillé] adj.

Défaut du caillé de fromagerie présentant un glaçage superficiel formant une pellicule imperméable à l'exsudation du sérum. Il en résulte des accidents d'égouttage et de texture (voir FEUILLETÉ, BRECHE).
♦ ''Glassy'' curd grain

«COL DROIT» [fromage à] n.m.

Fromage à pâte cuite (type emmental) laissant apparaître un défaut de présentation. Le fromage généralement «lainé» (présentant donc une pâte cassante) ne se déforme pas au cours de la maturation et les «talons» restent droits.
♦ Cheese with a flat hoop-side

COLIFORMES n.m.

Bactéries de la famille des *Enterobacteriaceae* (Bergey) Gram négatif. Les espèces les plus fréquentes fermentent le lactose. Hôtes normaux de l'intestin des mammifères, leur présence dans l'eau ou le lait témoigne de contamination d'origine fécale. Présentent une grande importance aux points de vue :
- hygiénique : plusieurs représentants sont pathogènes
  Ex. : gastroentérites infantiles causées par *Escherichia coli.*
- technologie : hétérofermentaires, ils sont souvent responsables de la dépréciation de la qualité des produits laitiers (saveurs désagréables, substances visqueuses, gonflements, ...)
  Ex. : *Escherichia coli, Cloaca, Enterobacter aerogènes, Klebsiella, Citrobacter...*
♦ Coliforms

COLIMÉTRIE n.f.

Méthodes de dénombrement des coliformes.
Ex. :- culture sur bouillon bilié lactosé au vert brillant

- gélose au désoxycholate lactose agar
- membrane pour l'analyse des eaux
- bande de papier avec réactif : (Bactostrip).
♦ Colimetry

COLLECTE DU LAIT : n.f.

Voir RAMASSAGE.
♦ Milk collection

COLLOÏDAL adj.

État d'une substance dispersée dans son solvant, lorsque ses molécules sont groupées en micelles dont les dimensions sont comprises entre 0,01 et 0,1 micron. Elles portent une charge électrique de même signe ce qui contribue à rendre la suspension stable. La caséine, l'albumine du lait se trouvent à l'état colloïdal. L'état colloïdal est responsable de l'opalescence des solutions et de l'effet Tyndall.
♦ Colloïdal

COLORÉS [laits] adj.

Laits altérés présentant des couleurs particulières dues soit à l'alimentation de l'animal producteur (carotte...) soit à des contaminations microbiennes.

lait bleu : dû à *Pseudomonas cyanogenes*
lait jaune : dû à *Pseudomonas synxantha*
lait rouge : dû à *Bacillus prodigiosus (Serratia marcenscens)*
♦ Milk with colour fault or coloured milk

COLOSTRUM n.m.

Liquide spécial sécrété par la glande mammaire dans les jours qui suivent la mise bas. Sa composition et son aspect sont très différents de ceux du lait jusqu'au 14ème jour après le part (naissance). Renferme en proportion élevée des immunoglobulines, des vitamines transmettant au jeune durant les 24 premières heures les caractères d'immunité acquis par la mère. Exerce également une action purgative et laxative contribuant à l'évacuation du méconium du nouveau né. Composition moyenne g/l (1er jour) EST = 200 MG = 48 MA = 110 Lactose = 32 Sels = 11.
♦ Colostrum or beestings

COMBIGENIAL [procédé] n.p.

Procédé norvégien de fabrication de crème fouettée stable par incorporation de poudre de babeurre à de la crème à basse teneur en matière grasse (25 %).
♦ Combigenial process

COMPLECTOR [procédé] n.p.

Procédé danois de fabrication de margarine.
♦ Complector process

COMPLÉMENTATION n.f.

Opération qui consiste à apporter des substances nutritives ou d'intérêt nutritionnel pour enrichir un aliment.
♦ Complementation

COMPLEXANTS n.m.

Désignent des constituants chimiques capables de se combiner à certains corps les rendant ainsi inactifs. C'est le cas des phosphates et des citrates vis-à-vis du calcium Ca^{++}, ajoutés aux laits stérilisés et concentrés, ils leur confèrent une meilleure stabilité.

♦ Complexing agent

CONCENTRATION n.f.

Enrichissement d'une substance en la totalité de ses composants ou en une fraction, seulement. Le lait et ses dérivés sont généralement concentrés par appauvrissement en eau en vue d'augmenter leur valeur alimentaire ou leur aptitude à la conservation.

Ex : le fromage est un concentré de caséine
le fromage est un concentré de matière grasse
le lait concentré sucré est un concentré de matière sèche de lait stable.

Il existe plusieurs procédés de concentration :
- par ébullition dans des évaporateurs (vacuums) fonctionnant sous vide partiel afin d'abaisser la température d'ébullition.
Ex. : systèmes à flot tombant ou par grimpage dans des évaporateurs à multiples effets systèmes combinant le flot tombant et le grimpage dans des évaporateurs à plaques
- par centrifugation.
Ex. : concentration de la crème, fabrication du beurre selon le procédé Alfa
- par filtration à travers des membranes semi-perméables (voir DIALYSE). Procédés d'ultrafiltration ou d'osmose inverse pour concentrer les protéines de lactosérum ou le lactose.

♦ Concentration

CONDENSATEUR n.m.

Voir CONDENSEUR

♦ Condenser

CONDENSEUR n.m.

Terme désignant soit :
- le récipient où se fait par refroidissement la condensation d'une vapeur
Ex. : élément d'une installation frigorigique élément d'un concentrateur (ou évaporateur)
- le système optique éclairant un objet examiné au microscope par concentration au moyen de lentilles des rayons lumineux sur l'objet uniquement. On dit aussi condensateur.

♦ Condenser

CONDITIONNEMENT n.m.

Terme désignant un ensemble de techniques :
- d'emballage de produits
Ex. : conditionnement du lait de consommation, des yoghourts

♦ Packaging
- de climatisation de locaux

Ex. : le conditionnement des caves d'affinage des fromages consiste à soumettre l'air ambiant à des conditions particulières d'hygrométrie et de température.

♦ Conditioning

CONDITIONNEMENT [du lait liquide] n.m.

On trouve dans le commerce 4 types de présentation du lait liquide (lait cru, pasteurisé, stérilisé, UHT).
● Bouteille verre
● Bouteille plastique
type Fillpack - Botiplast - Rigidex - Bottle pack - Mecaplast (mecapack) - Totalpac - Siderac
● Bouteille en Manolène - en Hostalène - en Natène - en Lupolène.
● Sachet plastique encore appelé poche ou gaine plastique
type Doypack - Prepac - Thimopack - Combibloc - Polipack - Bertopack - Plipac - Lactofilm - Finnpack
● Berlingots ou briques (voir ces mots).

♦ Packaging

CONDUCTIVITÉ ÉLECTRIQUE n.f.

Grandeur qui caractérise l'aptitude d'un corps ou d'une solution à laisser passer le courant électrique. C'est l'inverse de la résistivité : elle s'exprime en mhos/cm (Ω^{-1}). La conductivité du lait varie avec la température : à 25° ses valeurs moyennes sont : 40×10^{-4} à 50×10^{-4} mhos/cm. Le mouillage du lait abaisse la conductivité, l'acidification l'élève.

♦ Electrical conductivity.

Remarque : il existe aussi une **conductivité thermique** (exprimée en $Cal/m/^{\circ}C$) qui traduit l'aptitude d'un corps à laisser passer ou transmettre la chaleur. Ainsi le cuivre a une très bonne conductivité thermique, par contre le liège en a une très mauvaise, ce qui le fait employer comme isolant thermique.

♦ Thermal conductivity

CONGÉLATION n.f.

Passage de l'état liquide à l'état solide par refroidissement ($-30\,^{\circ}C$ à $-15\,^{\circ}C$) ou abaissement de pression. Elle affecte l'eau interne. Se fait en chambre de congélation (air calme), en tunnel à circulation active d'air froid, par immersion dans un liquide froid ou par pulvérisation et aspersion d'un liquide froid.

Ex. : accident rencontré lors de congélation mal conduite
1) gelure : Altération due à la formation glace dans les tissus
2) brûlure : Détérioration due à une dessiccation excessive.

♦ Freezing

CONIDIE n.f.

Spore exogène des champignons.
Ex. : le *Penicillium* produit des Conidies.

♦ Conidia

CONSERVATEUR n.m.

Toute substance chimique employée pour conserver les aliments.

◆ Preservative

CONSERVATION n.f.

Moyens destinés à assurer l'intégrité des denrées alimentaires : la stérilisation, la congélation, le refroidissement, l'addition de substances chimiques, etc...

◆ Preservation

CONSISTANCE n.f.

Ensemble de propriétés rhéologiques traduisant l'ensemble des déformations d'un corps soumis à l'action de forces mécaniques (dureté, fermeté, solidité...).

Ex. : la consistance du beurre dépend de la température et de la structure de la matière grasse.

◆ Consistency

CONSISTOMÈTRE n.m.

Appareil pour mesurer la consistance. Voir PÉNÉTROMÈTRE.

◆ Consistometer

CONSTANTES ANALYTIQUES n.f.

Valeurs ayant un caractère permanent auxquelles on peut se référer.

Ex. : l'Extrait Sec Dégraissé ESD ou Matière Sèche Dégraissée MSD.
la Constance Moléculaire Simplifiée CMS.
la conductivité, l'indice de réfraction...

◆ Analytical constant

CONSTANTE CAPILLAIRE n.f.

Voir TENSION SUPERFICIELLE.

◆ Capillary constant or specific cohesion

CONSTITUTIVES [enzymes] adj.

Enzymes existant dans la cellule et fonctionnant en permanence.

◆ Constitutive enzyme

CONTAMINATION n.f.

Transmission d'une infection. Le lait sain récolté proprement est peu contaminé par les microorganismes. La présence de coliformes dans le lait traduit une contamination d'origine fécale.

◆ Contamination

CONTICAS ACIDE [procédé] n.p.

Procédé français de caséinerie acide en continu encore appelé procédé Pillet.

◆ "Conticas acide" process

CO-PRÉCIPITÉ n.m.

Produit résultant de la précipitation simultanée de la caséine et des protéines du lactosérum. Peut être séché par le procédé Spray, Teneur moyenne 83 % de protéines et 10 % de sels — 4 % d'eau — 1 à 1,5 % de lactose.

◆ Co precipitate

COQUE n.f.

Au sens large, toute bactérie de forme sphérique ou ovoïde.

◆ Coccus

«COQUILLE de NOIX [yeux en] n.f.

Accident des fromages à pâte cuite qui présentent des ouvertures (yeux) avec une paroi interne qui se divise elle-même en yeux plus petits. Voir aussi ÉRAILLÉS (yeux).

◆ Cabbage shaped eyes or nutshell eyes

CORROSION n.f.

Résultat d'une action chimique, aboutissant à la dégradation d'un matériau.

Ex. : les produits alcalins corrodent l'aluminium.
le chlore libre corrode l'acier inoxydable par piqûres et provoque la fissuration du caoutchouc (manchons trayeurs).

Tous les produits de nettoyage doivent renfermer des inhibiteurs de corrosion (passivants). L'intensité de la corrosion dépend de nombreux facteurs :

pH, durée d'action, concentration, température, nature du matériau...

◆ Corrosion

CORVICIDES n.m.

Pesticides utilisés en agriculture pour détruire les oiseaux.

Ex. : l'anthraquinone, le glucochloral (voir PESTICIDES).

◆ Corvicides

CORYNEBACTERIUM n.m.

Bactérie Gram positif, pathogène, en forme de bâtonnets grêles se présentant en arrangements caractéristiques (rameau) peu active dans le lait.

Corynebacterium diphteriae (bacille diphtérique)

Corynebacterium pyogenes (agent de mammites graves, plus fréquentes l'été).

◆ Corynebacterium

COT [Carbone Organique Total] n.m.(abv.)

Grandeur qui avec la DCO et DBO permet d'estimer la charge polluante des effluents. Le carbone des matières organiques est déterminé sous forme de CO_2 obtenu après combustion complète et passage des gaz sur un catalyseur d'oxydation. Le dosage du CO_2 pouvant se faire par titrimétrie, gravimétrie, analyse infra-rouge.

◆ Total Organic Carbon (T.O.C.)

COULÉE [la] n.f.

Terme réservé aux fruitières dans les zones à gruyère. C'est le moment où les producteurs apportent leur lait à la fruitière et où celui-ci est «coulé» (déversé) dans le pèse-lait. Elle a lieu le matin et le soir. Elle était autrefois le «carrefour» des nouvelles du hameau car elle réunissait plusieurs producteurs.

◆ Tipping-time

COULOIR n.m.
Nom rencontré dans certaines régions (Est, Savoie...) pour désigner le passe-lait. Voir PASSE-LAIT. On l'appelle aussi parfois Coulaire.
♦ **Milk strainer**

COULURE n.f.
Accident de la pâte d'un fromage dû à un excès de fluidité par manque d'égouttage et excès de chaleur.
♦ **Run (cheese defect)**

COURBE D'ACIDIFICATION n.f.
Graphique permettant de connaitre la vitesse d'acidification d'une culture de levains lactiques ou de sérum d'égouttage des fromages. Elle est caractérisée par 4 étapes principales :
- latence
- croissance logarithmique
- ralentissement
- stationnaire.
♦ **Acidification curve**

COURBE DE CROISSANCE n.f.
Graphique représentant le nombre de cellules bactériennes au cours des différentes phases de leur développement dans un milieu de culture donné ; 5 phases la caractérisent :

- phase de latence
-     ''   de croissance logarithmique
-     ''   de ralentissement
-     ''   stationnaire
-     ''   déclin

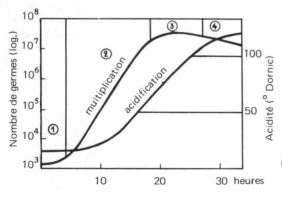

Courbe de croissance et d'acidification d'une bactérie lactique.

(1)   Phase de latence ou d'adaptation
(2)   Phase logarithmique (croissance active)
(3)   Phase du maximum ou stationnaire
(4)   Phase du déclin.

(d'après ALAIS)

♦ **Growth curve**

COXIELLA BURNETI n.f.
Rickettsie, bactérie pathogène, parfois rencontrée dans le lait. Agent de la fièvre Q. Détruite par la pasteurisation haute.
♦ **Coxiella Burneti**

CREAMERY PACKAGE [procédé] n.m.
Procédé australien de fabrication du beurre en continu. Originalité : on opère la destruction de l'émulsion dans la crème concentrée par homogénéisation après la 2ème séparation, le mélange grossier passe dans un tank de décantation avec recyclage puis dans une solution saline et enfin dans un cylindre réfrigérant.
♦ **Creamery package (process)**

CRÉATINE n.f.
Réactif azoté non protéique utilisé pour la recherche du diacétyle (test à la créatine, ou test de VOGES-PROSKAUER). Ce composé se rencontre aussi en faible quantité dans le lait et fait partie des matières azotées non protéïques (NPN).
♦ **Creatine**

CRÉMAGE n.m.
Phénomène de remontée des globules gras à la surface du lait au repos (voir LIGNE DE CREME). L'homogénéisation supprime le crémage. Indice de crémage = test pour apprécier la qualité de l'homogénéisation.
♦ **Creaming or rising of cream**

CRÈME n.f.
Lait enrichi en matière grasse. La séparation de la crème est effectuée par différence de densité entre les globules gras et le lait écrémé, soit spontanément sur du lait laissé au repos, soit par passage dans une écrémeuse. Légalement doit contenir au moins 30 % de matière grasse. Dénommée «crème légère» pour des teneurs inférieures à 30 % et supérieures à 12 %, constitue la matière première à la fabrication du beurre ; peut être présentée sous de multiples formes : fouettée, fraîche, sous pression, etc... entre dans la composition des crèmes glacées, crèmes desserts.
♦ **Cream**

CRÉPINE n.f.
Bac circulaire à paroi perforée généralement tapissé intérieurement d'une toile. Utilisée pour l'égouttage des caillés de pâtes cuites.
♦ **Straining vat**
- Tôle perforée servant à arrêter les corps étrangers à l'entrée d'un tuyau.
♦ **Strainer**

CREVASSE n.f.
Défaut de croûtage des fromages à pâte pressée principalement dû à l'excès d'humidité de la pâte et à une atmosphère trop sèche.
♦ **Crack**

CRISMER [indice] n.p.

Ancien indice calculé pour caractériser les beurres et détecter leur adultération par des matières grasses étrangères. Il est calculé à partir de la température de trouble et de l'acidité (dosée par la potasse alcoolique en présence de la phénolphtaléine). Il est relié à l'indice de Reichert suivant la formule :

Indice Reichert = 83,5 – indice Crismer

On l'appelle aussi température critique de dissolution.

♦ Crismer value or critical temperature of dissolution

CRISSER v.

Terme utilisé en fromagerie pour désigner le comportement d'un grain de caillé qui manque de souplesse lors de son écrasement entre les doigts.

♦ To grind

CRISTALLISATION n.f.

- Phénomène physique par lequel un corps passe à l'état de cristaux. Terme désignant aussi plus généralement le passage de l'état liquide à l'état solide.
- Technique de maturation physique des crèmes beurrières consistant à provoquer la cristallisation de la matière grasse sous l'effet de l'abaissement de la température (4 à 8 °C) dans le but de faciliter le barattage et de régler la consistance du beurre.

♦ Crystallization

CROIX des mélanges [méthode de la] n.f.

Méthode pratique couramment employée pour effectuer les calculs de standardition. C'est une application des calculs de proportion. Appelée encore méthode du «carré de PEARSON». Mode opératoire : on trace un carré. On met les données (quantités, teneurs...) relatives aux éléments de départ dans les coins gauches et la composition recherchée du produit final (standardisé) au centre. On soustrait les données suivant les diagonales pour avoir les quantités à prendre des constituants de départ.

Ex. : Quantité de lait écrémé à 0,5 g/l de MG à ajouter à 10.000 l de lait à 42 g/l de MG pour avoir un lait standardisé à 37 g/l.

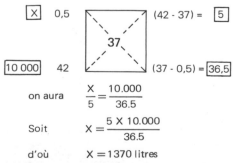

on aura $\dfrac{X}{5} = \dfrac{10.000}{36.5}$

Soit $X = \dfrac{5 \times 10.000}{36.5}$

d'où $X = 1370$ litres

♦ Pearson square method

CROÛTE [des fromages] n.f.

Partie extérieure durcie par évaporation atmosphérique et absorption de chlorure de sodium lors du salage ou saumurage. Elle peut être le siège d'une flore superficielle particulière selon les types de fromages et les soins reçus en cave, moisissures des croûtes dites «moisies», morge riche en bactéries sur les croûtes dites «lavées», absence sur les croûtes dites «sèches».

♦ Rind

CROUVER v.

S'écouler : terme parfois rencontré en parlant du sérum au moment de l'égouttage.

♦ To drain

CRYODÉCAPAGE n.m.

Technique d'examen au microscope électronique d'une coupe d'objet congelé puis lyophilisé.

♦ Freeze scraping

CRYODESSICCATION n.f.

Dessication par le froid. Voir LYOPHILISATION.

♦ Freeze drying

CRYOLAC [indice] abv.

Indice autrefois calculé pour la recherche du mouillage. Comme la CMS et la CDS, il est fondé sur l'équilibre osmotique du lait. Il est calculé en unités cryoscopiques pour le lactose, l'acidité, les chlorures.

♦ Cryolac number

CRYOPHILE n.m.

Catégorie de germes se développant préférentiellement à basse température (0 à 15 °C). Ne pas confondre avec psychrotrophes.

♦ Cryophilic bacteria

CRYOSCOPIE n.f.

Méthode physique pour la détermination des poids moléculaires par abaissement du point de congélation. Utilisée pour la détection du mouillage du lait, au moyen d'un appareil appelé cryoscope. Le lait normal se congèle à – 0,555 °C, le mouillage élève le point de congélation vers zéro.

♦ Cryoscopy

CRYOVAC n.p.

Matériau utilisé dans le préemballage des fromages à base de chlorure de polyvinyle.

♦ Cryovac

CRYPTOCOCCACEAE n.f.

Famille de levures bourgeonnantes ne donnant pas de spore et fermentant difficilement les sucres. Deux genres sont rencontrées dans les produits laitiers :

Candida et *Rhodotorula* (fréquentes sur les croûtes des fromages et les saumures)

Candida utilis, riche en vitamines et graisses : levure alimentaire cultivée sur liquides résiduaires et le lactosérum.

♦ Cryptococcaceae

CUD [Coefficient d'Utilisation Digestive] n.m. (abv.)

Coefficient qui permet, en nutrition, de chiffrer la digestibilité des nutriments. Il est donné par la formule

$$CUD\ app. = \frac{\text{Élément ingéré} - \text{Élément fécal}}{\text{Élément ingéré}} \times 100$$

♦ Digestive Utilization Coefficient or Digestion Coefficient

CUIT [goût de] n.m.

Provoqué par la libération des groupes sulfhydryles (SH) des acides aminés soufrés (cystine, cystéine, méthionine) lors de la dénaturation par le chauffage de certaines albumines (β lactoglobuline) On dit aussi goût de brulon.

♦ Cooked or burnt flavour

CUITE n.f.

Accident pouvant se produire sur les fromages à pâte cuite (Gruyère, Emmental) se caractérisant par l'apparition de cavités pouvant devenir énormes et putrides. Peut avoir trois causes :
Microbiologique par certains germes butyriques
                                              (*Clostridia*)
Physique   surcharge locale au cours du caillage (hétérogénéité du grain)
Chimique   présence de corps étrangers.

♦ Blowhole

CULTURE n.f.

En microbiologie désigne l'entretien de la vie de microorganismes dans un milieu nutritif en vue de l'obtention d'un levain.

♦ Culture or cultivation

CURCUMINE n.f.

Colorant jaune naturel autorisé sous le n° E 100

♦ Curcumin

CUVE n.f.

Appareil servant à recevoir le lait. En fromagerie on distingue deux types de cuves :
- cuve hollandaise : cuve de caillage généralement à double paroi utilisée en fabrication de pâtes pressées. Large de 1,5 m, la cuve est en principe inscrite dans un rectangle mais ses deux extrémités sont incurvées en forme de demi-cercle. Capacité de 3000 à 6000 litres.
- cuve circulaire : cuve cylindrique dont le fond est constitué par un cône très aplati au centre duquel est aménagé l'orifice de sortie. Utilisée en pâte pressée. Capacité jusqu'à 15000 litres. Il en existe de plusieurs types : Steinecker - Schwarte. Voir aussi KÄSEFERTIGER.

♦ Vat or vessel or tank

CYANOCOBALAMINE n.f.

Voir VITAMINE B_{12}.

♦ Cyanocobalamin

CYCLONE n.m.

Appareil cylindro-conique utilisé pour débarasser l'air de ses poussières (fines de poudre de lait par exemple).

♦ Cyclone

CYSTÉINE n.f.

Acide aminé soufré, constituant de la caséine K et des albumines de formule

$$HS-CH_2-CH-COOH$$
$$|$$
$$NH_2$$

♦ Cysteine

CYSTINE n.f.

Acide aminé soufré très important pour la structure «spatiale» (tertiaire) des protéines, il présente un pont disulfure —S—S— car il résulte de l'union de 2 molécules de cystéine. Sa formule sera

$$S-CH_2-CH-COOH$$
$$|\qquad\quad|$$
$$|\qquad\ NH_2$$
$$S-CH_2-CH-COOH$$
$$|$$
$$NH_2$$

♦ Cystine

CYTOCHROME-OXYDASE n.f.

Enzyme intervenant dans le système cytochrome, rencontrée chez certaines bactéries.

♦ Cytochrome oxidase

Décaillage : fabrication pâte pressée

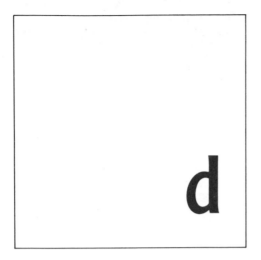

d

D$_\theta$ n.m.
Grandeur caractéristique de la 1ère loi de destruction thermique des germes. Voir «Survivor Curve».
♦ D$_\theta$ value

DAHI n.m.
Lait fermenté fabriqué en Inde à partir de lait de bufflesse. On trouve aussi le terme Dadhi.
♦ Dahi

DASI «FREE FALLING FILM» n.m.
Système américain de stérilisation UHT par utilisation de la chaleur latente de condensation en atmosphère de vapeur saturée sous pression. Les produits tombent librement en films laminaires dans la chambre : il n' y a pas de contact avec les tubes chauffants dont pas de gratinage ni de goût de cuit.
♦ DASI "Free falling film" system

DBO n.f. (abv.)
Demande Biochimique en Oxygène. C'est la quantité d'oxygène exprimée en mg/l et consommée dans les conditions de l'essai (incubation à 20°, à l'obscurité) pendant un temps donné pour assurer par voie biologique (bactéries) l'oxydation des matières organiques biodégradables présentes dans l'eau usée
$DBO_5 = DBO$ après 5 jours.
Pour être complète, l'oxydation biologique demande 21 à 28 jours ($DBO_{21} - DBO_{28}$).
Ex. : pour le lactosérum, la DBO_5 est d'environ 40.000.
Une épuration efficace des eaux usées conduit à une DBO_5 inférieure à 30.
♦ BOD "Biochemical Oxygen Demand"

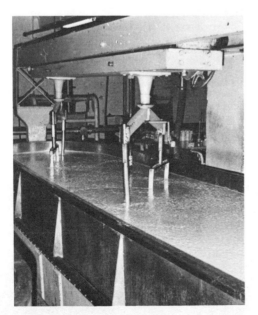

DCO n.f. abv.
Demande Chimique en Oxygène. C'est la quantité d'oxygène nécessaire pour oxyder chimiquement toute la matière polluante, en particulier les sels minéraux oxydables et les composés organiques biodégradables ou non. Elle est mesurée sur les eaux usées par oxydation chromique (bichromate de potassium).
Ex. : DCO moyenne pour
effluent brut (eau urbaine moyennement polluée) : 600 mg/l.
Remarque : relation entre DBO_5, DBO_{21} et DCO
1) Si toutes les matières étaient biodégradables, on devrait avoir : $DCO = DBO_{21}$

$$\text{Pour le glucose } \frac{DBO_{21}}{DBO_5} = \frac{DCO}{DBO_5} = 1,46$$

2) Si matières non dégradable $DCO > DBO_{21}$
Pour les effluents de laiterie, on a $\dfrac{DCO}{DBO_5}$
variant entre 1,5 et 2 en général.

Valeur moyenne du rapport : 1,8.
♦ COD "Chemical Oxygen Demand"

DDT [Dichlordiphenyltrichloroéthane] n.m. (abv.)

Insecticite organochloré très rémanent que l'on retrouve dans le lait. Sa présence est soumise à une législation.
♦ DDT "Dichlordiphenyltrichloroethane"

DÉBATTOIR n.m.

Instrument permettant le travail du grain de caillé. Voir BRASSOIR.
♦ (Curd) stirrer

DÉCAILLAGE n.m.

Opération pratiquée en fromagerie consistant à fractionner le caillé dans le but de favoriser et d'accélérer l'égouttage. Ce fractionnement est d'autant plus poussé que la coagulation est du type présure.
Ex. : caillé lactique (Camembert) cubes de 2 cm
caillé présure (Gruyère) taille grains de maïs.
♦ (Curd) cutting

DÉCALOTTAGE n.m.

Accident pouvant se produire sur des yaourts et qui se manifeste par la séparation du yaourt en deux parties :
- une supérieure dont la forme est celle d'une lentille plan convexe («calotte») qui est décollée à la fois des parois du récipient et de la partie inférieure
- une inférieure adhérant normalement aux parois du récipient.
Dû à un mauvais refroidissement et aux vibrations que subissent les yaourts au cours du transport.
♦ "Decalottage"

DÉCARBOXYLATION n.f.

Réaction biochimique aboutissant à la libération du gaz carbonique sous l'action d'enzymes appelées décarboxylases. Pour les acides aminés, cette décarboxylation conduit à la production d'amines dont certaines sont parfois toxiques.
Ex. : l'histamine provenant de l'histidine.
-la tyramine provenant de la tyrosine.
♦ Decarboxylation

DÉCHIQUETÉS [yeux] adj.

Voir ÉRAILLÉS (yeux)
♦ Crinkled nut shell or shell eyes

DÉCOUPAGE n.m.

Voir TRANCHAGE
♦ Cutting

DÉFÉCATION CHIMIQUE [des eaux usées]

Opération effectuée sur les eaux résiduaires. Elle consiste à faire précéder la filtration sur tourbe d'une précipitation des matières azotées à l'aide de superphosphate de chaux ou de sulfate ferrique.
♦ Chemical defecation

DÉFÉCATION [du lait] n.f.

Opération pratiquée en laboratoire et utilisée lors de certains dosages (chlorures et lactose). Elle consiste à éliminer les matières azotées par filtration après précipitation au moyen de réactifs appropriés (ferrocyanure de potassium et acétate de zinc).
♦ Defecation

DÉFERRISATION de L'EAU n.f.

Traitement de l'eau après oxydation par l'air ou l'oxygène au moyen de sulfate d'alumine et de chaux suivi d'une décantation et d'une filtration éliminant les dépôts formés.
Ex. : traitement de l'eau servant au lavage du beurre.
♦ Iron removal

DÉGAZEUR n.m.

Appareil utilisé pour éliminer du lait ou de la crème après pasteurisation, les substances volatiles qui pourraient communiquer des odeurs et goûts désagréables. Ces substances peuvent provenir, soit de l'alimentation des animaux (crucifères, feuilles de betteraves...) et des étables, soit de l'activité enzymatique (cétones, ...) ou d'un traitement de la matière première (goût de cuit, composés sulfhydriques). Il existe plusieurs types de dégazeurs :
- simple aération par écoulement
- dégazage avec détente sous vide
- dégazage avec apport direct de vapeur et détente sous vide.
♦ Deodorizer

DEHÈNE n.m.

Nom donné à l'huile de beurre dans les pays maghrébiens.
♦ Dehene

DÉLACTOSAGE n.m.

Suppression ou réduction du lactose dans les produits laitiers pour réduire les fermentations laitières.
- en fromagerie, c'est l'opération consistant à diluer le lactosérum lors de certaines fabrications de pâtes pressées (St-Paulin) par lavage à l'eau afin de diminuer le potentiel d'acidification de la pâte.
- pour certaines industries alimentaires exigeant des poudres de lactosérum pauvres en lactose, l'élimination est opérée par ultrafiltration.
♦ Lactose removal

DÉLAITAGE n.m.

Opération qui correspond à l'élimination du babeurre de la baratte lors de la fabrication du beurre.
♦ Buttermilk drainage

DÉLIQUESCENCE n.f.

Propriété qu'ont certaines substances d'absorber l'humidité de l'air en devenant très humides et même liquides.

Ex. : poudre de lait instantanée en atmosphère humide

pastille de soude à l'air libre.

♦ Deliquescence

DÉMINÉRALISATION n.f.

Opération qui consiste en l'élimination partielle ou totale des sels minéraux contenus dans un liquide. Elle est couramment pratiquée sur les eaux et le lactosérum. Elle s'effectue sur résines échangeuses d'ions ou par électrodialyse (voir ces mots).

♦ Demineralization

DÉMOULAGE n.m.

Opération qui consiste, en fromagerie, à retirer le fromage de son moule et qui intervient lorsqu'il a acquis une certaine fermeté.

♦ Taking out of the moulds

DÉNATURATION [des protéines] n.f.

Modification limitée, mais irréversible, sans rupture de liaisons covalentes ni séparation de fragments, résultats d'actions physico-chimiques ou biochimiques.

Ex. : le chauffage à 70° dénature l'albumine

les acides, la présure dénaturent la caséine

Elle conduit à un nouvel arrangement dans la structure des protéines.

♦ Denaturation

DÉNIER [procédé] n.p.

Procédé français de pasteurisation électrique du lait. Du lait préchauffé est soumis à l'action successive de deux courants : tout d'abord alternatif puis ensuite continu.

♦ Denier process

DENSIMÈTRE n.m.

Petit appareil (aréomètre) servant à mesurer la densité des solutions.

Ex. : le lactodensimètre Quevenne composé d'un flotteur et d'une tige graduée étalonnée à une température définie (15 ou 20 °C) fonctionne suivant le principe d'Archimède).

♦ Densimeter or hydrometer

DENSITÉ n.f.

Grandeur qui exprime le rapport du poids spécifique du corps considéré au poids d'un second corps pris comme référence (en général eau pour les liquides et solides — air pour les gaz), dans les conditions de température et de pression données. La densité du lait entier à 15 °C est comprise entre 1,030 et 1,035 en moyenne 1,032.

La densité du lait écrémé à 15 °C environ 1,036.

La densité du lait concentré 1,066

La densité de la crème 0,940

Elle dépend de la teneur en matière sèche (MS) et matière grasse (MG). La relation est de la forme $MS = a \, MG + bD$. Elle dépend aussi de la température : entre 10 et 45 °C, la relation est de la forme :

$$D - 1 = \alpha + \beta t + \gamma t^2 + \delta t^3 \quad (t : {}^{\circ}C)$$

En cas de mouillage, la densité diminue.

♦ Density

DENSITÉ LAITIÈRE n.f.

Exprime le rapport de la quantité de lait au km^2. Notion utile pour comparer l'importance des différentes régions au point de vue production laitière. La moyenne française est inférieure à 500 hl/km^2. En Normandie, elle est voisine de 1000 hl/km^2. La moyenne Suisse est d'environ 700 hl/km^2 et atteint 1000 hl/km^2 au Danemark.

♦ Milk production density (rate) (hl/km^2)

DENSITÉ OPTIQUE n.f.

Grandeur permettant de mesurer la quantité de lumière transmise par une solution placée en face d'une source émettrice. La densité optique est proportionnelle à l'épaisseur traversée, et à la concentration de la substance en solution. On dit aussi absorbance ou absorption optique.

♦ Optical density

DENSITÉ DES POUDRES DE LAIT n.f.

On distingue 3 sortes de densités pour les poudres de lait :

- la densité apparente qui est le poids de solide par unité de volume de la poudre. C'est la «Bulk density» pour les Anglo-saxons. Pour le lait écrémé en poudre Spray, elle est de 0,5 à 0,6 g/ml en moyenne

- la densité particulaire qui est la densité des particules de poudre y compris l'air occlus. C'est la «Particle density» pour les Anglo-saxons.

- la densité vraie qui est la densité des particules de poudre non compris l'air occlus. C'est la «True density» pour les Anglo-saxons. Elle varie de 1,26 à 1,32 g/ml pour la poudre de lait entier et de 1,44 à 1,48 g/ml pour la poudre de lait écrémé.

♦ Density of milk powder

DENSITÉ DE RAMASSAGE n.f.

Est donnée par le rapport de la quantité de lait ramassée au km de route parcouru lors du ramassage : elle s'exprime en l/km. La moyenne française est de l'ordre de 50 l/km. En Normandie elle dépasse 100 l/km.

♦ Milk collection density (rate) (l/km)

DÉPOTAGE n.m.

Opération effectuée au quai de réception de l'usine laitière consistant à vider les bidons de lait ou de crème dans un bac.

♦ Can tipping

DÉSACIDIFICATION n.f.

Opération chimique ou physique consistant à relever le pH d'une substance dans le but de la soumettre à un traitement thermique ou de favoriser un développement microbien contrôlé. Les pâtes des fromages sont désacidifiées par les levures et moisissures, le calcium ou l'ammoniac de l'atmosphère des caves. Pour les crèmes beurrières trop acides, deux techniques sont employées :

1) neutralisation par addition d'une base diluée (soude, magnésie ou chaux), afin d'éviter une coagulation éventuelle des protéines lors de la pasteurisation ; par exemple : l'acidité d'une crème à 35 % de matières grasses doit être ramenée à 20 °D dans le non gras soit 13 °D dans la crème. Des lactates se forment par la combinaison de l'acide lactique et du cation provenant de la base

$$CH_3-CHOH-COOH + Na\,OH$$
$$\rightarrow CH_3-CHOH-COONa + H_2O$$
lactate de sodium

2) lavage et centrifugation. La crème est diluée par 2 à 4 fois son volume d'eau tiède et le mélange est centrifugé à travers une écrémeuse pour récupérer la crème.

♦ Deacidification

DÉSAMINATION n.f.

Réaction chimique ou biochimique de dégradation aboutissant à la formation de gaz ammoniac et d'un autre composé. Intéresse surtout les acides aminés pendant l'affinage des fromages. Il existe deux types de désamination :

● Oxydative où l'autre composé est un acide cétonique
Ex. : alanine $\rightarrow NH_3$ + ac. pyruvique

◎ Réductrice où l'autre composé est un acide aliphatique comparable à ceux libérés par la lipolyse (ac. gras)
Ex. : leucine $\rightarrow NH_3$ + ac. isovalérique.

♦ Deamination

DÉSINFECTANTS n.m.

Produits chimiques utilisés pour la désinfection à base de chlore (eau de javel, chloramines...) ou de formol, iode, eau oxygénée, alcools, phénols, etc...

♦ Sanitizer or disinfectant or sterilizer

DÉSINFECTION n.f.

Opération conduite après le nettoyage, dans le but de détruire les germes subsistant sur les surfaces. moyens physiques : eau chaude, vapeur. Moyens chimiques : produits désinfectants (microbicides).

♦ Disinfection or sanitation

DESMOLASE n.f.

Ce terme était utilisé pour désigner toutes les enzymes autres que les hydrolases. Ce terme est maintenant abandonné et remplacé par des termes plus spécifiques : lyase, isomerase, etc...

♦ Desmolase

DESMOLYSE n.f.

Réaction biochimique de dégradation (voir CATABOLISME).

♦ Desmolysis

DÉSODORISATION n.f.

Opération ayant pour but l'élimination des odeurs désagréables dans le lait ou la crème. Elle est pratiquée au moyen de dégazeurs (voir ce mot).

♦ Deodorization

DESSICCATION n.f.

Opération qui consiste à éliminer l'eau contenue dans un produit. Au laboratoire elle s'opère dans une étuve à une température de 103 °C. En usine, elle prend le nom de séchage (voir ce mot).

♦ Desiccation or drying or dehydration

DÉTALONNÉS [fromages] adj.

Fromages à pâte cuite présentant un défaut de texture de pâte (la pâte est semblable à celle d'une pâte non cuite et le talon est défectueux). Accidents dûs à un manque de ferments thermophiles dans le fromage et aussi parfois à une teneur trop faible en CO_2 dans les caves d'affinage.

♦ Cheese with uneven hoop-sides

DÉTARTRANT n.m.

Produit chimique utilisé pour solubiliser les dépôts de tartre ($CaCO_3$) provoqués par l'eau dure.
Ex. : les acides sont des détartrants énergiques. Pour détartrer le matériel laitier, on les dilue afin de préserver les surfaces contre la corrosion et on les additionne de produits passivants.

♦ Descaling agent or milk stone remover

DÉTERSIFS (ou détergents) n.m.

Produits de nettoyage.
Ex. : savons, lessives...

♦ Detergent

DETSKII n.m.

Boisson sucrée à base de lactosérum déprotéiné produite et consommée en URSS.

♦ Detskii

DEUTÉROMYCÈTES n.m.

Voir MOISISSURES.

♦ Deuteromycetes

DEXTROGYRE adj.

Caractère d'une molécule qui dévie à droite le plan de la lumière polarisée. S'applique surtout aux sucres.

Ex. : glucose.

♦ Dextro-rotatory or dextrorotary

DEXTROSE n.m.

Terme utilisé par les anglo-saxons comme synonyme de glucose.

♦ Dextrose

DGI [procédé] n.p. (abv.)

(Dansk Guerings Industri). Procédé danois de conversion du jus lactosé en alcool éthylique.

♦ DGI process

DIACÉTYLE n.m.

Hydrocarbure dicétonique constituant l'élément dominant de l'arôme des beurres. Provient de l'acétylméthylcarbinol par oxydation :

$$CH_3-CO-CHOH-CH_3 + 1/2\ O_2$$
$$\rightarrow CH_3-CO-CO-CH_3 + H_2O$$
$$\text{diacétyle}$$

La teneur dans le beurre est fugace, elle dépend du pH et du Eh, perceptible au-delà de 1 ppm (2 à 3 ppm teneur optimale).

♦ Diacetyl

DIALYSE n.f.

Méthode physique de séparation des substances cristallisables des colloïdes, au moyen d'une membrane semi-perméable qui arrête les colloïdes. Le lactose à bas poids moléculaire est séparé des protéines à haut poids moléculaire au moyen de membranes cellulosiques.

♦ Dialysis

DIASTASE n.f.

Terme ancien d'origine grecque, synonyme d'enzyme.

♦ Diastase

DIAUXIE n.f.

Phénomène se rencontrant lors de l'étude de courbe de croissance microbienne à partir de milieux sucrés, contenant plusieurs glucides. Contrairement à la croissance habituelle où l'on observe une seule poussée, la croissance diauxique se décompose en deux poussées bien distinctes comprenant chacune toutes les phases de la croissance normale, ces deux poussées sont séparées par une phase décroissante extrêmement accentuée. Le phénomène est lié à une double action induction et inhibition d'enzymes.

Ex. : diauxie lorsqu'on a croissance sur un milieu contenant saccharose et lactose.

♦ Diauxy

DIELDRINE n.f.

Insecticide organochloré (forme époxydée de l'Aldrine) que l'on retrouve dans le lait. Du fait de sa toxicité, sa présence dans les produits laitiers est soumise à une législation.

♦ Dieldrin

DIÉLECTRIQUE [constante] adj.

Constante physique dont la valeur dépend de la conductivité électrique d'un corps donné. Cette valeur est influencée par la teneur en eau, ce qui a donné lieu à une application pour la mesure en continu de l'humidité du beurre fabriqué en butyrateur.

♦ Dielectric constant

DIÉTÉTIQUE n.f.

Science qui étudie la valeur alimentaire des denrées et les maladies entraînées par une mauvaise nutrition.

♦ Dietetics

DIGESTIBILITÉ n.f.

En nutrition désigne le pourcentage d'assimilation intestinale c'est-à-dire le pourcentage de nutriments traversant la paroi intestinale au cours du transit digestif.

♦ Digestibility

DILUANT n.m.

Liquide servant à effectuer des dilutions.

Ex. : solution de Ringer pour la dilution lors de l'analyse microbiologique de produits laitiers.

♦ Diluent

DIPLOCOCCINE n.f.

Antibiotique secrété par certaines souches de *Streptococcus cremoris*. Très active contre *Streptococcus lactis*.

♦ Diplococcine

«DIPS» n.f.

Crèmes épaisses souvent enrichies en caséinate de sodium servant comme assaisonnement dans les salades et toasts.

♦ "Dips"

DISPERSIBILITÉ [des poudres de lait] n.f.

C'est l'aptitude que possèdent des particules de poudre de lait, préalablement mouillées, à se répartir uniformément dans l'eau non agitée, sans qu'il y ait formation de grumeaux.

♦ Dispersibility (milk powder)

DISPERSION n.f.

État d'une «phase» discontinue baignant dans une phase continue. On distingue plusieurs sortes de dispersions suivant la taille des particules en suspension.

dispersions colloïdales

ex. : les micelles de caséine

dispersions émulsoïdes

ex. : les globules de matière grasse

dispersions moléculaires

ex. : les molécules de lactose

♦ Dispersion

DISSOCIATION IONIQUE n.f.

Phénomène physico-chimique conduisant à la libération partielle ou totale des ions composant un électrolyte.

Ex. : en solution, les sels minéraux (chlorure de sodium, chlorure de calcium...) les acides, les bases, les substances amphotères telles que les protéines se dissocient selon les schémas ci-dessous :

Réaction de dissociation $AB \rightarrow A^+ + B^-$

Ex. :

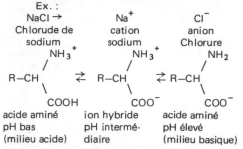

NaCl →	Na⁺	Cl⁻
Chlorude de sodium	cation sodium	anion Chlorure

acide aminé ion hybride acide aminé
pH bas pH intermé- pH élevé
(milieu acide) diaire (milieu basique)

Les réactions de dissociation sont caractérisées par une constante K dite de dissociation

$$K = \frac{[A^+] \times [B^-]}{[AB]}$$

♦ Ionic dissociation

DJA [Dose Journalière Admissible] n.f. (abv.)

Terme utilisé en toxicologie. C'est la quantité d'une substance qu'un individu peut absorber journellement pendant toute une vie sans risque appréciable pour la santé. Elle s'exprime en mg par kg de poids corporel. On trouve aussi le terme DQA (Dose Quotidienne Admissible).
♦ ADI "Acceptable daily Intake"

DJEBEN n.m.

Fromage frais fabriqué à partir du leben par les peuplades nomades du Sud-Algérien.
♦ Djeben

DORNIC [degré] n.p.

Unité employée en France qui exprime l'acidité par la teneur en acide lactique : c'est le nombre de 1/10 de ml de soude $\frac{N}{9}$ utilisée pour titrer 10 ml de lait en présence de phénolphtaléïne.
1. °D correspond à 0,1 g d'acide lactique/l
2. °D = 0,444 °SH (SOXHLET-HENKEL)
   = 1,11 °Th (degré THOERNER).

♦ Dornic degree

DOUGH n.m.

Produit laitier à base de yaourt préparé et consommé en Iran, Afghanistan et Moyen-Orient. On peut faire rentrer du lactosérum de fromagerie dans sa préparation.
♦ Dough

DPAD [Dose Potentielle d'Additif alimentaire] n.f. (abv.)

Terme utilisé en toxicologie. C'est la quantité qui serait ingérée par jour par individu de 60 kg si l'additif était utilisé dans les aliments en cause à la dose maximale prévue par les normes CODEX. Elle s'exprime en mg/sujet de 60 kg/jour. On trouve aussi le terme anglais PFAF.
♦ PFAF

DUKAT n.m.

Produit tchécoslovaque d'imitation des crèmes obtenu en émulsionnant des matières grasses végétales dans de la crème maturée.
♦ Dukat

DULCE de LECHE n.m.

Sorte de lait concentré consommé en Argentine, obtenu par concentration par la chaleur du lait et par addition du sucre et de matières aromatiques.
♦ Dulce de leche

DUPOUY [réaction de] n.p.

Utilisée pour la recherche de la peroxydase du lait normalement détruite à 80°, pendant 30 secondes. L'enzyme est mise en évidence en ajoutant au lait un peu d'eau oxygénée et un corps accepteur d'oxygène jouant le rôle d'indicateur coloré redox (gaïacol). La coloration rose révèle sa présence.
♦ Dupouy test

DURE [pâte] adj.

Désigne parfois des fromages à pâte pressée cuite comme l'Emmental.
♦ Hard cheese

DURETÉ [de l'eau] n.f.

Grandeur qui mesure la charge en sels de chaux et de magnésie (sulfates ou bicarbonates) des eaux. Ces sels sont responsables de l'entartrage des chaudières, et du primage des canalisations. Ils s'opposent également à la cuisson des légumes et à la production de mousse avec le savon. Elle est exprimée en degré hydrotimétrique.
♦ Water hardness

Ecrémeuses

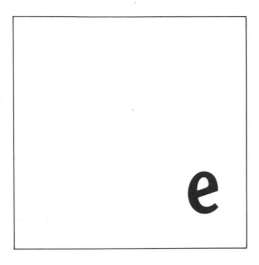

e

EAUX RÉSIDUAIRES n.f.

Ce terme désigne les eaux usées des établissements industriels. Elles sont plus ou moins chargées de constituants de lait traité, et de produits de nettoyage et de désinfection. Elles sont caractérisées par leur DBO. Le rejet de ces eaux est soumis à réglementation. On les désigne parfois sous le terme «effluents».
♦ Wastes or waste water or sewage

EAUX de VACHE n.f.

Nom donné aux eaux de condensation récupérées lors de la concentration du lait. Ce sont des eaux déminéralisées. Elles servent souvent à l'alimentation des chaudières ou comme eaux chaudes distribuées dans l'usine pour le nettoyage.
♦ Condenser discharge water or "cow water"

ÉBLOUISSEUR n.m.

Nom donné aux agents de sapidité.
♦ Flavour enhancer or intensifier

ÉBULLITION [épreuve de l'] n.f.

Test rapide qui renseigne sur la qualité hygiénique du lait. Un tube de 5 ml est mis 5 mn au bain-marie bouillant. Il ne doit pas y avoir floculation ou coagulation. Ce test est appelé «Clot-on-boiling» ou COB par les anglo-saxons. Ce test est sans signification pour les laits réfrigérés car ceux-ci peuvent contenir un grand nombre de psychrotrophes et être totalement protéolysés sans pour autant réagir positivement.
♦ COB test "Clot-on-boiling test"

ÉCHANGEURS D'IONS n.m.

Ce sont des substances granulaires insolubles comportant dans leur structure moléculaire des radicaux acides ou basiques susceptibles de permuter, sans modification de leur aspect physique, les ions négatifs ou positifs fixés sur ces radicaux, contre des ions de même signe se trouvant en solution dans le liquide à leur contact :
Ex. : terres naturelles (dolomie...)
composés synthétiques minéraux (silice, ...) ou organiques (résines...).

Ces échangeurs sont utilisés pour l'adoucissement des eaux de chaudières, pour la déminéralisation des lactosérums.
♦ Ion exchanger

ÉCHANGEURS THERMIQUES n.m.

Appareils permettant les échanges thermiques à travers une paroi séparant deux fluides à températures différentes circulant en sens inverse. Deux types d'appareils :
- tubulaires
- à plaques
La chaleur est apportée par l'eau chaude ou la vapeur ; le froid par de l'eau glacée ou le lait froid (récupération de frigories ou calories dans le cas du lait chaud).
♦ Heat exchanger

ÉCLISSE n.f.
Ceinture d'osier ou de métal que l'on met autour des fromages tels que le Brie pour faciliter leur retournement lors de l'égouttage.
♦ **Wicker or tinned metal strap**

ÉCRÉMAGE n.m.
Opération ayant pour but de séparer la crème du lait.
- Écrémage spontané se produisant sous l'effet de la différence des densités des globules gras et de celle du lait écrémé.
- Écrémage centrifuge ou forcé au moyen d'écrémeuses.
♦ **Creaming or skimming or cream separation**

ÉCRÉMETTE n.f.
Ustensile en forme de louche plate utilisée pour retirer la matière grasse et la mousse à la surface du lait au moment de l'emprésurage. Sert également en fromagerie traditionnelle (Brie) pour répartir le caillé dans les moules. Elle porte parfois le nom de saucerette.
♦ **Large and flat ladle or dipper**

ÉCRÉMEUSE n.f.
Centrifugeur conçu pour réaliser l'écrémage. Il en existe de 3 types : ouverte - semi-hermétique - hermétique.
♦ **Centrifuge milk separator**

ÉDULCORANT n.m.
Substance que l'on rajoute à une autre pour en adoucir le goût.
Ex. : sirop de sucre, fructose, etc...
♦ **Sweetener**

EFFLUENTS n.m.
Voir EAUX RÉSIDUAIRES.
♦ **Effluent or Sewage**

ÉGOUTTAGE n.m.
Phénomène physique de synérèse caractéristique des fabrications fromagères qui se manifeste par une contraction des micelles de caséine s'accompagnant d'une expulsion du liquide qu'elles retenaient primitivement. Celui-ci aboutit à la séparation d'une espèce de gâteau formé essentiellement par la caséine et la matière grasse, le liquide expulsé constituant le sérum. L'égouttage règle en grande partie l'humidité dans la pâte des fromages. On aboutit à des fabrications différentes selon le type d'égouttage adopté :
- l'égouttage spontané ou naturel résultant uniquement de l'acidification lactique, conduisant à l'obtention des pâtes fraîches ou molles (camembert) à caillé déminéralisé friable. Il se traduit donc par un abaissement important du pH (jusqu'à 4,6).
  Ex. : Camembert - Pâtes Fraîches (Petit-Suisse) - St-Marcellin.
- l'égouttage forcé ou mécanique résultant d'un caillé type présure soumis au fractionnement parfois très poussé (Gruyère) et au pressage pour en expulser le sérum. La fermentation lactique étant peu développée, l'abaissement du pH est moins poussé. Ce qui conduit à l'obtention de pâtes fortement minéralisées, compactes.
Ex. : Saint-Paulin - Gruyère - Edam - Cheddar..
♦ **Drainage**

ÉGOUTTOIR n.m.
Large table à gorge sur laquelle sont placés les moules pendant l'égouttage.
♦ **Drainer**

«ÉGOUTTURES» n.f.
Impuretés physiques et microbiennes qui se sont déposées au fond des «rondots» lors du repos du lait dans la «chambre à lait» en fabrication fruitière de pâtes pressées cuites.
♦ **Milk drainings**

EH n.m.
Symbole désignant le potentiel redox.
♦ **Eh**

ÉLECTRODIALYSE n.f.
Procédé physico-chimique fondé sur le principe de l'électrolyse et de la filtration au moyen de membranes sélectives spéciales pour déminéraliser une solution. Utilisé pour le dessalement de l'eau de mer, ou la déminéralisation du lactosérum. Les membranes négatives sont perméables aux cations seulement. Les membranes positives sont perméables aux anions seulement.
♦ **Electrodialysis**

ÉLECTROLYSE n.f.
Procédé chimique de décomposition d'un corps en solution soumis à un champ électrique (courant continu). Les cations se déplacent vers l'électrode négative (cathode) tandis que les anions se déplacement vers l'électrode positive (anode).
♦ **Electrolysis**

ÉLECTRON n.m.
Particule infiniment petite chargée négativement gravitant autour du noyau de l'atome.
♦ **Electron**

ÉLECTROPHORÈSE n.f.
Méthode d'analyse basée sur la migration sous l'effet d'un champ électrique de composés ionisés. Utilisée pour identifier et séparer les différentes protéines ou fractions protéiques. Dans un mélange les protéines migrent indépendamment les unes des autres selon leur charge et la grosseur de leur molécule. On utilise comme support solide une bande de papier ou d'acétate de cellulose, un gel d'amidon ou de polyacrylamide.
♦ **Electrophoresis**

ÉLECTROPURE [procédé] n.p.
Procédé américain de pasteurisation électrique du lait.
♦ **Electropure process**

EMBOÎTAGE n.m.

Mise en boîte du fromage.

♦ Boxing

ÉMIETTAGE n.m.

Opération en fromagerie qui consiste à broyer mécaniquement ou à la main le caillé de certains fromages soit à pâte pressée (Cantal) soit à pâte persillée (Fourme d'Ambert).

♦ Crumbling or milling

EMMORGER v.

Créer les conditions de l'apparition d'une morge sur les fromages de gruyère.

♦ To smear

ÉMONCTOIRE n.m.

Organe destiné à éliminer les déchets de la nutrition. La mamelle joue, dans une certaine mesure, le rôle d'émonctoire en particulier en excrétant diverses substances médicamenteuses, pesticides.

♦ Emunctory

EMPRÉSURAGE n.m.

C'est l'addition de présure au lait pour obtenir sa coagulation en vue de la fabrication de fromages.

♦ Renneting

ÉMULSIFIANTS (ou émulsifs ou émulsionnants) n.m.

Substances stabilisantes des émulsions. Les lécithines sont d'excellents agents émulsifiants ; dans le lait elles contribuent à rendre stable la suspension de matière grasse. Entrent dans la composition des produits de nettoyage (métasilicate de soude). Ils sont désignés dans la nomenclature européenne des additifs alimentaires en général sous les n° E 400 à 483 (série des 400).

♦ Emulsifiers or emulsifying agents

ÉMULSION n.f.

Voir DISPERSION.

♦ Emulsion

ENDOENZYME (ou enzyme endocellulaire) n.f.

Enzyme qui reste dans la cellule et ne pourra attaquer les corps que lorsque ceux-ci y auront pénétré.

Ex. : Cytochrome oxydase.

♦ Endoenzyme

ENDOMYCETACEAE n.f.

Famille de levures typiques. Reproduction végétative par bourgeonnement ou cloisonnement. Formation d'ascospores internes qui à maturité sont libérées par déchirement de la paroi de l'asque. En milieu favorable les ascospores prennent la forme de levure typique.

Genre *Saccharomyces*

Espèce *Saccharomyces cerevisiae, pasteurianus, fragilis.*

♦ Endomycetaceae

ENDOPEPTIDASE (ou proteinase) n.f.

Enzyme protéolytique appartenant aux hydrolases, agissant à l'intérieur des chaînes polypeptidiques des protéines pour donner des polypeptides ou peptides. Très active à pH de 5 à 6.

Ex. : la présure.

♦ Endopeptidase

ENDOTHIA PARASITICA n.f.

Moisissure parasite du châtaignier à partir de laquelle une enzyme coagulante du lait est extraite.

♦ Endothia parasitica

ENDOTOXINE n.f.

Substance toxique produite par une bactérie mais non excrétée dans le milieu extérieur.

♦ Endotoxin

ENDRINE n.f.

Pesticide organochloré que l'on peut retrouver dans le lait.

♦ Endrin

ENROCHOIR n.m.

Presse à contre poids utilisée dans la fabrication traditionnelle en particulier du Vacherin.

♦ Enrochoir or lever press or counter weight press

ENSEMENCEMENT n.m.

Opération de dissémination de ferments (bactériens ou fongiques) dans le lait ou la crème pour développer certaines fermentations spécifiques (dites dirigées). L'apport de levains lactiques dans le lait ou la crème a pour but :

- d'occuper le terrain pour limiter le champ de contamination éventuel par des bactéries étrangères, après la pasteurisation notamment.
- le développement d'une fermentation lactique
- le développement d'une fermentation arômatique.

♦ Inoculation

ENSILAGE n.m.

Méthode de conservation des fourrages verts (maïs, herbes) en les mettant dans des silos pour les soumettre à la fermentation lactique (pH inférieur à 4). Les ensilages contiennent des spores bactériennes en quantité d'autant plus importante que le pH est plus élevé. Si ces spores passent dans le lait (contact du lait avec ensilage ou passage à travers l'animal) des accidents tardifs (gonflements) peuvent se produire sur les fromages résultants.

♦ Silage

ENTEROBACTER n.m.

Bactérie appartenant aux *Enterobacteriaceae* (Bergey). Bacile gram négatif.

♦ Enterobacter

ENTÉROBACTÉRIES n.f.

Groupe de bactéries appartenant à la famille des *Enterobacteriaceae* (Bergey) groupant entre autres les coliformes. (Voir COLIFORMES).
♦ Enterobacteria

ENTÉROCOQUE (ou enterococcus) n.m.

Groupe de bactéries formées de coques ou cocci : gram positif.
Ex. : *Streptococcus faecalis* variétés *liquefaciens*
et *zymogenes,*
Streptococcus faecium, Streptococcus durans.

Caractérisé par :
- résistance à la pasteurisation à 63° – 30 mn.
- développement dans une large zone de température 10 à 45° et de pH (jusqu'à 9,5)
- développement en présence de sel (6,5 %) et de bile (40 %).
- résistance à la Pénicilline
- anaérobiose facultative à pH supérieur à 5
- activités protéolytiques.
Ils font partie des streptocoques fécaux.
♦ Enterococcus

ENTIER [lait] adj.

Qualité du lait tel qu'il a été tiré du pis de la vache c'est-à-dire lait auquel on n'a enlevé aucun de ses constituants. Par tradition commerciale bien que parfois écrémé (standardisé) le lait à 36 g/l de matière grasse est considéré comme entier.
♦ Whole milk

ENZYME (ou diastase) n.f.

Substance organique de nature protidique produite par les organismes vivants agissant comme biocatalyseur dans les réactions biochimiques (métabolisme et catabolisme en particulier). On les regroupe en 6 classes :
- 1ère classe : Oxydo-Reductase
- 2ème classe : Transferase
- 3ème classe : Hydrolase
- 4ème classe : Lyase
- 5ème classe : Isomerase
- 6ème classe : Ligase
Dans le lait normal, il existe différentes enzymes :
- lipase, xanthine-oxydase, peroxydase, catalase, phosphatase, esterase, protease, aldolase..
L'affinage des fromages dépend essentiellement de l'activité des enzymes naturelles ou produites par les microorganismes.
Ex. : les enzymes protéolytiques sont principalement responsables de la sapidité de la pâte.
On distingue suivant leur état :
- Enzymes inductibles ou adaptatives (voir INDUCTIBLES)
- Enzymes constitutives (voir CONSTITUTIVES).
♦ Enzyme

ÉPAISSISSANTS n.m.

Agents de texture qui ont pour but d'augmenter la viscosité d'une denrée. Ils sont désignés dans la nomenclature européenne des additifs alimentaires sous les numéros de la série E 400. Voir GÉLIFIANTS.
♦ Thickener or thickening agents or gelling agents

ÉPANDAGE n.m.

Opération consistant à répandre les eaux résiduaires à la surface du sol, dans des champs exploités de diverses manières : cultures maraîchères, plantations d'arbres... Les microbes du sol dégradent les matières organiques. L'acidification progressive du sol finit par gêner et stopper la dégradation des matières azotées. Il convient de chauler régulièrement pour maintenir le pH du sol dans les limites compatibles avec le développement des ferments nitreux et nitriques. Pour évacuer 20 à 40 m^3 d'eaux usées par jour, la laiterie doit disposer de 1 à 1,5 Hectare.
♦ Manuring or trickling

ÉPIZOOTIE n.f.

Épidémie infectieuse qui frappe les animaux.
Ex. : la Brucellose - la Fièvre Aphteuse.
♦ Epizooty or contagious disease or epidemic

ÉPURATION DES EAUX n.f.

Traitement des eaux résiduaires (industrielles ou urbaines) dans le but de réduire leur charge polluante. Comporte plusieurs phases :
- épuration physique : élimination des matières en suspension. Récupération des fines de caillé par exemple par filtration et décantation.
- épuration chimique : élimination des matières colloïdales par la défécation (réactions chimiques).
- épuration biologique : dégradation des matières organiques fermentescibles par les microorganismes aérobies.
Ex. : procédé des boues activées.
Une eau épurée doit avoir une DBO$_5$ limitée à 40 mg/l, ne pas contenir plus de 30 mg/l de matières en suspension de toutes natures, ne contenir aucune substance toxique. Elle doit avoir une couleur neutre, un pH voisin de la neutralité et une température ne dépassant pas 30 °C.
♦ Waste water treatment

ÉPURATION PHYSIQUE du LAIT n.f.

Opération intervenant avant les traitements thermiques pour éliminer les impuretés macroscopiques, grumeaux et une partie des microorganismes.
- par filtration
- par centrifugation (nettoyeurs centrifuges)
L'épuration est facilitée lorsqu'elle a lieu à 50 - 60 °C.
♦ Clarification of milk

ÉQUINON n.m.

Nom donné au moule servant à la fabrication traditionnelle du Maroilles.
- Hoop or equinon

ÉQUIVALENT GRAMME (é) n.m.

D'un atome ou d'un ion se calcule en divisant la masse de l'atome gramme ou de l'ion gramme considéré par sa valence ou électrovalence.

Ex. : 1 équivalent gramme(é) de carbonate de calcium correspond à 50 g de $CaCO_3$.

Ex. : à 1 é d'oxygène correspond 8 g d'oxygène

- Gram equivalent

ÉRADICATION n.f.

Action d'extirper, d'arracher. L'éradication d'une maladie dans une étable ou une zone est son élimination totale. «Vœux pieux» prononcés fréquemment par les responsables agricoles pour venir à bout de la Brucellose.
- Eradication

ÉRAILLÉS [yeux] adj.

Accident des fromages à pâtes cuites qui présentent des ouvertures (yeux) à contours déchiquetés au lieu d'yeux arrondis. Se rencontre dans les fromages provenant de lait acide ou de caillé saisi par le froid. On trouve aussi le terme yeux déchiquetés.
- Shell or crinkled nutshell eyes

ERGOSTÉROL n.m.

Voir VITAMINE D.
- Ergosterol

ERIWANI n.m.

Caillé consommé au Caucase ; autres noms locaux : Kasach - Kurini - Tali - Elisavetpolen.
- Eriwani

ÉRYTHROMYCINE n.f.

Antibiotique efficace dans la lutte contre les mammites. Actif contre les bactéries gram positives.
- Erythromycin

ÉRYTHROSINE n.f.

Colorant rouge utilisé pour la coloration des croûtes de fromage, autorisé sous le n° E 127.
- Erythrosin

ESCHERICHIA COLI n.m.

Entérobactérie Gram négative du groupe des coliformes pouvant se développer dans le lait ; d'origine fécale, certaines souches peuvent être pathogènes. Fermentant le lactose et produisent de l'indole. Pouvant se développer à 44 °C.
- Escherichia coli

ESCUSSOU n.m.

Nom donné à de petits acariens qui rongent la croûte (sèche) de certains fromages comme la Fourme d'Ambert.
- Escussou or cheese mite

ESPATULE n.f.

Nom donné autrefois au brassoir utilisé dans les chalets pour la fabrication du gruyère.
- Espatule or curd stirrer

ESPÈCE n.f.

En systématique, désigne un groupe d'individus présentant un certain nombre de caractéristiques communes.
- Species

ESPRIT de SEL n.m.

Nom commun donné à l'acide chlorhydrique
- "Spirits of salts" : common name of Hydrochloric acid

ESSENTIEL [acides gras] adj.

Voir VITAMINE F.
- Essential fatty acids (EFA)

ESTAGNON n.m.

Récipient métallique servant lors du prélèvement d'échantillon pour le lait concentré en vrac ou en fûts. Capacité 3 à 4 l.
- Tub or drum

ESTÉRASE (ou carboxylestérase) n.f.

Enzyme présente dans le lait faisant partie du groupe des hydrolases. On en distingue 3 types :

A. esterase ou arylesterase ou salolase active envers les phénylacétates

B. esterase ou lipase hydrolysant les triglycérides

C. esterase ou cholinesterase active envers les phenylproprionates.

- Esterase (or carboxylesterase)

ESTERS n.m.

Composés chimiques résultant de la combinaison d'un acide et d'un alcool avec élimination d'eau. Les réactions d'estérification sont caractérisées par un équilibre chimique instable.

Ex. : les glycérides sont des esters du glycérol et d'acides gras.

- Esters

ÉTALOMÈTRE n.m.

Appareil permettant de mesurer l'aptitude que possède un beurre à s'étaler. Voir TARTINABILITÉ.
- Spreadability tester

ÉTAMINE n.f.

Toile très fine servant à retenir le caillé au moment du malaxage dans certaines fabrications traditionnelles.
- Wrapping cloth or calico bandage

ÉTHANAL (ou acétaldéhyde) CH_3-CHO n.m.

Composé formé à partir de l'acide pyruvique, intervient dans la flaveur de produits laitiers acides (yoghourt en particulier).
- Ethanal or acetaldehyde

ÉTIQUETEUSE n.f.

Machine qui appose sur un emballage une étiquette caractérisant le produit emballé.
♦ **Labelling machine**

«ÉTOUFFÉE» n.f.

Défaut de goût et d'odeur par suite d'une maturation impure du beurre.
♦ **Unclean flavour**

ÉTUVAGE n.m.

Opération pratiquée sur les fromages de type Hollande (Edam, Mimolette) pour accélérer leur dessication. Celle-ci a lieu en atmosphère chaude (30 à 35 °C) et très sèche. Fromages 1/4 étuvés, 1/2 étuvés ou étuvés selon la durée de l'opération.
♦ **Sweating**

ÉTUVE n.f.

Appareil clos destiné à obtenir et maintenir une température déterminée. En chimie : on utilise une étuve sèche ventilée. Voir Extrait Sec.
En microbiologie : on utilise une étuve humide. Voir INCUBATION.
♦ **Drying oven or Incubator**

EUTECTIQUE n.m.

Mélange dont la température de solidification est inférieure à celle de chacun des constituants. Utilisé comme réfrigérant.
Ex. : eau + Na Cl gèle à une température < 0.
♦ **Eutectic mixture or cryohydrate**

ÉVAPORATEUR n.m.

Appareil utilisé pour la concentration du lait ou du lactosérum par évaporation d'une partie de l'eau. (Voir CONCENTRATION).
♦ **Evaporator**

EXOENZYME (ou enzyme exocellulaire) n.f.

Enzyme qui diffuse dans le milieu extérieur.

Ex. : hydrolases qui hydrolysent les polymères du milieu extérieur en mono - di ou trimères qui pourront pénétrer dans la cellule.
♦ **Exoenzyme**

EXOPEPTIDASE (ou Peptidase) n.f.

Enzyme protéolytique appartenant à la 3ème classe (hydrolase) n'hydrolysant que les liaisons peptidiques en bout de chaînes pour donner des peptides, des protéoses, des acides aminés, de l'ammoniac.
♦ **Exopeptidase**

EXOTOXINE n.f.

Substance toxique excrétée dans le milieu extérieur par la bactérie. Les produits pollués sont dangereux même lorsque la bactérie a été détruite ou éliminée.
♦ **Exotoxin**

EXSICCATEUR (ou dessiccateur) n.m.

Récipient fermé en usage au laboratoire pour conserver à l'abri de la réhumidification un produit quelconque. (Par exemple une capsule contenant le résidu sec avant pesée).
♦ **Desiccator**

EXSUDATION n.f.

Suintement d'un liquide organique. L'exsudation du sérum du coagulum de fromagerie avant décaillage se manifeste par le perlage. Exsudation de matière grasse sur la surface des Emmentals en cave chaude.
♦ **Exudation or wheying off (for whey) or oiling off (for fat)**

EXTRAIT SEC(ES) n.m.

Proportion de matières sèches entrant dans la composition des aliments et qui subsistent après totale dessication à l'étuve (103° ± 1 pendant plusieurs heures). Sert à définir légalement différents types de fromages. L'extrait sec du lait se compose : de protéines, lactose, matières grasses, matières minérales. Teneurs moyennes dans
lait de vache 128 g/l
lait de brebis 190 g/l
lait de chèvre 135 g/l
L'extrait sec minimum d'un véritable camembert de Normandie doit être de 115 g. La législation impose un extrait sec minimum de 45 % pour le Maroilles, 44 % pour un Saint-Paulin. Ce terme très souvent employé est impropre et devrait être remplacé par le terme plus exact de Matière Sèche Totale (MST).
♦ **Dry matter or milk solids**

EXTRAIT SEC DÉGRAISSÉ (ESD) n.m.

Matière Sèche Totale à laquelle on a extrait réellement ou par calcul la matière grasse.
♦ **Solids non fat "SNF"**

EXTRUDEUSE n.f.

Machine qui fabrique des emballages par le procédé d'extrusion - soufflage. Du polyéthylène est pressé à chaud par une presse dans une filière puis est soufflé pour lui donner sa forme.
♦ **Extruder**

EXTRUSION n.f.

Expulsion sous pression à travers un étroit orifice.
- Première opération du cycle de la fabrication des bouteilles en plastique.
- Technique utilisée pour apprécier la dureté du beurre.
♦ **Extrusion**

EYRAN n.m.

Lait fermenté en Asie mineure à partir du lait de vache, chèvre ou bufflesse.
♦ **Eyran**

f

F_{60} (ou F_{121}) n.m.

Grandeur caractéristique de la 2ème loi de destruction thermique des germes. Voir TDT (Thermal Death Time).

♦ F value

FACTEUR de CROISSANCE n.m.

Voir BIOS.

♦ Growth factor

FACTURE n.f.

Cercle servant à maintenir les feuilles d'hêtre constituant les formes autrefois utilisées pour la fabrication fermière des Cantals.

♦ Strap

FAISETTE n.f.

Nom donné à la faisselle sur le littoral méditerranéen.

♦ Form for white cheese

FAISSELLE n.f.

Moule à fromage frais. On trouve parfois l'orthographe fesselle.

♦ Form for white cheese

FAITIÈRE n.f.

Ustensile autrefois utilisé pour égoutter les caillés de fromagerie en fabrication artisanale.

♦ Whey strainer

FARDEAU n.m.

Caisse en bois servant au transport des fromages

♦ Wooden crate

FARDELER v.

Mettre dans des fardeaux.

♦ To place in crates

FASCIOLICIDES

Produits utilisés pour combattre la douve du foie.

Ex. : le nitroxynil, le bromphenophos

♦ Fasciolicides

FDA n.f. (abv.)

(Food and Drug Administration) : administration centrale Américaine qui s'occupe du domaine alimentaire. Organe officiel qui établit les méthodes d'analyses pour les denrées alimentaires aux USA.

♦ FDA

FECES n.f. plu.

Matières fécales

♦ Faeces

FERMENTS n.m.

- Agents de fermentation. Ce sont des microorganismes (levures, moisissures, bactéries), capables de provoquer des fermentations sous l'action de leurs enzymes spécifiques.

Ex. : ferments lactiques : *Streptococcus lactis, Lactobacillus helveticus, Streptococcus diacetilactis...*

- On sous-entend généralement par ferments des germes sélectionnés pour l'obtention de produits définis. On les appelle levains. On peut les utiliser sous forme liquide, congelée, lyophilisée ou en poudre.

♦ Culture or starter

Fromages variés

FERMENT LACTIQUE B n.m.

Ferment composé de souches de *Leuconostocs (Betacoccus)*.

♦ B Starter

FERMENT LACTIQUE D n.m.

Ferment composé de souches de *Streptococcus diacelitactis*.

♦ D Starter

FERMENT LACTIQUE BD n.m.

Ferment composé à la fois de *Leuconostocs* et de *Streptococcus diacetilactis*.

♦ BD Starter

FERMENTATION n.f.

Transformation complexe d'une substance organique sous l'influence des enzymes (ferments.

Ex. : le fromage affiné résulte de multiples fermentations dont la fermentation lactique constitue le point de départ. La fermentation lactique est produite à partir du lactose sous l'action des bactéries lactiques (*Streptococcus cremoris, Lactobacillus bulgaricus*...) pour aboutir à la transformation en acide lactique.

$$C_{12}H_{22}O_{11} + H_2O \rightarrow 2C_6H_{12}O_6$$
$$\rightarrow 4CH_3 - CHOH - COOH$$
Acide lactique

Différents produits sont obtenus aux étapes intermédiaires du processus dont le principal est l'acide pyruvique. On distingue de nombreux types de fermentation dépendant de germes plus ou moins spécifiques selon leur équipement enzymatique. Certaines fermentations sont recherchées : lactique (saucissons, yaourts, fromages) propionique (pâtes pressées, cuites) alcoolique (bière, vins...) d'autres sont redoutées : butyrique des fromages à pâte pressées (*Clostridia*) visqueuse (*Leuconostocs*).

♦ Fermentation

FERMIER [beurre, fromage] adj.

Adjectif désignant une fabrication faite sur les lieux même de la production du lait donc dans les fermes. Par extension peut aussi désigner une fabrication artisanale traditionnelle.

♦ Farm butter, farm cheese

FEUILLETÉ [caillé] adj.

Défaut de texture de la pâte des fromages à pâtes molles en particulier. La pâte se présente sous forme de lamelles qui ne sont pas soudées. Cause : glaçage superficiel du caillé avant le moulage (dû à un refroidissement en cuve par exemple).

♦ Layered (curd or body)

FEURCHOLLE n.f.

Nom donné à la faisselle dans le Morvan.

♦ Form for white cheese

FICELLE [caillé] adj.

Défaut du coagulum qui a subi un choc à travers la cuve ou bassine avant la décaillage. Le coagulum se fissure et laisse exsuder prématurément son sérum, ce qui peut provoquer par la suite des défauts de fabrication.

♦ Splitted curd

FIL/IDF abv, n.f.

(Fédération Internationale de Laiterie) : Organisme international dont le siège est à Bruxelles. Cet organisme a normalisé les méthodes d'analyses du lait et des produits laitiers : normes FIL/IDF.

♦ IDF (International Dairy Federation)

FILAGE [de la pâte] n.m.

Opération de fromagerie qui consiste sous l'action de l'eau chaude à coller les tranches de caillé les unes aux autres puis à les battre (comprimer) à l'aide d'une spatule et à les étirer. Intervient dans la fabrication des fromages italiens type : Provolone.

♦ Stretching

FILANT [lait] adj.

Défaut visqueux d'origine microbienne. Production de mucopeptides par des *Leuconostocs* ou certains Streptocoques par exemple.

♦ Ropy milk

FILIA n.m.

Voir VILIA.

♦ Filia

FILLED MILK n.m.

Lait reconstitué à partir de lait écrémé en poudre, eau, matière grasse végétale (graisse de coco). Peu produit en Europe.

♦ Filled milk

FILTRATION du LAIT n.f.

Voir ÉPURATION.

♦ Filtration (milk)

FINES n.f. plu.

Particules détachées de caillés de fromagerie lors des actions mécaniques, en suspension dans le sérum. Désignent également les poussières de lait sec à la sortie de la tour d'atomisation.

♦ Grits or fines or cheese (milk powder) dust

FISCHER [méthode de Karl] n.p.

Méthode chimique de dosage de l'humidité au moyen de réactifs spéciaux. Précise, mais ne donnant de bons résultats que si le produit est pauvre en eau.

♦ Karl Fischer method

FIXATION du LAIT n.f.

Ancien nom de l'homogénéisation.

♦ Homogenization

FLACCIDITÉ [degré de] n.f.

Grandeur définie pour exprimer la manière dont la pâte cède à la pression lors de l'étude rhéologique d'un fromage ou d'un beurre.

C'est le nombre de millimètres dont diminue un parrallélipipède calibré de fromage soumis à une charge dirigée parallèlement à l'axe de sa longueur.

♦ Flaccidity or looseness (degree)

FLAMBAGE n.m.

Forme de stérilisation utilisée en microbiologie pour le petit matériel : fils de platine, surfaces extérieures des pipettes, cols de tubes et fioles, lames de verre, etc... Il consiste en un passage assez lent dans la flamme d'un bec Bunsen en faisant tourner l'objet pour présenter toutes ses faces à la flamme.

♦ Flaming

FLAVEUR n.f.

Ensemble de sensations olfactives, gustatives et tactiles perçues par le nez et la bouche durant la dégustation d'un aliment ou d'une boisson.

♦ Flavor or flavour

FLAVOBACTERIUM n.m.

Voir ACHROMOBACTERIACEAE

♦ Flavobacterium

FLEISCHAMM [formule] n.p.

Formule qui donne la teneur en extrait sec du lait connaissant la densité et la matière grasse suivant la relation :

$$ES^°/_\infty = 1,2\,G + 2,665\,\frac{D-1}{D}$$

G = matière grasse par kg
D = densité à 15°

♦ Fleischmann formula

FLEUR [du fromage] n.f.

Nom utilisé pour désigner la moisissure qui se développe sur les fromages à pâte molle.

♦ (White) whiskers (cheese)

FLEURETTE n.f.

Nom donné parfois à la crème légère, c'est-à-dire crème renfermant moins de 30 g mais au moins 12 g de matière grasse pour 100 g de produit.

♦ Light cream or coffee cream or table cream

FLEURIE [croûte] adj.

Aspect de la croûte des fromages à pâte molle après la pousse de la moisissure spécifique.

♦ Cheese with surface mould or surface moulded cheese

FLEURINES n.f.

Courant d'air circulant dans les grottes naturelles, dans les Causses, servant de caves d'affinage pour le Roquefort. Ce terme désigne parfois les grottes elles-mêmes.

♦ Fleurines

FLOCHAGE n.m.

Accident caractérisant les boîtes de lait concentré qui présentent un couvercle gondolé ou légèrement bombé, après passage à l'autoclave. Cette dilatation (bombage) disparaissant sous la pression des doigts mais réapparaissant lorsque celle-ci cesse.

♦ Bulging (can) or Swelling (can) or Bloating (can)

FLOCULATION n.f.

Séparation d'une matière colloïdale du liquide dans lequel elle se trouve, par formation de petits flocons qui grossissent et se rassemblent. S'il s'agit des protéines du lait, ce gonflement se fait par absorption de sérum. Agent de la floculation : électrolytes, (acides, sels...), enzymes (présure), chaleur, courant électrique, alcool...

♦ Flocculation or feathering

FLORE LACTIQUE n.f.

Désigne l'ensemble des ferments lactiques : bactéries, levures ou moisissures produisant de l'acide lactique.

♦ Lactic acid bacteria - Lactic acid flora

FLOTOST n.m.

Fromage de babeurre gras bouilli, consommé en Finlande.

♦ Flotost

FLUANTE [vapeur] adj.

Procédé de stérilisation utilisé en microbiologie pour des milieux délicats qui consiste à opérer la stérilisation dans un autoclave ouvert à 100 °C.

♦ Creeping steam

FLUIDISATION [séchage par] n.f.

Procédé continu de séchage qui s'applique à un produit qui présente une répartition de granulométrie, de densité et de facteur de forme suffisamment étroite. Le produit ne doit pas être collant.

♦ Fluidization

FLUIDITÉ n.f.

État ou caractère d'un corps qui coule facilement, sans viscosité excessive.

♦ Fluidity

FLUORESCENCE n.f.

- Propriété de certains corps de transformer une radiation reçue (radiation d'excitation) en une radiation de plus grande longueur d'onde ; c'est-à-dire que ces corps produiront de la lumière quand ils seront excités par des radiations de longueurs d'onde plus courtes que celle de la lumière qu'ils émettent.

   Ex. : sous ultra-violets, production de lumière verte, jaune, bleue.

   Les protéines du lait sont fluorescentes : avec une excitation à 280 nm, la radiation de fluorescence atteint 340 nm.

- Méthode de mesure spectroscopimétrique - Technique d'examen microscopique.

♦ Fluorescence

«FOAM SPRAY DRYING PROCESS» n.m.

Procédé de séchage par pulvérisation de mousse mis au point aux USA et consistant à injecter un gaz dans le lait concentré de façon à former un mélange finement dispersé qui est pulvérisé dans la chambre de dessiccation. Le passage à l'état sec est extrêmement rapide. Les particules obtenues sont irrégulières, très fines mais non poudreuses et ont tendance à s'agglutiner avec l'eau.

♦ "Foam spray drying process"

FOISONNEMENT n.m.

Augmentation de volume de la crème par l'incorporation d'air ou d'un gaz neutre conduisant à la formation d'une mousse stable.

Ex. : foisonnement des crèmes glacées dans un appareil spécial (foisonneur) au moment du glaçage pour leur conférer une texture particulière. Lors du barattage ou du fouettage des crèmes, un foisonnement se produit.

♦ Overrun

FONCET n.m.

Plateau circulaire en bois servant au pressage des gruyères. A cet effet, deux plateaux sont utilisés, l'un comme support, l'autre s'intercalant entre le fromage et la presse.

♦ Follower

FONGICIDE n.m.

Produits utilisés pour la destruction des moisissures.

Ex. : le chlore, le PCNB, l'oxyquinoléine, le zinèbe, la pimaricine (voir PESTICIDE).

♦ Fungicide

FONGIQUE adj.

Adjectif désignant tout ce qui est relatif aux moisissures.

Ex. : levains fongiques : *Penicillium candidum* des camemberts.

♦ Fungic or fungal

FONTE n.f.

Opération qui consiste à fondre le beurre ou les fromages. Des sels tels que le phosphate, le citrate de sodium sont utilisés comme additifs de fonte, dans le but de fixer le pH des fromages fondus à un niveau favorable au maintien en émulsion de la matière grasse (pH 5,7).

♦ Melting or processing

FORCE des PRESURES n.f.

C'est l'activité coagulante des présures, elle est définie et mesurée suivant plusieurs méthodes :

- Méthodes basées sur la coagulation du lait. La force est le nombre de volumes de lait frais coagulé par un volume de présure, dans des conditions de température et durées fixées arbitrairement.

Ex. : méthodes de SOXHLET, BERRIDGE, RITTER et SCHILT.

- Méthodes basées sur la mesure de l'activité protéolytique.
- Méthodes basées sur la mesure de viscosité.

Actuellement encore, la force des présures est généralement définie selon SOXHLET à savoir à partir de lait de mélange coagulé à 35 °C en 40 mn.

Elle est donnée par :

$$F = \frac{2\,400\,V}{Tv}$$

V = volume de lait
v = volume de présure
T = temps de coagulation en s à 35 °C

La force de la présure de fromagerie est habituellement de 10.000.

♦ Rennet strength

FORMOL (ou aldéhyde formique de formule HCHO) n.m.

Employé comme réactif pour le dosage rapide des matières protéiques du lait selon la méthode de SORENSEN. L'acidité développée par l'addition de formol est titrée au moyen de soude. Il peut être aussi employé comme désinfectant : le formol est bactéricide à la dose de 0,2 % au bout de 24 heures. Il est utilisé à la dose de 0,4 ‰ comme conservateur pour les échantillons de lait. Il est parfois aussi appelé dans le commerce formaline ou préservaline.

♦ Formalin or formaldehyde or "Iceline" or "Preservaline"

FORMSEAL n.m.

Emballage en plastique thermodurcissable, moulé sur la chaîne même de conditionnement.

Ex. : présentation par 4 de laits gélifiés.

♦ Formseal

FOUETTAGE [des crèmes] n.m.

Vive agitation de la crème, sous certaines conditions de température et de concentration en matière grasse, dans le but de provoquer la formation d'une mousse ferme.

♦ Whipping

FOUR PASTEUR n.m.

Stérilisateur à air chaud sec, utilisé en microbiologie pour les objets qui ne peuvent être atteints entièrement par flambage (pipettes, boîtes de pétri en verre, étaleurs, etc...).

♦ Hot air sterilizer

FRAUDÉ [lait] adj.

Voir ADULTÉRATION

♦ Adulterated

«FREEZE-DRYING» n.m.

Procédé de séchage du lait par le froid. Les particules obtenues sont irrégulières et poreuses. Elles sont douces et duveteuses si elles proviennent de lait entier, rugueuses et cassantes si elles proviennent de lait concentré. Voir LYOPHILISATION.

♦ "Freeze-drying"

FREINTE n.f.

Perte de volume ou de poids subie par certaines marchandises pendant la fabrication ou le transport.

♦ Waste or wastage

FRENIALE n.f.
Instrument dont on se servait pour le découpage du caillé dans la fabrication fermière du Cantal pour avoir un grain de la grosseur d'une noisette. On trouve parfois les termes fregniale ou freignale ou fregnia

♦ Freniale or breaker curd knife

FRISEUSE n.f.
Brise-tome utilisé dans la fabrication du Cantal fermier.

♦ Curd milling machine or curd mill

FRITZ [procédé] n.p.
Procédé d'origine allemande de barattage accéléré de la crème pour la fabrication en continu du beurre. On dit aussi système par «flottation». Les butyrateurs actuels fonctionnent selon ce principe (voir BUTYRATEUR).

♦ Fritz process

FROMAGE n.m.
C'est le produit frais ou affiné, obtenu par égouttage, après coagulation du lait, de la crème, du lait écrémé ou partiellement écrémé, du babeurre ou du mélange de certains ou de tous ces produits (Def. de la FAO/OMS 1963). Les différents types de fromages présentent des caractères spécifiques liés à la fois au mode de coagulation et d'égouttage et à la flore microbienne qui libère des enzymes responsables de la saveur, de la texture de la pâte ainsi que de l'aspect. Le lait servant à la fabrication des fromages peut provenir de différentes espèces animales. Légalement les fromages sont définis par leur teneur G/S %. (voir tableau «Classification des principaux fromages» page 54).

♦ Cheese

FROMAGER n.m.
Récipient percé de trous dans lequel on mettait le caillé à s'égoutter.

♦ Curd drainer

FRUCTOSE (ou levulose) n.m.
Sucre simple en C_6. Il est levogyre ; il possède un pouvoir sucrant élevé (1,75 fois supérieur au saccharose). Il rentre dans la constitution du saccharose et d'autres polyholosides (raffinose, mélizitose, stachyose, gentianose). Il se trouve en abondance dans les fruits ce qui le fait parfois appeler «sucre de fruits».

♦ Fructose or laevulose

FRUITIÈRE n.f.
Coopérative formée pour la transformation du lait en fromage. Terme usité en Suisse, Jura, Savoie.

♦ Swiss cheese making cooperative dairy

FRULATI n.m.
Boisson carbonatée à base de babeurre fabriquée au Brésil.

♦ Frulati

FUCOSE n.m.
Méthylpentose ($C_6H_{12}O_5$) rentrant dans la constitution des oligosaccharides du lait (lait de femme surtout).

♦ Fucose

FUMIGATION n.f.
Opération qui consiste à combattre les infections de toutes sortes au moyen de vapeurs insecticides ou désinfectantes.

♦ Fumigation ou fumigating

FUNGI IMPERFECTI n.m.
Voir MOISISSURES

♦ Fungi imperfecti

FUSARIUM n.m.
Moisissure Deuteromycète appartenant à l'ordre des *moniliales* que l'on retrouve parfois dans les beurres.

♦ Fusarium

CLASSIFICATION DES PRINCIPAUX FROMAGES
(d'après J. KEILLING, 1947).

● **FROMAGES FRAIS**

	non salé	salé en surface	salé dans la masse
à coagulation lente	Fontainebleau Neufchâtel frais Suisse		Demi-sel Gournay frais
à coagulation rapide	Fromage à la pie	Fromage de régime	

● **FROMAGES AFFINÉS**

		à moisissure externes	à moisissure internes	à croûte séchée	à croûte lavée	à croûte cendrée
à égouttage spontané	à coagulation lente	Bries Gournay Neufchâtel Saint-Marcellin				
	à coagulation rapide	Camembert Coulommiers		Chèvre	Bourguignon Epoisses Langres	Olivet Vendôme
à égouttage accéléré par	découpage	Carré de l'Est Pt l'Évêque fermier Maroilles	Bleus Gorgonzola Roquefort		Géromé Livarot Maroilles Munster Pt l'Évêque laitier	
	découpage brassage		Fourme d'Ambert		Bel Paese Tilsit	
	découpage brassage pression	St-Nectaire Tome de Savoie			Hollande Port Salut Reblochon St Paulin	
	découpage brassage pression broyage				Cantal Cheddar Chester Laguiole	
	découpage brassage cuisson pression			Asiago Parmesan Sbrinz	Comté Emmental Gruyère	

● **FROMAGES FONDUS**

Fromages divers, découpés, broyés et fondus.

g

Gruyère : fabrication artisanale
en fruitière.

GALACTANES n.m.

Polyholosides qui proviennent de la polymérisation du galactose sous l'action de certaines bactéries et confèrent parfois au lait une structure gélatineuse et visqueuse.
♦ Galactans

GALACTOSE n.m.

Hexose ($C_6H_{12}O_6$) dextrogyre, fermentescible. Il donne des osazones caractéristiques avec la phényllhydrazine et de l'acide mucique avec l'acide nitrique. Sa molécule entre dans la constitution de celle du lactose et du raffinose (mélasse). Son dérivé l'acide galacturonique constitue les pectines végétales. C'est un constituant des galactopeptides des tissus nerveux.
♦ Galactose

GALACTOSIDASE (β) n.f.

Voir HYDROLASE et LACTASE.
♦ β Galactosidase

GALACTOTIMÈTRE n.m.

Appareil se composant d'un tube conique jaugé surmonté d'une ampoule jaugée autrefois utilisé pour le dosage des matières grasses suivant la méthode Adam-Meillière (méthode pondérale éthéroammoniacale).
♦ Galactotimeter

GALALITHE n.f.

Matière plastique obtenue à partir de caséine présure durcie par passage dans un bain de formol.
♦ Galalith

GALLATES [de propyle, d'octyle] n.m.

Produits antioxydants autorisés en France, comme conservateurs. Employés pour le butter oil et certains beurres destinés aux industries alimentaires, autorisés sous les n° E 311 - E 312.
♦ Gallates

GAPE n.m.

Nom donné en Auvergne au babeurre.
♦ Gape or Butter milk

GARDE [tank de] n.f.

Tank (réservoir) qui permet le report du lait avant son utilisation.
♦ Storage tank

GASTRO-ENTÉRITE n.f.

Intoxication alimentaire due en particulier aux *E.coli* qui se manifeste par une inflammation simultanée de la muqueuse de l'estomac et des intestins. Très grave chez les enfants : on parle de GEI (Gastro-Entérite-Infantile).
♦ Gastro-enteritis

GÂTEAU n.m.

Nom donné au caillé égoutté et souvent pré-pressé.
♦ Drained curd or dipped curd

GAZ du LAIT n.m.

Après la traite le lait peut contenir jusqu'à 8 % en volume de gaz dont 6,5 % de gaz carbonique. Cette quantité s'abaisse au contact de l'air. Il y a, par contre, enrichissement en oxygène. L'hydrogène sulfuré présent dans le lait chauffé est responsable du goût de cuit. Des produits volatils à odeur forte provenant de l'alimentation des animaux peuvent conférer au lait des goûts divers.

♦ Gas

GEL n.m.

Solution colloïdale dans laquelle les particules précipitées lui confèrent une certaine rigidité.

♦ Gel

GÉLATINE n.f.

Voir GÉLIFIANTS.

♦ Gelatin

GÉLIFIANTS n.m.

Hydrocolloïdes (polyholosides-protéines) ayant des propriétés épaississantes et gélifiantes c'est-à-dire pouvant donner l'aspect et la consistance gélatineux. Utilisés dans certaines préparations culinaires, (crèmes desserts, laits gélifiés...). Les gommes, les carraghénates, alginates et agar-agar, pectines, caroube, la gélatine etc... sont des gélifiants. Désignés dans la nomenclature européenne des additifs alimentaires sous les numéros de la série E 400.

♦ Jellifying agent or gelling agent

GÉLIFICATION n.f.

Phénomène physico-chimique de la transformation d'un sol (solution colloïdale) en gel. Différent de la floculation.

Ex. : la gélification du lait sous l'action de la présure donne un gel compact, souple, dont la structure moléculaire consiste un réseau cohérent emprisonnant le lactosérum (l'ion calcium Ca^{++} jouant le rôle de liant).

♦ Gel formation or gelification

GÉNÉRATION [temps de] n.f.

En microbiologie signifie le temps mis par une bactérie pour se dédoubler. On calcule le temps de génération en faisant des numérations aux temps t_1 et t_2 si n_1 et n_2 sont les nombres trouvés, on aura :

$$T \text{ génération} = \frac{t_2 - t_1}{\log n_2 - \log n_1} \log 2.$$

Quelques exemples : à la température optimale de croissance

E. coli	T génération	15 à 20′
Streptococcus		25 à 30′
Lactobacillus		60 à 100′

♦ Generation time

GÉNOTYPE n.m.

Terme définissant habituellement l'espèce type d'un genre.

Ex. : *Bacillus subtilis* est un genotype (du genre *Bacillus*).

♦ Genotype

GEOTRICHUM CANDIDUM n.m.

Encore appelé *Oospora lactis* et plus connu sous le nom d'*Oïdium*. Moisissure lipolytique et protéolytique responsable de nombreuses altérations des produits laitiers. Sensible au sel. Produit une phosphatase alcaline thermorésistante (82 °C — 33 mn). Il entraîne :
- goût de levure des ferments pouvant apparaître dans le cas de fortes contaminations.
- rancissement de la matière grasse des produits laitiers.
- défauts gluants à la surface de certaines pâtes molles (graisse ou «peau de crapaud»).

♦ Geotrichum candidum

GERBAGE n.m.

Façon de stocker des unités (cartons, sacs ou autres emballages) les unes au-dessus des autres.

♦ Stacking

GERBER [méthode] n.p.

Méthode volumétrique de routine pour le dosage de la matière grasse du lait ou du lactosérum au moyen d'un butyromètre. Principe : Dissolution de la phase colloïdale dans l'acide sulfurique. Séparation de la phase grasse sous l'effet d'alcool isoamylique et de la centrifugation.

♦ Gerber method

GERÇURES n.f.

Petites fentes que l'on rencontre sur la croûte de fromages accidentés (pâtes cuites surtout) sous l'action soit d'un refroidissement trop brusque, soit d'un mauvais retournement du fromage.

♦ Cracks

GERLE n.f.

Cuve en bois qui recevait le lait juste après la traite dans la fabrication fermière du Cantal et du Saint-Nectaire. Appelée parfois aussi caillère.

♦ Gerle or curdling tub (or vat)

GERME n.m.

Terme général désignant tout microorganisme (voir ce mot).

♦ Microorganism or germ

GERMICIDE adj.

Qui tue les germes. Voir BACTÉRICIDE, FONGICIDE.

♦ Germicide

GJETOST n.m.

Fromage de sérum (chèvre) fabriqué en Scandinavie.

♦ Gjetost

GHEE n.m.

Produit voisin du beurre fondu et consommé en Orient (Inde) et fabriqué à partir du lait de bufflesse (surtout), chèvre, brebis et vache (parfois).

◆ Ghee

GHOL n.m.

Voir LASSI

◆ Ghol

GIODDU n.m.

Lait fermenté, à la fois acidulé et alcoolique consommé en Sardaigne.

◆ Gioddu

GLANDE MAMMAIRE n.f.

Organe de secrétion du lait chez les femelles des mammifères, structurée en grappe de raisin, avec de multiples ramifications. Composée de lobules tapissés de cellules sécrétrices (acini). Les innombrables canaux lactifères débouchent dans le sinus galactophore lequel communique avec l'extérieur par l'intermédiaire du canal du trayon.

◆ Mammary gland

«GLANZLOCH» n.m.

Mot allemand signifiant éclat naturel (lustre) des ouvertures d'emmental.

◆ ''Glanzloch'' or shining lustre

GLOBULES GRAS n.m.

État de la matière grasse dispersée dans le lait sous forme de gouttellettes microscopiques d'un diamètre de 2 à 5 μ en moyenne, où ils forment une émulsion relativement instable (phénomène du crémage). Leur structure est complexe. Du centre à la périphérie, on trouve successivement :
- une zone formée de glycérides à bas point de fusion
- une zone formée de glycérides à haut point de fusion plus ou moins cristallisés.
- une membrane de nature protidique dont le rôle est extrêmement important pour la technologie.

Les globules portent une charge électrique (négative).

◆ Fat globules

GLOBULINES n.f.

Holoprotéines solubles dans le sérum (PM = 180.000). Se trouvent dans la proportion de 0,6 g/l dans le lait de vache sous la forme de globulines immunes. Elles sont dénaturées par les acides et les bases et un chauffage de 30 mn à 70 °C, elles précipitent au-dessus de 100 °C. Non synthétisées par la glande mammaire, elles transmettent au jeune par la voie digestive les caractères d'immunité acquis par la mère. Trois classes d'immunoglobulines sont trouvées dans le lait et le colostrum de vache Ig G, Ig A et Ig M.

◆ Globulin

GLOTTE n.f.

Natte (clayon) confectionnée à l'aide de tiges de roseau, utilisée pour l'égouttage forcé du caillé du Pont l'Évêque dans sa fabrication traditionnelle.

◆ Glotte or reed mat

GLUCIDES n.m.

Encore appelés hydrates de carbone ou carbohydrates. Composés ternaires C, O, H— formule générale $Cn(H_2O)m$. Désignent l'ensemble des oses, ou sucres réducteurs non hydrolysables, ainsi que des corps qui, par hydrolyse, donnent un ou plusieurs oses (osides). Présents dans tous les organismes vivants animaux ou végétaux (70 à 75 % de l'extrait sec des plantes), ils représentent aussi bien la source d'énergie utilisable que des substances de réserve (amidon) ou de soutien (cellulose). Synthétisés en majorité par les plantes grâce à la photosynthèse (glucose, fructose, saccharose, amidon, maltose, cellulose, ...). Les animaux ne sont capables d'en synthétiser que deux : le lactose du lait et le glycogène du foie. Certains glucides sont à la base de la sucrerie, des industries des fermentations, céréales, textile (cellulose du lin, chanvre, jute, ...). Le glucose est le plus répandu des glucides. Tous n'ont pas le goût sucré. Certains ont un goût neutre (amidon, cellulose) d'autres acide (acide ascorbique, acide sialique). Ils entrent dans la composition de nombreux constituants biologiques (caséines, lipides, vitamines, ...). Le lait contient des glucides neutres (lactose, glucose), des glucides azotés (glucosamine), des glucides acides (acide sialique).

◆ Carbohydrates

GLUCOSE n.m.

Sucre réducteur (ose) en C 6 (hexose) $C_6H_{12}O_6$. Il est dextrogyre. Il donne des osazones caractéristiques avec la phénylhydrazine, ne donne pas d'acide mucique avec l'acide nitrique. Se trouve à l'état libre ou combiné chez tous les êtres vivants. Entre dans la composition de nombreux osides simples (lactose) polyholosides (amidon) ou hétérosides (glucosides). Parfois désigné sous le terme dextrose.

◆ Glucose

GLUCOSIDES n.m.

Composés glucidiques résultant de l'union de deux molécules dont une d'ose.
Ex. :galactosamine N acétylée et glucosamine N acétylée.

◆ Glucosides

GLYCÉRIDES n.m.

Lipides simples dont l'hydrolyse conduit à un mélange d'acides gras et d'alcools. Ce sont des esters du glycerol et d'acides gras. Si une, deux ou trois fonctions alcools sont estérifiées, on distingue les mono, di ou triglycérides :

$$CH_2OH \quad\quad R-COOH \quad CH_3-COOR$$

$$CHO-H + R'-COOH \rightarrow CHO-COOR'+3H_2O$$

$$CH_2-OH \quad R''-CCOH \quad CH_3-COOR''$$

glycérol   3 acides gras   triglycéride mixte

Lorsqu'il y a plusieurs types d'acides gras dans la molécule on parle de glycéride mixte, d'où la grande diversité des glycérides. Les glycérides à bas point de fusion sont constitués d'acides gras insaturés (acide oléïque), ceux à haut point de fusion par des acides saturés à longues chaînes (acide palmitique).

♦ Glycerides

GLYCÉROL (ou glycérine) n.m.

Trialcool. $CH_2OH-CHOH-CH_2OH$. Renfermant 2 fonctions alcools primaires et 1 fonction alcool secondaire. C'est l'alcool le plus couramment rencontré parmi les lipides estérifiés par les acides gras, il donne des glycérides. Peut être un sous produit de certaines fermentations (hétérolactique par *Bacillus subtilis*).

♦ Glycerine ou glycerol

GLYCOPEPTIDE [caseino] n.m.

Ou protéose de HAMMERSTEN : hétéroprotéine soluble détachée du phosphocaséinate de chaux par l'action enzymatique de la présure. Elle contient un glucide (l'acide sialique) et représente environ 6 % de la caséine totale. Par sa libération, les sites actifs de la caséine étant découverts, le calcium ionique Ca^{++} va pouvoir former des ponts entre les micelles de phosphocaséinate aboutissant à la formation d'un gel. Voir CASÉINO-GLYCOPEPTIDE.

♦ Glycomacropeptide

GOLDEN FLOW [procédé] n.p.

Procédé américain pour la fabrication du beurre en continu. La crème est destabilisée par passage dans une pompe spéciale puis réchauffée (50-55°) et passée dans un séparateur centrifuge à évacuation continue où elle est concentrée à 90 %. Ce concentrat subit une vacréation et une normalisation (ajout d'eau, sel...), il subit ensuite une cristallisation dans un malaxeur-refroidisseur (ou chiller) et enfin une texturation (malaxage approprié pour entraîner une diminution de la taille des cristaux) dans un texturateur. Avantage : répartition de la phase aqueuse excellente et teneur en air très faible.

♦ Golden Flow process

GOLDING [méthode de] n.p.

Méthode simple pour déterminer la teneur en solide non-gras du lait. Utilisation d'une série de billes hydromètres de plastique de couleurs différentes et de densités connues différentes mais voisines de celle du lait.

♦ Golding method

GOMME n.f.

Gélifiant de nature glucidique autorisé sous les numéros E 413 - E 414.

♦ Gum

GONFLEMENT n.m.

Accident de fromagerie dû a des fermentations gazeuses ayant deux origines :

- une prolifération de bactéries coliformes (*Escherichia coli, Aerobacter aerogenes*) sur fromages à pâte molle présentant une insuffisance d'égouttage liée à une acidification défectueuse. Les fromages deviennent inconsommables.

- une prolifération de bactéries sporulées (*Clostridia*) sur pâtes pressées. Les fromages peuvent éclater.

♦ Blowing

GOÛT n.m.

Voir SAVEUR

♦ Taste

GOVER [procédé] n.p.

Procédé de séchage du lait sur deux cylindres chauffants et sous vide.

♦ Gover process

GRÄDDFIL n.f.

Crème homogénéisée acidifiée (fermentée) d'origine suédoise. On trouve aussi le terme Gredfil.

♦ Gräddfil

GRAINAGE n.m.

Opération rencontrée en fabrication de lait concentré sucré qui consiste à amorcer la cristallisation du lactose par ensemencement avec de la poudre de lait ou des cristaux de sucre.

♦ "Seeding"

GRAISSAGE n.m.

Accident rencontré dans la fabrication du fromage fondu. La matière grasse se sépare de la pâte et surnage dans le pétrin si le pH est trop acide (pH $<$ 5,5).

♦ Oiling off

GRAISSE [des fromages] n.f.

Ou «peau de crapaud». Aspect glaireux et jaunâtre de la surface des pâtes molles apparaissant en fin d'égouttage sous l'action d'une moisissure : l'oïdium (*Geotrichum candidum*) lorsque la température est trop élevée et le salage insuffisant. Elle constitue souvent un défaut car il y a risque d'évolution vers ce que l'on appelle la «grosse peau».

♦ Smear or slippery rind or slimy rind

GRAM [coloration] n.m.

Coloration double très couramment utilisée en microbiologie. Elle est fondée sur la perméabilité de la paroi des bactéries. Les couleurs dérivées de la pararosaniline (violet de gentiane

par ex.) forment avec l'iode (du lugol par ex.) une combinaison que l'alcool ne peut dissocier et qui se fixe très énergiquement sur certaines bactéries (dites gram +) en donnant une coloration bleu-noir ou violette sans se fixer sur d'autres (dites gram −). Ces dernières sont colorées en rose par un deuxième colorant la fuchsine de ZIEHL. Ainsi les *Lactobacillaceae* sont gram + les *Entérobactéries* sont gram −.
♦ Gram stain

GRANULATEUR n.m.

Appareil permettant l'agglomération des particules de poudre lors de l'instantanéisation de la poudre.
♦ Granulator

GRAS (ou liste GRAS) abv.

Liste des additifs autorisés par la législation américaine pour les denrées alimentaires. Abréviation de General Recognized As Safe (généralement reconnu comme inoffensif pour la santé).
♦ GRAS list

GRATINAGE n.m.

Accident rencontré dans les appareils de traitements thermiques qui se manifeste par la formation de dépôts de lait (protéines surtout).
♦ Burning on (of milk)

GRAU [méthode] n.p.

Méthode de réduction sur colonne garnie de cadmium des nitrates en nitrites en vue de leur dosage par la méthode de Griess.
♦ Grau method

GRAVES-STAMBAUGH [procédé] n.p.

Procédé américain de production de lait UHT par chauffage indirect (à travers un appareil à plaques).
♦ Graves - Stambaugh process

GRAVIMÈTRE n.f.

Mesure de l'intensité de la pesanteur. Méthode gravimétrique : médhode pondérale, par pesée.
♦ Gravimetry

GRAVITÉ n.f.

Voir DENSITÉ.
♦ Gravity

GRAY [abréviation Gy] n.m.

Unité définissant la dose de radiation ionisante absorbée, correspond à 1 J/kg ou 100 rads (voir ce mot).
♦ Gray

GREFFAGE n.m.

Nom donné à l'opération qui permettait l'ensemencement naturel des fromages de Brie. Il consistait à déposer le caillé démoulé sur des nattes mises en contact avec des fromages en cours d'affinage donc imprégnées de spores de *Penicillium candidum*
♦ Natural inoculation with moulds

GRIESS (ou GRIESS-ILOSVAY) [méthode de] n.p.

Méthode couramment utilisée pour le dosage des nitrites. Dosage spectrophotométrique (à 520 nm) de la coloration développée (rouge) après action de l'acide sulfanilique en milieu chlorhydrique et du chlorhydrate d'α naphthylamine.
♦ Griess method

GRUMELEUX [beurre] adj.

Défaut de texture rencontré principalement sur le beurre d'hiver cassant. Il est dû à un défaut de cristallisation des glycérides (formation de gros cristaux).
♦ Crumbly or brittle (butter)

GYNOLACTOSE n.m.

Ensemble de saccharides du lait de femme moins le lactose. Il se trouve en quantité assez importante 10 à 12 g/l.
♦ Gynolactose

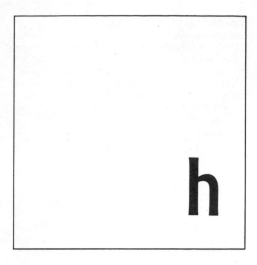

h

HALOIR (ou cave) n.m.

Local d'affinage des fromages. Ils doivent être climatisés pour pouvoir créer les conditions propices à l'affinage :
- température   - hygrométrie

Certains fromages tels le Roquefort sont affinés dans des caves naturelles, creusées dans le roc. Les caves froides ont une température variant de 8 à 12 °C. Les caves chaudes ont une température variant de 15 à 20 °C. L'hygrométrie varie de 85 à 95 %.
♦ Curing room or ripening room

HALOPHILE [flore] adj. et n.m.

Qui croit sur les milieux salés (saumures de fromagerie).

Ex. : certaines levures : *Hansenula Debaryomyces*

certaines bactéries : Staphylocoques, micrococoques.

certaines moisissures : *Cladosporium, Aspergillus.*
♦ Halophile or halophilic bacteria or salt-loving bacteria

HALOTOLÉRANTS [microorganismes] n.m. et adj.

Qui supportent des fortes concentrations en sel.
♦ Salt tolerant or halo tolerant

HAMMERSCHMIDT [méthode] n.p.

Méthode butyrométrique allemande de détermination de la matière grasse des fromages, voisine de la méthode Van Gulik.
♦ Hammerschmidt method

HANUS [méthode] n.p.

Voir IODE (indice).
♦ Hanus method

HARLAND-ASHWORTH [test de] n.p.

Test pour la détermination dans les poudres de lait des protéines solubles non dénaturées. Dosage turbidimétrique du filtrat obtenu après précipitation par saturation en NaCl.
♦ Harland-Ashworth test

HARPE SUISSE n.f.

Instrument utilisé pour découper le caillé en fabrication d'Emmental ou de Gruyère.
♦ "Swiss harp"

HARPER [méthode] n.p.

Méthode de contrôle de la lipolyse (rancissement du beurre) par extraction et migration sélective des acides gras libres sur colonne de gel de silice.
♦ Harper method

HATMAKER [procédé] n.p.

Procédé de fabrication de poudre de lait à partir de lait concentré ruisselant sur deux cylindres chauffés intérieurement (140 °C) et tournant en sens inverse. La croûte de lait séché qui se forme est détachée par un racleur. On obtient des poudres faiblement solubles dans l'eau. Procédé de moins en moins utilisé.
♦ Hatmaker process

Plage d'hémolyse sur gélose en sang

HAUTE QUALITÉ [lait de] n.f.

Lait pasteurisé répondant d'après le décret du 9 octobre 1961 à des normes précisées en ce qui concerne :

- le lait cru destiné à la pasteurisation : il doit, entre autres choses, contenir moins de 500.000 germes/ml et provenir d'étables agréées, indemnes de tuberculose, brucellose, mammites.

- la pasteurisation doit être faite à une température comprise entre 72 et 75° pendant 15 s.

♦ "High quality" accredited milk

HCB [hexachlorobenzène] n.m. (abv.)

Fongicide organochloré que l'on peut rencontrer sous forme de résidus dans les produits laitiers. Sa présence est soumise à des normes.

♦ HCB (hexachlorobenzol) or (hexachlorobenzene)

HCH [hexachlorocyclohexane] n.m. (abv.)

Produit entrant dans la composition de pesticides organochlorés utilisés en agriculture. Toxique. On distingue plusieurs isomères α HCH, β HCH et γ HCH (appelé aussi gammexane ou lindane). La présence des résidus du HCH et de ses isomères est soumise à des réglementations.

♦ BHC (Benzene hexachloride)

HCT [système] n.m. (abv.)

Système danois de fabrication de beurre en continu (travail sous vide).

♦ HCT process

HEHNER [indice de] n.p. (ou indice des acides insolubles totaux)

C'est un indice caractérisant une matière grasse. C'est le nombre exprimant le pourcentage d'acides gras insolubles contenus dans une huile ou une matière grasse.

♦ Hehner number

HEISS [méthode] n.p.

Méthode acido butyrométrique de dosage de matière grasse dans les fromages. Cette nouvelle méthode convient particulièrement pour les fromages affinés. On emploie comme réactif le mélange (V/V) acide perchlorique 60 % et acide acétique glacial.

♦ Heiss method

HÉMOLYSE n.f.

C'est la lyse des globules rouges. Le principal intérêt au point de vue laitier est la présence dans le lait de bactéries capables d'hémolyser le sang. Ce pouvoir hémolytique est en étroite corrélation avec le pouvoir pathogène, il y a cependant quelques exceptions.

Ex. : Streptocoques hémolytiques : *St-pyogenes...*

♦ Hæmolysis

HEPTACHLORE n.m.

Produit organochloré utilisé comme désherbant en agriculture. Se retrouve dans le lait sous forme d'heptachlore epoxyde.

♦ Heptachlor

HERBICIDES n.m.

Produits phytosanitaires utilisés en agriculture pour détruire les mauvaises herbes.

Ex. : cycloate, fenoprop (acide 2, 4, 5 TP), ioxynil, MCPA (2, 4), pyrazone.

Voir PESTICIDES

♦ Herbicides or weed-killers

HÉTÉROFERMENTAIRE [processus] adj.

Processus fermentaire des hexoses et du lactose aboutissant à la formation d'acide lactique (environ 50 %) ainsi que de substances diverses telles que gaz carbonique (environ 25 %), alcool, glycérol, acides (acétique en particulier) sous l'action de bactéries pseudo-lactiques.

Ex. : les coliformes, *Leuconostoc citrovorum, Lactobacillus brevis*.

La fermentation des citrates est également hétérofermentaire.

♦ Heterofermentative process

HÉTÉROPROTÉINES n.f.

Protéines conjuguées dans lesquelles entrent des groupements prosthétiques non protidiques.

Ex. : les métalloprotéines - nucléoprotéines. la caséine, qui contient du phosphore, du calcium, des glucides.

♦ Heteroproteins

HÉTÉROSIDES n.m.

Osides donnant par hydrolyse un ou plusieurs constituants de nature non glucidique ou aglycone.

Ex. : les glucosides.

♦ Heterosides

HÉTÉROTROPHE adj.

Qui nécessite des substances organiques à côté des substances minérales pour satisfaire ses besoins nutritionnels et de synthèse.

Ex. : la plupart des bactéries sont hétérotrophes.

♦ Heterotrophic

HEXOSE n.m.

Sucre simple en C_6, réducteur, non hydrolysable. On distingue :

● les aldoses (fonction aldéhydique sur le C_1) tels le glucose - galactose

● les cétoses (fonction cétonique sur le C_2) tel le fructose.

♦ Hexose

HIGH HEAT [poudre] loc. ang.

Poudre de lait écrémé qui provient d'un lait ayant subi un préchauffage à température assez élevée ($\cong$ 75 à 80 °C). Elle contient moins de 1,5 mg/g d'azote protéique provenant des protéines sériques non dénaturées. Elles s'obtient généralement par le procédé Hatmaker et elle est utilisée en industrie panaire (boulangerie).

♦ "High heat" milk powder

HISTAMINE n.f.

Amine toxique pouvant se rencontrer dans certains fromages résultant de la décarboxylation de l'histidine.

♦ Histamine

HISTIDINE n.f.

Acide aminé basique, à noyau cyclique imidazole qui est transformé en histamine toxique par certaines enzymes provenant de microbes contaminant les produits alimentaires.
♦ Histidine

HLYNKA [méthode de] n.p.

Méthode utilisée pour déterminer la vitalité des ferments. Méthode fondée sur la vitesse d'acidification (titrage toutes les heures de l'acidité développée).
♦ Hlynka method

HOFIUS [procédé] n.p.

Procédé de conservation chimique interdit en France consistant à injecter de l'oxygène dans le lait, à la sortie du pasteurisateur.
♦ Hofius process

«HOLDER PROCESS» loc. ang.

Voir LTLT.
♦ "Holder process"

HOLOPROTÉINES n.f.

Protéines donnant par hydrolyse uniquement des acides aminés.
Ex. : albumines, globulines, prolamines, protamines.
♦ Holoproteins

HOLOSIDES n.m.

Désigne les glucides hydrolysables constitués seulement par une condensation de quelques molécules d'oses simples.
Ex.: le lactose, le saccharose sont des diholosides.
♦ Holosides

HOMOFERMENTAIRE [processus] adj.

Processus de fermentation lactique des hexoses et également du lactose aboutissant à la formation presque exclusive d'acide lactique (90 % au moins) sous l'action des bactéries lactiques vraies.
Ex. : *Streptococcus lactis - S. cremoris - Lactobacillus lactis - Lactobacillus bulgaricus...*
♦ Homofermentation or homofermentative process

HOMOGÉNÉISATION n.f.

Action mécanique ayant pour but :
- de stabiliser l'émulsion de matière grasse du lait pour éviter la séparation de la crème
- de stabiliser le caillé lactique très hydraté pour obtenir une pâte lisse et homogène.
Dans le 1er cas, elle aboutit à la réduction du diamètre des globules gras (1μ). L'opération se fait à une température supérieure à 60° dans un homogénéisateur, appareil permettant de projeter le lait sous une très forte pression (150 à 350 kg/cm²) dans une tubulure à l'extrémité de laquelle s'applique un clapet conique en agate ou en acier. Le lait en se frayant un passage entre ce dernier et son siège se trouve laminé et la structure physicochimique de la membrane globulaire se trouve modifiée. L'homogénéisation est à simple ou double étape.
♦ Homogenization

HORMONE n.f.

Substance chimique spécifique produite par une glande endocrine qui joue un rôle important dans les fonctions essentielles de l'organisme.
Ex. : Prolactine, oestrogènes, thyroxine, etc...
♦ Hormone

HORTVET [appareil de] n.p.

Appareil (cryoscope) standard pour la détermination du point de congélation du lait.
♦ Hortvet apparatus

HOTIS [test] n.p.

Test pour dépister les mammites à streptocoques au moyen de pourpre de bromocrésol comme indicateur de pH.
♦ Hotis test

HOYBERG [méthode] n.p.

Méthode butyrométrique de dosage des matières grasses sans centrifugation. La rupture de l'émulsion est obtenue par l'addition à chaud d'une solution de tartrate double de potassium et sodium, de soude et d'alcool isobutylique.
♦ Hoyberg method

HTST abv.

High Temperature Short Time. Procédé de pasteurisation du lait consistant à le chauffer à 72 °C pendant 15 secondes.
♦ HTST

HÜBL [indice de] n.p.

Voir IODE (indice d')
♦ Hübl number

HUILÉE [croûte] adj.

Caractéristique de la croûte de certains fromages à pâte dure tels le parmesan et le sbrinz recouverte d'huile pour éviter la dessiccation.
♦ Oiled rind

HUMANISATION DU LAIT n.f.

Enrichissement du lait de vache dans le but de rapprocher sa composition de celle du lait humain. On dit aussi maternisé. L'addition de lysozyme, d'acide linoléique, de quelques vitamines, de sucres sont des moyens utilisés pour la préparation des laits des nourrissons.
♦ Humanization of milk

HUMICROMÈTRE n.m.

Appareil pour le dosage électronique de l'humidité des beurres.
♦ Moisture tester or moisture meter

HUMIDIMÈTRE n.m.

Appareil servant à mesurer l'humidité.
♦ Moisture tester or moisture meter

HUMIDITÉ n.f.

Quantité d'eau liquide ou vapeur que contient un corps, s'exprime souvent en %.
Ex. : une pâte fraîche faisant plus de 82 % d'humidité.

♦ Moisture or humidity

Humidité relative : proportion entre la quantité de vapeur d'eau effectivement contenue dans l'air et la capacité d'absorption (saturation) de l'air à la même température. On dit aussi hygrométrie (voir ce mot).
Ex. : un haloir a une hygrométrie de 90 %.

♦ Relative humidity

HUTIN-STENNE [procédé] n.p.

Procédé consistant à coaguler instantanément et en continu du lait concentré, refroidi et préalablement maturé et emprésuré par mélange turbulent avec de l'eau chaude (71 °C environ) dans un appareil spécial dénommé Paracurd.

♦ Hutin-Stenne process

HYDROCOLLOÏDE n.m.

Macromolécule de nature polyholosidique ou protidique qui donne dans l'eau un gel. Utilisé fréquemment en industrie alimentaire comme produits épaississants ou gélifiants (pectines, amidon, gélatine, dérivés d'algues).

♦ Hydrocolloid

HYDROGÉNATION n.f.

Opération industrielle consistant à fixer des atomes d'hydrogène sur les carbones des acides gras insaturés dans le but de les saturer pour leur conférer une plus grande stabilité vis-à-vis de l'oxydation et du chauffage. Pratiquée couramment sur les margarines.

♦ Hardening (fat)

HYDROLASES n.f.

3ème classe d'enzymes responsables de l'hydrolyse : rupture avec intervention d'une molécule d'eau de divers types de liaisons : ester, osidique, peptidique...
Ex. : ● les lipases hydrolysent les glycérides
● les estérases hydrolysent les groupes esters carboxylés
● les phosphatases hydrolysent les esters de l'acide phosphorique
● les amylases hydrolysent l'amidon en maltose
● les protéases hydrolysent les chaînes protéiques pour donner des peptides
● la lactase ou galactosidase hydrolyse la liaison osidique du lactose avec libération de glucose et de galactose
● le lysozyme ou muramidase lyse les parois de certaines bactéries.

♦ Hydrolases

HYDROLOCK n.p.

Stérilisateur - refroidisseur continu horizontal pour produit conditionné (boîte ou bouteille). Il contient de la vapeur saturante à la tempé-rature de stérilisation ou un mélange air-vapeur à une pression de vapeur saturante supérieure.

♦ Hydrolock

HYDROLYSE n.f.

Décomposition chimique d'un corps en présence d'eau sur divers types de liaisons : ester, osidique, peptidique... L'hydrolyse du lactose est difficile. Elle s'obtient à chaud en présence d'acides.

$$C_{12}H_{22}O_{11} \rightarrow C_6H_{12}O_6 + C_6H_{12}O_6$$
$$\text{lactose} \qquad \text{glucose} \qquad \text{galactose}$$

L'hydrolyse du saccharose en glucose et fructose est plus rapide, on l'appelle l'inversion.

♦ Hydrolysis

HYDROMÈTRE n.m.

Appareil servant à mesurer la densité, la pesanteur, la pression des liquides. Hydromètre de Bruno : appareil servant à mesurer la teneur en eau du beurre.

♦ Hydrometer

HYDROPEROXYDES n.m.

Composés obtenus par oxydation des acides gras insaturés caractérisés par la présence du radical $-OOH$

$$-CH-CH=CH-$$
$$|$$
$$O-OH$$

♦ Hydroperoxide

HYDROPHILE adj.

Qui a des affinités pour l'eau, qui absorbe l'eau. Les alcools sont hydrophiles : ils sont miscibles dans l'eau. L'hydrophilie est un caractère de certains groupements fonctionnels chimiques tels que $-OH, COOH$. Les protéines de la membrane des globules gras sont polarisées : la partie hydrophile est orientée à l'extérieur (en contact avec la phase hydrique) tandis que la partie hydrophobe

$$(CH_3-(CH_2)i-)$$

est orientée vers l'intérieur au contact des glycérides.

♦ Hydrophilic

HYDROPHOBE adj.

Contraire de hydrophile. La matière grasse est hydrophobe. Les acides aminés neutres ou non polaires ont une chaîne latérale constituée de groupes $-CH_2-$ et CH_3 hydrophobes. Ils influent sur la solubilité de la protéine, plus ils sont nombreux moins la protéine est soluble.

♦ Hydrophobic or water repellent

HYDROTIMÉTRIQUE [titre] adj.

Grandeur qui indique la teneur globale de l'eau en sels de calcium et de magnésium qui rendent l'eau «dure» (voir DURETÉ) ; c'est-à-dire la quantité de bicarbonates, sulfates, chlorures... des sels alcalino-terreux présents dans l'eau. Il s'exprime en degré hydrométrique

(1 degré hydrotimétrique français correspond à 10 mg de $CaCO_3$ par litre d'eau). On distingue le

TH total	= teneur en sels de calcium et magnésium
TH calcique	= teneur en sulfates de calcium (c'est le Ghost Point des Anglo-saxons)
TH permanent	= teneur en sulfates et chlorures de calcium et magnésium après ébullition de l'eau.
TH temporaire	= teneur en carbonate et bicarbonate de calcium et magnésium : TH total − TH permanent
TAC	= dureté carbonatée
TH−TAC	= dureté non carbonatée.

♦ **Total hardness (H), Calcium hardness (GP) permanent hardness, Temporary hardness**

HYDROXY-ACIDES n.m.

Corps dérivés des acides aliphatiques (acides gras en particulier) portant une fonction alcool secondaire —CHOH—. Représentent des corps intermédiaires dans la biosynthèse des acides gras normaux ou dans leur digestion.
Ex. : CH_3—CHOH—CH_2—COOH : acide hydroxybutyrique.
♦ **Hydroxyacids**

HYDROXYMÉTHYLFURFURAL (HMF) n.m.

Produit intermédiaire de la décomposition du lactose au cours du chauffage du lait à température élevée aboutissant à la formation d'acides lévulique et formique.
♦ **Hydroxymethylfurfural**

HYGIÈNE n.f.

Ensemble des principes et des mesures tendant à préserver et améliorer la salubrité et en conséquence la santé.
Ex. : le nettoyage et la désinfection sont des mesures élémentaires d'hygiène.
♦ **Hygiene or sanitation**

HYGROMÉTRIE [degré hygrométrique]n.f.

Désigne l'humidité relative de l'air. La quantité de vapeur d'eau contenue dans l'air dépend de la température de l'air. L'air chaud peut contenir davantage de vapeur d'eau que l'air froid. A − 5 °C 1 m³ d'air saturé contient 3,45 g d'eau soit un degré hygrométrique de 100 %. A 0° sans apport d'eau son degré hygrométrique s'abaisse à 70 %, la quantité d'eau qui conduirait à sa saturation (hygrométrie de 100 %) serait de 4,87 g. Il existe différents types d'hygromètres encore appelés psychromètres
- à cheveu
- thermomètres humide et sec avec abaque.

♦ **Hygrometry or relative humidity**

HYPOCHLORITES n.m.

Sels de l'acide hypochloreux (HClO) utilisés comme désinfectants ou à usage pharmaceutique. Dans le commerce on trouve les noms suivants :
- extrait de javel : solution d'hypochlorite de sodium (47 à 50 °Cl)
- eau de javel : solution d'hypochlorite de sodium (10 − 12 °Cl)
- eau de labarraque : solution d'hypochlorite de sodium (1,5 °Cl)
- chlorure de soude : hypochlorite de sodium NaOCl
- chlorure de chaux : chlorohypochlorite de calcium ClCa OCl.
♦ **Hypochlorites**

Indologènes (recherche sur eau peptonée)

ICE CREAM n.m.
Terme anglais désignant la crème glacée.
♦ Ice cream

IDF [International Dairy Federation] abv.
Fédération Internationale de Laiterie. Voir FIL.
♦ IDF

IMMERSIBILITÉ [des poudres de lait] n.f.
C'est l'aptidude que possèdent des particules de poudre de lait, ayant franchi la couche superficielle de l'eau, sans agitation, à s'enfoncer dans cette eau.
♦ Sinkability (milk powder)

IMMUNITÉ n.f.
Propriété que possède un organisme d'être résistant de façon plus ou moins grande à certains agents pathogènes. L'immunité peut être naturelle, acquise, spontanée ou provoquée.
♦ Immunity

IMMUNOGLOBULINES (ou globulines immunes) n.f.
Voir GLOBULINES
♦ Immunoglobulins

IMMUNOLOGIE n.f.
Science de l'immunité
♦ Immunology

INCUBATEUR n.m.
Voir Étuve.
♦ Incubator

INCUBATION n.f.
Conditions de maintien d'un ensemencement permettant le développement des microbes. Elle est caractérisée par une durée et une température dites d'incubation.
♦ Incubation

INDICATEURS [chimiques] n.m.
Substances informant de l'état d'une réaction chimique ou biochimique. Les indicateurs les plus souvent utilisés sont des indicateurs colorés.
Ex. : indicateurs de pH : phénolphtaléine, hélianthine, etc...
indicateurs de rH : bleu de bromothymol, bleu de méthylène, etc...
indicateur de présence de chlore : ortho-tolidine
♦ Indicators or dyes

INDOLE n.m.
Composé cyclique entrant dans la molécule de tryptophane. Goût et odeur désagréables.
♦ Indole

INDOLOGÈNES [bactéries] adj.
Terme désignant les bactéries dont les enzymes libèrent l'indole par hydrolyse du trytophane. C'est un caractère distinctif mais non spécifique de *Escherichia coli.*
♦ Indole producing bacteria

INDUCTIBLES [enzymes] adj.

Enzymes existant dans la cellule qui ne sont activées que par une induction et lorsque celle-ci cesse, l'action enzymatique cesse. On dit aussi enzymes adaptatives.
♦ Inductive enzymes

INFECTION n.f.

Envahissement d'un milieu par un germe indésirable le plus souvent pathogène.
♦ Infection

INFRA-ROUGE adj. et n.m.

Partie du spectre de la lumière dont la longueur d'onde dépasse 750 nm. Les groupements Carbonyle —CO— des glycérides absorbent les radiations infra-rouges entre 3400 et 5800 nm. Les groupements hydroxyle —OH du lactose les absorbent vers 9600 nm. Les liaisons peptidiques —CONH— vers 6500 nm.
♦ Infra-red

INHIBINES n.f.

Voir LACTÉNINES
♦ Lactenins or inhibins

INHIBITEUR n.m.

Qui inhibe, qui freine ou bloque une réaction. Les inhibiteurs de corrosion sont des corps entrant dans la composition des produits de nettoyage, pour les rendre inoffensifs envers les surfaces métalliques.
Ex. : les silicates (métasilicate de soude).
Les antiseptiques et les antibiotiques inhibant les microorganismes à certaines doses sont des inhibiteurs de croissance bactérienne. En enzymologie, certains ions ou molécules peuvent bloquer les réactions enzymatiques. Suivant leur action, on distingue les inhibiteurs compétitifs et non compétitifs.
♦ Inhibitor or inhibitory substance

INOCULATION n.f.

Voir ENSEMENCEMENT.
♦ Inoculation

INOCULUM (ou inoculat) n.m.

Groupes de bactéries servant à ensemencer un milieu nutritif.
♦ Inoculum

INOSITOL n.m.

Alcool cyclique à 6 groupements OH, facteur de croissance des animaux. Le lait de vache en contient 110 mg/l.
♦ Inositol

INSAPONIFIABLE n.m.

Ensemble des matières grasses non glycériques qui résistent à l'hydrolyse alcaline (saponification) ou qui sont libérées par hydrolyse des esters. Elles sont insolubles dans l'eau mais généralement maintenues en pseudo-solution grâce à l'action des savons. On peut les extraire de cette pseudo-solution par des solvants organiques apolaires : éther de pétrole - éther éthylique.

Ex. : terpène, carotène, cholestérol et autres stérols.
On y adjoint aussi souvent des substances liposolubles à caractère non lipidique, vitamines A, D, E, K, ... Dans le lait, l'insaponifiable représente 0,5 % de la matière grasse.
♦ Unsaponifiable

INSATURES [acides gras] adj.

Ce sont des acides organiques possédant un groupement hydrophile situé à l'extrémité d'une chaîne aliphatique hydrophobe qui présente une ou plusieurs doubles liaisons (c'est-à-dire un déficit de deux atomes d'hydrogène par rapport à l'acide saturé). On peut écrire leur formule sous la forme

$$CH_3-(CH_2)_i-CH=CH-(CH_2)_j-COOH$$

Suivant le nombre de doubles liaisons on distingue les :

monoinsaturés ou monoènes	: 1 double liaison
diinsaturés ou diènes	: 2 doubles liaisons
triinsaturés ou triènes	: 3 doubles liaisons
polyinsaturés ou polyènes	: plusieurs liaisons

Ex. : Acide oléique :

$$CH_3-(CH_2)_7-CH=CH-(CH_2)_7-COOH$$

monoinsaturé à 18 atomes de carbone
Acide linoléique : diinsaturé à 18 atomes de carbone - Acide linolénique : trinsaturé à 18 atomes de carbone - Acide arachidonique - tetra insaturé à 20 atomes de carbone
♦ Unsaturated (fatty acids)

INSECTICIDES n.m.

Produits utilisés pour la destruction des insectes
Ex. : lindane, malathion, DDT, diméthoate etc...
Voir aussi PESTICIDES.
♦ Insecticides

INSOLUBLE [indice d'] n.m.

Grandeur rencontrée dans les analyses de poudre de lait. C'est le pourcentage volumétrique du résidu non solubilisé à chaud dans certaines conditions (température - centrifugation) lors de la reconstitution.
♦ Sediment index (milk powder)

INSTANT [poudre] adj.

Voir INSTANTANÉE (poudre).
♦ Instant

INSTANTANÉE [poudre] adj.

Qualité de la poudre douée d'un pouvoir élevé de solubilisation et obtenue selon la technique d'instantanisation. On dit aussi instant.
♦ Instant milk powder

INSTANTANÉISATION n.f.

Voir INSTANTANISATION
♦ Instantanization

INSTANTANISATION n.f.

Technique de fabrication des poudres de lait dites «poudres instantanées» consistant à réhumidifier légèrement (5 à 20 % d'eau)

la poudre «Spray» et en la séchant de nouveau, on obtient une poudre possédant 3 caractéristiques nouvelles :
- diamètre moyen des particules élevé (plus de 100 μ)
- densité diminuée
- état hydraté stable du lactose.

Il existe deux méthodes d'instantanisation :
- méthode directe appelée aussi méthode «Straight-Through» ; obtention d'agglomérats dans la tour d'atomisation elle-même en recherchant une humidité pour la poudre de 7 à 8 %, puis séchage et refroidissement sur un lit fluidisé vibrant.
- méthode indirecte de réhumidification appelée aussi méthode «rewetting» ; réhumidification de la poudre déjà obtenue par atomisation classique puis séchage et refroidissement.

Le terme instantanisation est le terme anglais, en France on lui préfère le terme instantanéisation.
♦ Instantanization

«INSTANTIZER» n.m.

Appareil spécial utilisé pour la fabrication des poudres instantanées par le procédé Blaw-Knox.
♦ ''Instantizer''

INTOXICATION n.f.

Empoisonnement par des substances chimiques dites toxiques qui empêchent le fonctionnement normal des tissus et cellules.
♦ Poisoning or intoxication

INTOXINATION n.f.

Empoisonnement dû uniquement aux toxines produites par des microorganismes que ceux-ci soient encore présents ou non. Différente d'une toxi-infection.
♦ Intoxination

INVERSION de PHASE n.f.

Passage d'une phase dispersée à l'état de phase continue et vice-versa.
Ex. : la fabrication du beurre conduit à une inversion de phase : la matière grasse du beurre se trouve à l'état de phase continue alors que dans le lait ou la crème elle est en émulsion (phase discontinue) dans la phase hydrique (phase continue). Par contre, la phase hydrique du beurre est une phase discontinue. On peut aussi considérer que la fabrication du fromage résulte d'une inversion de phase.
♦ Phase reversal or phase inversion

IODE [indice d'] n.m.

C'est le nombre de grammes d'iode pouvant se fixer sur 100 g de matière grasse. Il permet de mesurer le degré d'insaturation des acides gras constituants de la matière grasse. En effet, l'iode se fixe sur les doubles liaisons des acides

gras insaturés. On utilise comme source d'iode :
le chlorure d'iode : méthode de WIJS
le monobromure d'iode : méthode de HANUS
l'iode avec $HgCl_2$: méthode de HÜBL.
Pour la matière grasse butyrique on a un indice d'iode souvent de 25 à 40.
♦ Iodine value or Iodine number

IODOPHORES n.m.

Complexes halogénés renfermant de l'iode comme substance active de désinfection. En solution entre 20 et 45 °C leur activité bactéricide a lieu à partir de 50 ou 75 ppm d'iode libre. Ce sont des produits de nettoyage et de désinfection utilisables à froid. Ils sont moins inhibés que les composés chlorés par la présence de matières azotées. Leur pH optimal se situe en zone acide. Au-delà de 40° l'iode se sublime.
♦ Iodophors

ION n.m.

Atome ou groupement ayant perdu ou gagné des électrons donc possédant une charge électrique.
Ex. : Ca^{++} : ion calcium $SO_4^=$: ion sulfate.
♦ Ion

IONISANTS [effets] adj.

Les rayonnements particulaires ou électroniques (rayons β, rayons cathodiques...) et les rayonnements électromagnétiques de très courte longueur d'ondes (rayons γ) provoquent l'ionisation, c'est-à-dire la formation d'ions par arrachement d'électrons aux atomes, des molécules qui sont touchées comme une cible. Les effets des rayons ultra-violets (lumière solaire ou artificielle) sont les mieux connus :
- activation des réactions d'oxydation (lipides, vitamines A, C, D)
- destruction des vitamines peu sensibles à l'oxydation mais sensibles à la lumière comme la riboflavine (vitamine B_2)
- transformation des stérols en vitamine D
- catalyse des réactions entre les molécules azotées provoquant ce que l'on appelle la «saveur solaire» ou «sunlight flavour» due à l'apparition de methional.
♦ Ionizing (effects)

IPM—3 [procédé] abv.

Procédé polonais de fabrication continue du fromage (IPM : Instytutu Preemyslu Mleczarskiego. Le lait ensemencé et emprésuré en continu passe dans une première colonne appelée «enzymateur» où il subit une maturation, il est ensuite coagulé instantanément par adjonction en continu de sérum acide dans une deuxième colonne appelée «coagulateur» et finalement il passe dans un serpentin chauffé appelé «agglomérateur» où se forme le grain du caillé. Le coagulum est alors dirigé vers un séparateur à sérum (tamis rotatif cylindrique) puis tombe dans un mouleur automatique.
♦ IPM—3 process

IRRADIATION n.f.

Action d'exposer des organismes ou substances aux rayonnements radioactifs, ultraviolets ou infra-rouges.

♦ Irradiation

ISOÉLECTRIQUE [point] adj.

pH auquel une substance amphotère (par exemple une protéine) est sans charge électrique ou possède un nombre égal de charges négatives et positives. Les protéines sont parfois insolubles à leur point isoélectrique et précipitent. C'est le cas de la caséine à pH 4,6 qui est son point isoélectrique. On le note pH_i ou p_i.

♦ Iso-electric point

ISOLEMENT [microbiologique] n.m.

Opération qui consiste à séparer les souches microbiennes d'une culture. Il existe plusieurs techniques d'isolement :
- par épuisement sur milieu solide le plus souvent
- par dilutions successives
- par culture sur milieux spéciaux (électif et sélectif).

♦ Isolation

ISOMÉRASES n.f.

5ème groupe d'enzymes qui catalysent les réactions d'isomérisation : modification de la configuration spatiale sans modification de la formule brute.

Ex. : la glucose 6 phosphate isomerase catalyse le passage du glucose 6 P en fructuose 6 P.

♦ Isomerases

ISOMÈRE n.m.

Désigne des composés ayant la même formule brute et des propriétés différentes dues à un agencement différent des atomes dans la molécule.

Ex. : le fructose est un isomère du glucose.

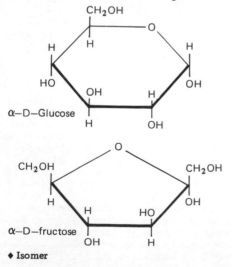

α—D—Glucose

α—D—fructose

♦ Isomer

ISOTONIQUES [solutions] adj.

Solutions qui développent une même pression osmotique.

Ex. sérum physiologique isotonique qui développe la même pression osmotique que le sérum sanguin.

♦ Isotonic (solutions)

ISSOGLIO [test d'] n.p.

Modification de la méthode au permanganate permettant de déterminer la quantité d'acides gras oxydables dans de la matière grasse altérée.

♦ Issoglio test

Nettoyage au jet cleaner

j

JARRE [de MAC INTOCH et FILDES, de BREWER] n.f.
Récipient permettant d'éliminer l'oxygène de l'air, utilisé en laboratoire pour l'incubation des cultures de germes anaérobies.
♦ Jar

JASSERIE n.f.
Cabane de bergers où l'on fabrique la fourme d'Ambert fermière.
♦ Jasserie or shepherd hut

JATTE n.f.
Baquet servant autrefois à la réception du lait.
♦ Flat bowl

JAVEL [eau de] n.f.
Hypochlorite utilisé en solution comme désinfectant à la dose de 200 mg/l pour l'eau de javel titrant 12 °Cl. L'eau de javel concentré (extrait de javel) du commerce titre 48 °Cl. Elle se conserve à l'obscurité et au froid. Remarque : l'hypochlorite de sodium est aussi parfois appelé improprement chlorure de soude.
♦ Bleaching water

«JET CLEANERS» n.m.
Désigne certains appareils permettant de pulvériser des solutions nettoyantes et de vapeur sous forte pression.
♦ "Jet cleaners"

«JOMIL» n.m.
Sorte de yaourt à boire aromatisé avec du sirop de fruit produit et consommé en Allemagne.
♦ Jomil

JONCHÉE [bretonne] n.f.
Lait entier coagulé très rapidement à l'aide de présure que l'on met à égoutter dans des paniers en paille de seigle ou en joncs appelés eux-mêmes «jonchées».
♦ Jonchee or rush drain

JUB-JUB n.m.
Caillé égoutté dans des sacs, consommé au Liban.
♦ Jub-Jub

JUGURTHI [Lactobacillus] n.m.
Lactobacille très proche du *Lactobacillus bulgaricus.*
♦ Jugurthi

JUPE n.f.
Rebord d'un bouchon couronne ondulé, qui sera serti lors du capsulage sur la bague du goulot de la bouteille en verre de lait stérilisé.
♦ Flange of crowncork or skirt

JUST HATMAKER [procédé] n.p.
Voir HATMAKER.
♦ Just Hatmaker

KAJMAK n.m.
Fromage de brebis fabriqué en Serbie à partir de la crème recueillie après repos du lait bouilli. Appelé aussi beurre de Serbie.
♦ Kajmak

KAMINSKY [indice de] n.p.
Indice permettant d'évaluer la consistance d'un beurre par sa résistance au découpage. Il s'exprime en g/cm.
♦ Kaminsky index

KARABESCH n.m.
Produit obtenu en condensant et laissant sécher au soleil le sous produit obtenu lors de la fabrication de Kachk.
♦ Karabesch

KARMDINSKA n.f.
Variété polonaise du ryazhenka.
♦ Karmdinska

KASCHK (ou kachk) n.m.
Caillé mûri piquant et salé préparé à partir des protéines de babeurre bouilli et séchées au soleil, consommé en Iran.
♦ Kaschk

KÄSEFERTIGER n.m.
Préparateur à caillé : cuve ou chaudière de fromagerie à double enveloppe d'origine Allemande, verticale, cylindroconique, munie d'un dispositif mécanique d'agitation à vitesse variable, de tranche-caillés et de brassoirs mécaniques, de capacité pouvant atteindre 15.000 l. Elles portent un orifice inférieur spécialement conçu pour l'écoulement continu du caillé dans les moules groupés sous une plaque de distribution multimoules. Elles sont polyvalentes c'est-à-dire permettent de fabriquer des caillés de types différents.
♦ Käsefertiger

KATCHA n.m.
Nom donné en Inde au ghee brut.
♦ Katcha

KATYK
Variété de bousa fermentée à l'aide de *Torula*.
♦ Katyk

KAVKAZ n.m.
Fromage de sérum chauffé (93-95 °C) produit au Caucase.
♦ Kavkaz

KÉFIR n.m.
Boisson gazeuse acide et alcoolisée originaire du Caucase. La fermentation du lait est obtenue sous l'influence de levures *Saccharomyces kefir* et de bactéries lactiques telles que *Streptococcus lactis, cremoris, Lactobacillus caucasicus*. Levures et ferments lactiques vivent en symbiose et se trouvent emprisonnés dans un mucilage ou zooglée (grains de kéfir) produit par les streptocoques lactiques. L'acidité est comprise entre 70 et 100 °D. La teneur en alcool est souvent inférieure à 1 %.
♦ Kefir

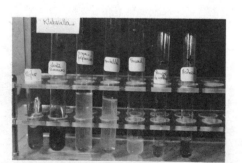

Klebsiella : galerie d'identification

KEILLING-SALUBRA [procédé] n.p.

Procédé d'épuration biologique des eaux résiduaires de laiterie (en particulier). Dans les procédés classiques, la défécation chimique suivie de filtration ne permet pas d'éliminer le lactose, le procédé KEILLING-SALUBRA permet cette élimination par utilisation de levures que l'on fait développer dans le liquide résiduaires fortement aéré. Les cellules de levures peuvent être recueillies par filtration ou centrifugation et servir à l'alimentation du bétail.

♦ Keilling-Salubra process

KERR [test de] n.p.

C'est une modification du test de Kreis pour la recherche de l'état d'oxydation des matières grasses.

♦ Kerr test

KHATER n.m.

Terme utilisé au Moyen Orient (Égypte surtout) pour désigner le lait bouilli puis caillé (par addition de Khater antérieur) qui servira à la fabrication du beurre.

♦ Khater

KHOA-KHEER n.m.

Produits fabriqués en Inde se rapprochant des laits concentrés, obtenus par ébullition prolongée. On trouve aussi le nom de mawa.

♦ Khoa-kheer

KIRSCHNER [indice de] n.p.

C'est le nombre de ml de soude N/10 nécessaire pour neutraliser l'acide butyrique obtenu à partir de 5 g de matière grasse. Il renseigne sur la teneur en acide butyrique de la matière grasse. Pour la matière grasse du lait de vache, l'indice varie de 20 à 25. Il est maintenant remplacé par l'indice d'acide butyrique qui est le nombre de mg de potasse (KOH) nécessaire pour neutraliser l'acide butyrique obtenu à partir de 1 g de matière grasse.

♦ Kirschner value or number

KISH (ou kishk) n.m.

Caillé de brebis fermenté et séché au soleil consommé par les nomades d'Asie du sud-ouest.

♦ Kish

KJELDAHL [méthode] n.p.

C'est la méthode de référence employée pour le dosage de l'azote. La matière organique est oxydée par l'acide sulfurique (minéralisation). Elle se transforme en CO_2, eau et azote retrouvé sous forme de sulfate d'ammonium. Des catalyseurs sont utilisés pour élever le point d'ébullition et accélérer la digestion (mélange de sélénium et sulfates de potassium et de fer). L'ammoniaque est déplacée par la soude, distillée et titrée par une liqueur acide déci ou centinormale. Pour le lait, le résultat multiplié par un facteur variant de 6,34 à 6,40 donne la correspondance en poids de protéines (en France 6,38). Pour les céréales, ce coefficient est de 6,25.

♦ Kjeldahl method

KLEBSIELLA n.f.

Bactérie appartenant à la famille des *Enterobacteriaceae* (BERGEY) et au groupe des coliformes. Cellules immobiles et encapsulées comprenant des souches saprophytes et pathogènes (pneumobacille de FRIEDLANDER).

♦ Klebsiella

KLILA n.f.

Boulette de caséine desséchée obtenue à partir de leben précipité par la chaleur et consommé par les peuplades du Sud-Algérien.

♦ Klila

KLUYVER [méthode] n.p.

Méthode utilisée pour la recherche des antiseptiques consistant à additionner le lait suspect de glucose et de levure en boulangerie (*Saccharomyces cerevisiae*) à côté d'un témoin de lait pur. L'absence de culture et de dégagement gazeux indique la présence d'un antiseptique (la levure étant insensible aux antibiotiques).

♦ Kluyver method

KOESTLER [nombre de] n.p.

Grandeur qui renseigne sur la teneur en chlorures du lait. Il s'obtient en faisant le rapport :

$$100 \; \frac{\text{teneur en chl. exprimée en Cl et non en NaCl}}{\text{teneur en lactose}}$$

Si ce nombre est supérieur à 3, on a un lait anormal (mammiteux par exemple).

♦ Koestler or chloride lactose number

KOETTSTÖRFER [indice de] n.p.

Voir SAPONIFICATION (indice de).

♦ Koettstörfer number

KOFRANYÏ [méthode] n.p.

Méthode rapide de dosage de l'azote dérivée de la méthode Kjeldahl dont on a supprimé la minéralisation acide. Principe : distillation du lait additionné de soude ; l'azote dégagé est recueilli dans une solution d'acide sulfurique, dosé et converti en protéines.

♦ Kofranyi method

KOHLER [méthode] n.p.

Méthode acido-butyrométrique de dosage de la matière grasse des crèmes. Parfois appelée méthode Kohler-Bacot.

♦ Kohler method

KOHMAN [méthode] n.m.

Méthode rapide et simple d'analyse du beurre, elle permet la détermination de l'humidité, du sel et de la matière grasse.

♦ Kohman method

«KOMBINATOR» n.m.

C'est un échangeur thermique constitué de 3 cylindres successifs munis d'arbres à palettes servant au râcle, au brassage et à la propulsion des crèmes concentrées utilisé dans le procédé SCHROEDER de fabrication du beurre. Il est parfois aussi utilisé pour la fabrication des fromages fondus.

♦ ''Kombinator''

KORUMBURRA [procédé] n.p.

Procédé australien de caséinerie en continu.

♦ Korumburra process

KOUMISS (ou kumis) n.m.

Boisson des steppes de l'Asie centrale s'apparentant au Kéfir, fabriquée avec le lait de jument, d'ânesse ou de chamelle.

♦ Koumiss or kumis

KOUROUNGA n.m.

Boisson qui s'apparente au Koumiss consommée en Russie asiatique.

♦ Kourounga

KRAFT [procédé] n.p.

Procédé américain de fabrication de beurre en continu dont l'originalité est de préparer une huile de beurre aussi pure que possible (99,5 %) à partir de crème par double centrifugation. Cette huile est mélangée à du lait acidifié pour obtenir la composition du beurre. Puis le mélange est travaillé selon la méthode Creamery Package.

♦ Kraft process

KRAUSE [procédé] n.p.

Procédé de séchage du lait par atomisation dans lequel le lait tombe sur un disque tournant très rapidement. Voir SPRAY (procédé).

♦ Krause process

KREIS [test de] n.p.

Test utilisé pour mesurer le degré d'oxydation des matières grasses. Réaction chimique au phloroglucinol en présence d'acide chlorhydrique concentré et lecture au colorimètre.

♦ Kreis test

KRIEG [procédé] n.p.

Appelé encore «Choc Sterilising System». Procédé suisse de cuisson en continu du caillé par injection de vapeur à haute température pour détruire les *Clostridia* sans altérer les protéines dans la fabrication des fromages fondus.

♦ Krieg process

KRUISHEER-DEN HERDER [indice de] n.p.

Indice permettant d'évaluer la consistance d'un beurre. Il est donné par la force nécessaire à la pénétration d'un cylindre calibré (4 cm^2) s'enfonçant sur une distance donnée à une vitesse donnée. Il s'exprime en $kg/4 \text{ cm}^2$.

♦ Kruisheer-Den herder index

KUBAN n.m.

Boisson d'URSS fabriquée à partir de lait pasteurisé, s'apparentant au Koumiss et au Kéfir.

♦ Kuban

KURT n.m.

Produit sec préparé à partir de babeurre écrémé et salé dans les fermes d'Asie Centrale. Il se consomme après dissolution dans l'eau.

♦ Kurt

KURUT n.m.

Caillé égoutté dans des sacs, séché au soleil, consommé en Afghanistan.

♦ Kurut

KUSHUK n.m.

Caillé mélangé à de la farine de blé et à des herbes, puis fermenté, consommé en Irak.

♦ Kushuk

Levures

LABAN (ou labban)

Voir LEBEN

♦ Laban

LABEL n.m.

Marque collective offrant certaines garanties appartenant à un organsime indépendant du producteur et du commerçant. Il est octroyé et toujours révocable par voie contractuelle (différent des appelations d'origine).

♦ (Quality) brand

LAB-FERMENT n.m.

Nom allemand donné à la présure de caillette de veau.

♦ Rennet

LACTALBUMINE (α) n.f.

Holoprotéine synthétisée par la glande mammaire, classée parmi les albumines, c'est le constituant le plus caractéristique du lactosérum, car il est présent dans le lait de tous les mammifères. Poids moléculaire : 14.200. Elle présente deux particularités :
- facteur régulateur du système enzymatique : lactase synthétase.
- du point de vue structural, proche du lysozyme : poids moléculaire voisin, acides aminés terminaux, présence de 4 ponts $-S-S$.

Riche en tryptophane, c'est la plus thermorésistante des protéines du sérum (6 % seulement sont dénaturés à 70 °C).

♦ Lactalbumin

LACTASE n.m.

Enzyme désignant plus communément la β galactosidase hydrolysant le lactose en glucose et galactose. Les glandes intestinales peuvent sécréter en faible quantité une lactase. Peu de levures (*Torula cremoris*) produisent une lactase. *Lactobacillus delbruckii* producteur d'acide lactique ne possédant pas de lactase ne peut se développer dans le lait.

♦ Lactase

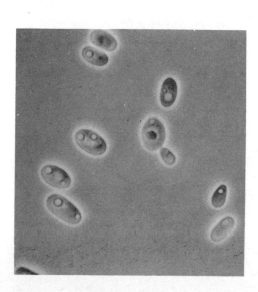

LACTATES n.m.

Sels de l'acide lactique avec les bases : le lactate de chaux $(CH_3-CHOH-COO)_2 Ca$, sert notamment de support à la fermentation propionique. Le lactate de sodium $CH_3-CHOH-COONa$ est formé notamment lors de la désacidification des crèmes ou du lait. Le lactate d'ammonium $CH_3-CHOH-COO\ NH_4$ est formé dans les fromages fermentés lors de la neutralisation de la pâte par l'ammoniac. Un excès de lactates confère une forte amertume aux produits laitiers.

♦ Lactates

LACTATION n.f.

Sécrétion et production du lait en relation avec les phases de la vie sexuelle des mammifères ; sa durée est variable suivant les espèces : pour la vache et la chèvre elle est de un an en moyenne, pour la brebis de six mois environ. Le cycle de lactation comprend :
- à la mise bas : la phase colostrale, de courte durée (quelques jours),
- la phase de lactation normale,
- la phase de fin de lactation où apparaissent des modifications de composition du lait (instabilité colloïdale) pouvant entraîner des perturbations lors de la coagulation en fromagerie ou lors des traitements thermiques.
♦ Lactation

LACTÉNINES n.f.

Substances antibactériennes naturelles du lait. De nature protéique, elles sont responsables de la phase bactériostatique par l'inhibition de certains germes dont des ferments lactiques. On distingue : la lacténine L_1 : substance inhibitrice de *Streptococcus pyogenes.* La lacténine L_2 : identifiée à la lactopéroxydase, inhibitrice des streptocoques pyogènes et de quelques lactobacilles. La lacténine L_3 : agglutinine dont l'action est particulièrement nette vis-à-vis de *Streptococcus cremoris.* Les lacténines L_2 et L_3 sont plus thermorésistantes que la lacténine L_1 (dénaturée par un chauffage de 20 mn à 70 °C) ; elles sont dénaturées par un chauffage de 30 mn à 75° ou 20 secondes à 82 °C. Les lacténines sont parfois aussi appelées inhibines.
♦ Lactenins

LACTIQUE [acide] adj.

Produit de la fermentation du lactose par les bactéries spécifiques du lait
CH_3—CHOH—COOH Poids moléculaire $= 90$
Joue un rôle essentiel dans l'égouttage des caillés en fromagerie.
♦ Lactic acid

LACTOBACILLACEAE n.f.

Famille d'après la classification de BERGEY, de bactéries en forme de bâtonnets ou coques fermentant le lactose se trouvant en grande quantité dans le lait et les produits laitiers. Elle comprend les genres *Lactobacillus* et *Streptococcus.*
♦ Lactobacillaceae

LACTOBACILLES n.m.

Bactéries saprophytes auxotrophes en forme de bâtonnets individuels, ou plus fréquemment associés en chaîne non ramifiée, se rencontrant dans le lait et les produits laitiers. Germes Gram + ne possédant ni catalase ni cytochrome-oxydase, souvent microaérophiles. Acidifient le lait moins rapidement que les streptocoques lactiques mais sont capables de produire et supporter une acidification plus grande (300 °D). On distingue suivant la fermentation du lactose :

- les Homofermentaires : *Thermobacterium* qui sont thermophiles : *Lactobacillus lactis, helveticus, bulgaricus. Streptobacterium* qui sont mésophiles : *Lactobacillus casei, plantarum.*
- les Hétérofermentaires ou *Betabacterium* (ORLA JENSEN) : *Lactobacillus, brevis, fermenti.*
♦ Lactobacilli

LACTOBACILLUS n.m.

Nom du genre attribué aux lactobacilles. Ce genre appartient à la famille des *Lactobacillaceae* (BERGEY).
Ex. : *Lactobacillus bulgaricus.*
♦ Lactobacillus

LACTODENSIMÈTRE n.m.

Voir DENSIMÈTRE.
♦ Lactometer

LACTODUC n.m.

Tuyauterie à lait servant dans les installations de traite à amener le lait jusqu'à la citerne de stockage. On dit aussi «pipe-lait».
♦ Milk pipe-line

LACTOFERMENTATION n.f.

Fermentation du lait sous l'action de microorganismes (voir FERMENTATION). Désigne également une épreuve d'incubation sans dénombrement des germes, dont l'aspect du coagulum après 12 ou 24 heures à 30 ou 37° donne des indications sur les activités microbiennes ; coagulum homogène gélatineux = fermentation lactique pure. Coagulum spongieux avec bulles de gaz = fermentation par les bactéries coliformes. Coagulum floconneux = fermentation protéolytique. Test encore utilisé avec profit par certaines fromageries modestement équipées.
♦ Lactofermentation or fermentation test

LACTOFERRINE (ou ekkrinosidérophiline) n.f.

Glycoprotéine identique à la «protéine rouge» de poids moléculaire 88.000 fixant 2 atomes de fer par molécule. Le lait de vache en contient en moyenne 0,1 g/l. Activité bactériostatique, antitoxique.
♦ Lactoferrin or ''red-protein''

LACTOFLAVINE n.f.

Voir RIBOFLAVINE.
♦ Lactoflavin

LACTOGÉNÈSE n.f.

Synthèse des constituants organiques du lait par la glande mammaire : 92 % de la matière sèche du lait de vache (c'est-à-dire le lactose, les triglycérides, les caséines α, β, κ, la β lactoglobuline, l'α lactalbumine et l'acide citrique)
♦ Lactogenesis

LACTOGLOBULINE (β) n.f.

Malgré son nom (d'origine ancienne) cette holoprotéine de poids moléculaire 18.000 est rangée parmi les albumines. Elle est caractéristique du lait des ruminants et des suidés. Dans le lait de vache c'est la protéine du sérum la plus abondante : 2,5 à 3 g/l. Elle présente un polymorphisme génétique. Principal porteur de groupes sulfhydryles (acides aminés soufrés), elle intervient dans la formation du «goût de cuit» des laits chauffés. Elle est séparée par précipitation au sulfate d'ammonium.
♦ Lactoglobulin

LACTOLLINE n.f.

Holoprotéine appartenant au groupe des protéines mineures. pHi = 8, isolée de la caséine entière.
♦ Lactollin

LACTONES n.f.

Composés dérivés des hydroxyacides (acide lactique, acide hydroxybutyrique) par estérification interne :

$$-CH_2-CH-CH_2-CH_2-CH_2-C=O \text{ delta lactone}$$
$$\delta \quad \gamma \quad \beta \quad \alpha$$
$$O$$

N'existent qu'à l'état de trace dans la graisse naturelle. Le chauffage accroît leur concentration. Certaines ont une saveur très forte. Les deca- et dodecalactones aliphatiques sont perceptibles dans le lait à partir de 2 ppm.
♦ Lactones

LACTOPÉROXYDASE n.f.

Enzyme d'oxydation indirecte, c'est la plus abondante du lait. Sa molécule contient un atome de fer (protéine hémique). Elle libère l'oxygène des peroxydes comme l'eau oxygénée, mais il s'agit d'oxygène atomique qui est accepté par une substance présente dans le milieu. On la met en évidence dans le lait au moyen des réactions de DUPOUY (voir DUPOUY) ou de STORCH, de ROTENFÜSSER, de ROCHAIX, de THEVENON... La lacto-peroxydase est aussi un inhibiteur de certaines bactéries lactiques : (lacténine L_2). La peroxydase des leucocytes peut être différente.
♦ Lactoperoxidase

LACTOPROTÉINES n.f.

Ce terme désigne en général les protéines de lactosérum. (voir ALBUMINES-GLOBULINES)
♦ Lactoproteins

LACTOSE n.m.

Diholoside parfois appelé «sucre de lait», il est synthétisé par la glande mammaire à partir du glucose sanguin. Glucide réducteur du fait de l'existence du groupe aldéhydique libre qui réduit notamment la liqueur cuprique alcaline de FEHLING (principe de dosage de la mé-thode BERTRAND). L'hydrolyse est difficile. A chaud et en présence d'acide, on obtient :

$$C_{12}H_{22}O_{11} + H_2O \rightarrow C_6H_{12}O_6 + C_6H_{12}O_6$$
lactose   glucose   galactose

Il se combine avec les substances azotées aux températures élevées pour former des complexes conférant un brunissement aux aliments (mélanoïdines). Il s'agit d'un cas de réaction de MAILLARD. A température élevée ($120°$ — 10 mn) le lactose se décompose en hydroxy-méthyl-furfurol, aboutissant à la formation d'acide lévulique et d'acide formique. Le lactose existe sous deux formes isomériques : α et β. Dans le lait liquide normal aux températures ordinaires, on a un équilibre entre ces formes α et β tel que $\beta/\alpha = 1,649$. Il cristallise sous des formes variées selon les conditions de milieux, de température... Dans le lait concentré la cristallisation sous forme de gros cristaux confère un défaut de texture et de saveur (texture sableuse). La cristallisation est perturbée par la présence des sels et de la riboflavine. Le lactose est utilisé dans les industries alimentaires (biscuiterie, confiserie, pâtisserie, charcuterie) comme fixateur d'arômes et de parfum, comme émulsifiant, et comme liant. Il est aussi utilisé dans les industries pharmaceutiques comme excipient ou protecteur de molécules fragiles ou comme source glucidique pour la culture industrielle des microorganismes producteurs d'antibiotiques. Suscitant des problèmes d'intolérance digestive, le lactose doit subir une hydrolyse soit chimique (acides + chauffage) soit enzymatique (β galactosidase). La teneur moyenne du lait normal en lactose est de 48-50 g/l mais le colostrum a une teneur moindre (28-30 g/l) de même que le lait marnmiteux (42 à 46 g/l).
♦ Lactose

LACTOSÉRUM n.m.

Constitue la phase hydrique du lait ; renferme en solution les substances ionisées (sels, acides...) et moléculaires (lactose en particulier). Il est isotonique au sérum sanguin. Les caractéristiques du lactosérum sont les valeurs les plus constantes parmi celles qui concernent le lait. Il est aussi appelé «petit lait». En fromagerie, il est obtenu lors de la séparation des protéines retenues dans le fromage. Sa composition dépend du type de caillé formé. Le sérum lactique est riche en sels minéraux en particulier phosphore, calcium, acide lactique, ... Le sérum présure est moins minéralisé mais plus chargé en lactose et extrait sec. Densité 1,027 — EST = 50 à 60 g/l dont 39 g de lactose, 0,4 g de matière grasse, 4 à 5 g de matières minérales, 7 g de matières azotées dont 5 g de protéines environ. Il constitue un milieu de choix pour les cultures de bactéries lactiques. En effet, il renferme en solution le caséino-glycopeptide dont les pro-

priétés sont stimulantes envers les ferments lactiques. Il peut aussi être utilisé comme substrat de fermentation pour la production de levures alimentaires (procédé CASALIS). Sa charge minérale excessive le dévalorise aussi doit-on lui appliquer divers traitements pour le dessalifier par exemple :
- l'électrodialyse ou le passage sur des résines échangeuses d'ions.

La récupération des protéines s'effectue par ultrafiltration, traitement qui ménage la qualité des protéines, ou bien par le procédé Centri-Whey entre autres. La récupération du lactose peut être réalisée par osmose inverse.

♦ Whey

LACTOSE-SYNTHÉTASE n.f.

Enzyme du lait composée de deux parties :
- protéine A qui transfère le galactose sur la glucosamine
- protéine B identique à l'α lactalbumine.

Ces deux protéines réunies transfèrent le galactose sur le glucose assurant la synthèse du lactose.

♦ Lactose-synthetase

LACTOTRANSFERRINE (ou transferrine ou sidérophiline) n.f.

Glycoprotéine provenant du sang, voisine de la lactoferrine. Intervient dans le transport du fer.

♦ (Serum) transferrin

LACTULOSE n.m.

(Galacto-fructose) forme cétonique du lactose. Obtenu par action de l'eau de chaux sur le lactose. Du fait de ses propriétés dans la nutrition infantile favorisant la flore bidifus, c'est un produit de valorisation du lactose.

♦ Lactulose

LAGUILHARRE [procédé] n.p.

D'origine française, ce procédé de chauffage direct du lait (stérilisation UHT) consiste à pulvériser le lait préchauffé à 75° dans une enceinte de vapeur sous pression. Sa température s'élève à 140° en une fraction de seconde. En passant dans une seconde enceinte sous vide, sa température s'abaisse instantanément à 75° et la vapeur mélangée au lait se sépare.

♦ Laguilharre process

LAGUNAGE n.m.

Procédé d'épuration biologique des eaux résiduaires. On distingue le lagunage :
Anaérobie : destiné à la digestion des boues.

♦ (Sludge) Lagoon system

Aérobie : effectué dans des bacs ou fossés étendus et peu profonds (1 m maximum) favorables à l'oxydation des substances organiques. Ce procédé exige des temps de séjour très longs.

♦ (Aerated) Lagoon system

LAÎCHES n.f.

Plantes des marais appelées encore carex qui, une fois séchées et découpées en lanières, servent à ligaturer les livarots en cave d'affinage.

♦ Sedge

LAINURE n.f.

Défaut des fromages à pâte cuite pressée (Gruyère, Emmental) présentant à l'intérieur de la pâte des fissures. Ce défaut est dû à une insuffisance d'élasticité de la pâte, par suite d'une trop forte acidification (déminéralisation en calcium).

♦ Cracks or slits or slit eyes

LAIT n.m.

Selon le Congrès International de la Repression des Fraudes en 1909, le lait est le produit intégral de la traite totale et ininterrompue d'une femelle laitière bien portante, bien nourrie et non surmenée. Il doit être recueilli proprement et ne pas contenir de colostrum. Le décret du 25 mars 1924 précise : la définition «lait» sans indication de l'espèce animale de provenance est réservé au lait de vache. Tout lait provenant d'une femelle laitière autre que la vache, doit être désigné par la dénomination «lait» suivie de l'indication de l'espèce animale dont il provient : «lait de chèvre», «lait de brebis» ... Ne peut pas être considéré comme propre à la consommation humaine : (article 2 du décret du 25 mars 1924 modifié et complété par le Décret n° 71-6 du 4 janvier 1971).

1. Le lait provenant d'animaux atteints de maladies dont la nomenclature sera donnée par arrêté du Ministère de l'agriculture pris sur avis du Comité consultatif des épizooties.
2. Le lait coloré, malpropre ou malodorant.
3. Le lait provenant d'une traite opérée moins de sept jours après le part et d'une manière générale, le lait contenant du colostrum.
4. Le lait provenant d'animaux mal nourris et manifestement surmenés.
5. Le lait contenant des antiseptiques ou des antibiotiques.
6. Le lait coagulant à l'ébullition.

Le code FAO/OMS donne comme définition du lait : «la dénomination «lait» est réservée exclusivement au produit de la sécrétion mammaire normale obtenu par une ou plusieurs traites sans aucune addition ou soustraction». Le lait est un liquide physiologique extrêmement fragile à l'état naturel (lait cru) car il renferme des germes dont le nombre et la nature dépendent :
- de l'hygiène des animaux et des personnes qui le recueillent

- de la propreté de la traite et des ustensiles (machine à traire, seaux, tanks).
- de la température,
- du délai de livraison à l'usine.

Les traitements industriels ont pour but l'assainissement du lait et sa meilleure conservation.

♦ Milk

LAITIER [beurre, fromage] adj.

Adjectif désignant une fabrication faite en usine. S'oppose à fermier. On trouve aussi parfois le terme usinier.

♦ Factory or dairy (butter or cheese)

LAITIER n.m.

Nom donné parfois à la «chambre à lait» (voir ce mot).

♦ Milk room

LAKTOFIL n.m.

Lait concentré fermenté homogénéisé consommé en Scandinavie.

♦ Laktofil

LAMELLATION n.f.

Procédé parfois utilisé dans la fabrication des yaourts brassés. La rupture du caillé s'effectue en deux temps. Tout d'abord à l'aide d'un agitateur puis après un temps de repos, le coagulum passe sous pression à travers de minces fentes réglables en vue d'obtenir le calibrage le plus favorable.

♦ Laminating

LAMPITT [méthode] n.p.

Méthode pondérale de dosage de l'acide citrique dans les produits laitiers fondée sur l'oxydation de l'acide citrique en pentabromacétone.

♦ Lampitt method

LANCEFIELD [antigène de] n.p.

Classification sérologique pour les streptocoques (antigène de groupe A, B, C, D...)

♦ Lancefield antigen

LANDAT [méthode] n.p.

Méthode de dosage des chlorures. Défécation par $K Mn O_4$ et HNO_3 à ébullition. Dosage en retour de $AgNO_3$.

♦ Landat method

LANE et EYNON [méthode de] n.p.

Méthode de dosage des sucres réducteurs (lactose en particulier) par réduction directe d'une liqueur cupropotassique de formule spéciale. L'indicateur de fin de réaction est le bleu de méthylène qui se décolore.

♦ Lane and Eynon method

LANITAL n.m.

Fibre textile obtenue à partir des caséinates concentrés (caséine très pure obtenue par précipitation à l'acide sulfurique). Elle est supplantée actuellement par les fibres synthétiques provenant de la petrochimie.

♦ Lanital

LARMIERS n.m.

Ouvertures étroites et très nombreuses dans les «chambres à lait» permettant la ventilation. Elles sont disposées verticalement au-dessus des bacs recevant les rondots et horizontalement au-dessous.

♦ Air inlets

LASSI n.m.

Boisson fermentée obtenue à partir du babeurre acide recueilli lors de la fabrication du ghee. On trouve aussi les termes Ghol, Chhach.

♦ Lassi

LAVAGE DU BEURRE n.m.

Opération ayant pour but par dilution avec de l'eau d'éliminer le babeurre intergranulaire de façon à réduire le taux de non gras du beurre (caséine, lactose, acide lactique notamment) et augmenter sa conservabilité. Il permet de régler la température des grains en les raffermissant de façon à favoriser l'écoulement du babeurre. Par contre, il entraîne certains inconvénients dont le plus grave est la réduction de la teneur du beurre en diacétyle. Les beurres obtenus à partir de crèmes d'excellentes qualités chimique et bactériologique ne nécessitent pas de lavage.

♦ Butter washing

LAVAGE DES CRÈMES n.m.

Opération qui consiste à réduire l'acidité originelle des crèmes (surtout fermières) par dilution avec de l'eau.

♦ Cream washing

LAVETTE n.f.

Morceau de linge servant à laver le pis de la vache avant la traite.

♦ Udder cloth or towel

LEA [indice de] n.p.

Voir PEROXYDE (indice de).

♦ Lea number

LEBEN n.m.

Sorte de yaourt obtenu en Orient par barattage de lait acidifié. On trouve aussi les noms de laban ou labban.

♦ Leben

LEBER [méthode] n.p.

Méthode utilisée pour déterminer la vitalité des ferments. Elle est fondée sur la réduction de la résazurine par les ferments.

♦ Leber method

LÈCHES n.f.

Filaments de caillé restés accrochés aux moules lors de l'égouttage.

♦ Curd lumps or curd strings adhering to the hoop

LÉCITHINES n.f.

Ce sont des lipides complexes : glycérophospholipides, c'est-à-dire composé de glycérol, d'acides gras, d'acide phosphorique et d'une base azotée (choline). Elles sont de haute valeur alimentaire. Elles assurent la stabilisation des matières grasses par leurs propriétés émulsifiantes. Elles sont autorisées comme agents émulsifiants et antioxygènes sous le n° E 322.

♦ Lecithins

LEFFMANN-BEAM [indice de] n.p.

Indice qui caractérise la matière grasse. Il se rapporte aux acides gras volatils solubles. Il est relié à l'indice (RMW) de Reichert-Messi-Wolny par la formule :

$$I\,RMW = 1,1\,I\,Leffmann\text{-}Beam$$

♦ Leffmann-beam index

LEUCINE n.f.

Acide aminé aliphatique de formule

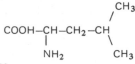

♦ Leucine

LEUCOCYTES (ou globules blancs) n.m.

Organites cellulaires de défense de l'organisme contre toute invasion de corps étrangers (microbes, substances graisseuses, etc...). On distingue :
- les mononucléaires : cellules à noyau uni : monocytes (15 à 25 μ) et lymphocytes (8 à 16 μ) avec ou sans granulations cytoplasmiques qui proviennent du sang et de la lymphe.
- les polynucléaires : cellules à noyau plurilobé. Granulations cytoplasmiques. Proviennent principalement du sang.

On peut définir deux grandeurs caractéristiques pour les leucocytes :
- le rapport leucocytaire qui est le rapport :

$$\frac{mononucléaires}{polynucléaires}$$

- la formule leucocytaire ou leucogramme qui est le pourcentage relatif des polynucléaires monocytes et lymphocytes par rapport à la totalité des leucocytes.

Pour un lait sain, le rapport leucocytaire est toujours supérieur à 0,5 (de 0,8 à 1). Dans le lait d'animaux malades, ce rapport devient inférieur à 0,5. La formule leucocytaire d'un lait sain est proche de celle du sang. Polynucléaires 55 % - Lymphocytes 35 % - Monocytes 10 %. Le comptage des cellules permet de dépister les laits mammiteux, les laits de rétention ou de fin de lactation. En effet, le lait sain contient moins de 200.000 cellules par ml, avec un lait mammiteux on peut atteindre plusieurs millions. Par les enzymes (lipases, protéases, catalase...) diverses qu'ils renferment, ils contribuent à la dépréciation des produits laitiers ou sont à l'origine d'accidents de fabrication.

♦ Leucocytes or white blood cells

LEUCONOSTOCS n.m.

Streptocoques hétérofermentaires ou «Betacoccus» de ORLAN JENSEN mésophiles. Fermentent les sucres et citrates avec production d'acétoïne et de gaz carbonique. Peu acidifiants.

Ex. : *Leuconostoc citrovorum*
      Leuconostoc paracitrovorum

Responsables quelquefois de fermentations visqueuses indésirées dans le lait de consommation en particulier, ces fermentations, par contre, peuvent être recherchées dans certains produits tels que yaourts, crèmes... les leuconostocs sont alors utilisés sous forme de souches «filantes».

Ex. : *Leuconostoc mesenteroïdes*
      Leuconostoc dextranicum

♦ Leuconostocs

LEVAIN FONGIQUE n.m.

Culture de moisissures employées pour l'affinage des fromages à pâte molle dits à croûte moisie (*Penicillium candidum*) et à pâte persillée ou Bleus (*Penicillium glaucum*).

♦ Fungi culture or mold culture

LEVAIN LACTIQUE n.m.

Culture de bactéries lactiques sélectionnées capables de se multiplier dans le lait, le caillé ou la crème pour produire au moment favorable l'acidité et l'arôme recherchés. Un levain doit être non seulement une culture active mais une culture pure (absence de contaminants). Sensibles aux inhibiteurs, ils nécessitent des soins de préparation attentifs (choix de lait d'excellente quantité, asepsie, conditions d'incubation). La préparation du levain est réalisée à partir de cultures obtenues au moyen de souches sélectionnées provenant de laboratoires spécialisés. Il se présente sous forme liquide, desséchée, lyophilisée, concentrée, congelée. Les cultures mères sont entretenues par repiquages successifs. Il est conseillé de ne pas prolonger les repiquages au-delà de 7 ou 8 jours, ce qui suppose la livraison hebdomadaire des souches dites commerciales par les laboratoires spécialisés.

♦ (Lactic) starter

LÉVOGYRE [substance] adj.

Substance qui dévie vers la gauche la lumière polarisée.
Ex. : le fructose.

♦ Laevo-rotary (L+) ou Laevorotatory

LÉVULOSE n.m.

Autre nom du fructose

♦ Levulose or laevulose

LEVURE n.f.

Microorganisme unicellulaire de 2 à 9 μ rattaché au règne végétal. Mode de reproduction par bourgeonnement, plus rarement par scissiparité. Certaines forment des ascospores ; certains champignons inférieurs sont rangés parmi les levures. Classification :
- *Endomycetaceae*
- *Sporobolomycetaceae*
- *Cryptococcaceae*

Les levures se rencontrent dans le lait cru (genre *Candida*) et les produits laitiers en particulier les fromages où elles participent avec les moisissures à la dégradation du lactose et de l'acide lactique. Productrices de facteurs vitaminiques (vit. B en particulier) elles stimulent la croissance des lactobacilles.
Ex. : *Saccharomyces.*
Elles sont parfois responsables d'accidents technologiques : gonflements, production de gaz, fermentation alcoolique (production d'alcool, goûts indésirables). Certaines sont halotolérantes (supportent 10 % de sel).
Ex. : *Torulopsis, Candida.*

♦ Yeast

LIASSE n.f.

Terme rencontré dans la Loire pour désigner une pile de petits fromages vendus ensemble.
Ex. : une liasse de rigottes.

♦ Bundle

LIGASES n.f.

6ème classe d'enzymes qui catalysent les réactions d'union de deux molécules (sans intervention d'eau). On les appelle aussi synthétases. Elles sont faiblement représentées dans le lait.
Ex. : Pyruvate Carboxyligase
    Lactose Synthétase.

♦ Ligases

LIGNE DE CRÈME [crémage spontané] n.f.

Accumulation des globules gras à la surface du lait laissé au repos ; s'effectuant à basse température (7 - 8 °C) lorsque les globules gras s'agglutinent en grappes suffisamment volumineuses pour pouvoir vaincre la viscosité du milieu (poussée d'Archimède). Le chauffage au-dessus de 60° en détruisant les agglutinines, réduit la ligne de crème, tandis que l'homogénéisation la supprime pratiquement.

♦ Cream line or cream layer or cream plug (defect)

LINDANE n.m.

Pesticide organochloré contenant au moins 99 % de γ HCH.

♦ Lindane

LINOLÉIQUE [acide] adj.

Acide gras diinsaturé en C 18. Représente 2,5 % des acides gras des lipides du lait.

♦ Linoleic acid

LINOLÉNIQUE [acide] adj.

Acide gras triinsaturé en C_{18} représente 0,5 % des acides gras des lipides du lait.

♦ Linolenic acid

LINZ [procédé] n.p.

Procédé de valorisation du lactosérum par l'obtention de levure fourragère (*Torula utilis*).

♦ Linz process

LIPASE n.f.

Enzyme de la famille des Hydrolases (B esterase) libérant les acides gras et le glycérol des glycérides, responsable des défauts de rancissement ou rancidité. La lipase du lait est en réalité un complexe lipasique comprenant plusieurs types de lipases : les lipases naturelles avec :
- la lipase du plasma qui s'associe à la caséine dans le lait refroidi.
- la lipase de membrane qui est absorbée d'une manière irréversible sur la membrane du globule gras après refroidissement.

les lipases leucocytaires, les lipases microbiennes. Les lipases naturelles (plasmiques et membranaires) sont très instables et thermosensibles : elles sont inactivées par un chauffage de 55° - 30 mn ou 75° - 1 s, sous l'action de la lumière, par les produits chimiques, par l'oxygène, par le cuivre. Elles sont plus spécifiquement actives sur les triglycérides. Les matières salines du lait et la caséine les inhibent, par contre les albumines et globulines les stimulent. Leur activité maximale s'exerce dans

la zone de pH comprise entre 8 et 9 à une température de 37 °C. Leur concentration et leur activité varient au cours de la lactation. Les lipases microbiennes (celles de **Pseudomonas fluorescens** et **Achromabacter**) sont beaucoup plus thermostables. Certaines résistent à 99 °C pendant 30 s. La lipase d'**Oospora lactis** n'est détruite qu'au bout de 30 s à 82 °C à pH 7 mais par contre à pH 4,5 20 s à 72 °C suffisent pour la détruire. Leur activité dépend du pH du milieu. Germes lipolytiques : on peut trouver des bactéries, levures et moisissures. Bactéries : **Pseudomonas - Achromabacter - Serratia marcescens.** Quelques **Micrococci - Streptococci** et **Lactobacilli. Bacillis cereus.** Levures : **Candida lipolytica - Torulopsis sphaerica - Rhodotorula.** Quelques **saccharomyces.** Moisissures : **Aspergilus niger - Penicillium glaucum - Penicillium roqueforti - Mucor mucedo - Rhizopus stolonifer - Oospora lactis - Cladosporium...** Les lipases sont souvent activées par les actions mécaniques (homogénéisation en particulier) ou les chocs thermiques (flash refroidissement).
♦ Lipase

LIPIDES n.m.

Terme général désignant les matières grasses en particulier. On les définit par leurs propriétés physiques essentielles : solubilité à l'état anhydre dans les solvants organiques apolaires (éther, benzène, chloroforme, tétrachlorure de carbone...) La plupart sont insolubles dans l'eau (hydrophobes). On distingue les lipides :
- saponifiables : glycérides, phospholipides, cérébrosides
- insaponifiables : stérols, vitamines liposolubles, terpènes, acides gras libres
Voir GLYCÉRIDES.
♦ Lipids

LIPOLYSE n.f.

Dégradation (hydrolyse) des lipides par voie soit enzymatique (lipases) soit chimique. On emploie souvent ce terme pour désigner la dégradation enzymatique.
♦ Lipolysis or fat breakdown or fat splitting

LIPOLYSE [indice de] n.f.

Grandeur qui représente l'altération lipolytique qu'a subi un produit contenant de la matière grasse (lait, crème, beurre) il est exprimé :
- soit en degré d'acidité (voir ce mot)
- soit en acides gras libres avec pour unité m eq/litre de lait
- soit en acidité oléique : % d'acide gras libre exprimé en acide oléique
♦ Lipolysis index

LISSAGE n.m.

Action mécanique de brassage intervenant après refroidissement, ayant pour but d'homogénéiser et de rendre plus onctueux le caillé des pâtes fraîches ou de levains. Cette opération est effectuée avec un appareil appelé lisseuse.
♦ Smoothing

LIT BACTÉRIEN n.m.

Voir BACTÉRIEN.
♦ Trickling filter

LOFTUS-HILLS et THIEL [test de] n.p.

Test pour déterminer l'état d'oxydation d'une matière grasse altérée. Principe : conversion par les hydroperoxydes des ions ferreux en ions ferriques développant en présence de thiocyanate une coloration rouge lue au photocolorimètre.
♦ Loftus-hills and Thiel test

LOUTZE n.f.

Nom donné dans les fruitières à la grosse cuillère en bois qui sert à répartir la présure dans la chaudière.
♦ Loutze

LOW HEAT [poudre] loc. angl.

Poudre de lait écrémé provenant d'un lait qui a subi un préchauffage à basse température (< 70 °C). Elle doit contenir au moins 6 mg/g d'azote protéique provenant des protéines du sérum non dénaturées. Elle est destinée à la fabrication de crème glacée, yaourt à l'usage domestique.
♦ ''Low Heat'' milk powder

LTLT [« Low Temperature Long Time»] abv.

Procédé de pasteurisation discontinue en cuve consistant à porter le lait à 63 ° et le maintenir à cette température pendant 30 minutes. Dénommé «Holder Process» par les Anglo-Saxons. Actuellement très peu employé.
♦ LTLT (''Low Temperature Long Time'')

LUMICHROME n.m.

Ancien nom donné à la vitamine D.
♦ Lumichrome

LUMIÈRE [effet] n.f.

Effet photochimique en relation avec les radiations ultra-violettes catalysant l'oxydation de produits organiques. La destruction des vitamines B_2, C du lait sous verre blanc après une exposition pendant 1 heure au soleil est respectivement de 40 % et 95 %. Les goûts de lumière sont souvent attribués à des aldéhydes (méthional) et des cétones. La conservation du lait sous emballage opaque atténue considérablement cet effet.
♦ Sunlight effect

LUMINESCENCE n.f.

C'est la propriété de produire de la lumière par un corps non incandescent.

Ex. : fluorescence - phosphorescence.

♦ Luminescence

LUTÉINE n.f.

Pigment appartenant au groupe des xanthophylles autorisé en industrie laitière pour colorer pâtes et croûtes sous le n° E 161.

♦ Lutein

LYASES n.f.

4ème classe d'enzymes qui prélèvent certains groupements sur leur substrat sans hydrolyse mais avec création d'une double liaison. Elles catalysent aussi la réaction inverse : fixation d'un groupement sur un substrat avec suppression de la double liaison ; on les appelle également dans ce cas, synthases. Elles sont faiblement représentées dans le lait.

Ex. : aldolase.

♦ Lyase

LYOPHILISATION (ou cryodessiccation) n.f.

Procédé de deshydratation utilisé pour les substances fragiles. Elle consiste en une congélation à basse température (− 70 °C) suivie d'une sublimation sous vide très poussé des cristaux de glace formés.

Ex. : préparation de levains.

♦ Freeze drying or lyophilization

LYRE n.f.

Nom donné au tranche-caillé utilisé en fromagerie de pâtes cuites (Gruyère, Emmental).

♦ "Swiss harp" or "Lyre"

LYSE n.f.

Destruction d'éléments organiques (tissus, microbes, cellules...) sous l'action d'agents physiques, chimiques, enzymatiques.

Ex. : lyse bactérienne sous l'action des bactériophages

lipolyse : lyse des lipides sous l'action plus spécifique des lipases.

autolyse : destruction ou mort naturelle des cellules.

♦ Lysis

LYSINE n.f.

Acide aminé essentiel à la croissance des animaux et des êtres humains. Elle possède deux fonctions basiques. Elle est dégradée dans les réactions de MAILLARD.

♦ Lysine

LYSOZYME n.m.

Enzyme du groupe des hydrolases qui lyse les parois de certaines bactéries. On l'appelle parfois muramidase. Il peut jouer un rôle immunologique dans la conservation du lait. En quantité faible dans le lait de vache mais importante dans le lait humain (400 mg/l

soit 3.000 fois plus). C'est un facteur important de l'alimentation infantile.

♦ Lysozyme or muramidase

LYUBITELSKII n.m.

Lait fermenté produit et consommé en URSS.

♦ Lyubitelskii

m

MACÉRATION de CAILLETTE n.f.
Voir CAILLETTE.
♦ Rennet extraction from vells by soaking

MACROÉLÉMENTS [du lait] n.m.
Éléments majeurs : calcium, phosphore, sodium, magnésium, potassium... On en trouve quelques centaines de mg/l dans le lait de vache

Mg : 150 mg   Ca : 1200 mg

P : 900 mg

K   : 1500 mg   Na : 500 mg
♦ Macroelement

MAIE n.f.
Ustensile dans lequel on malaxait à la main les grains de caillé avec du sel dans la fabrication du Cantal fermier.
♦ Maie or kneading trough

MAILLARD [réactions de] n.p.
Nom générique d'un ensemble de réactions complexes, se traduisant par un brunissement non enzymatique et par l'apparition d'arômes. Parfois souhaitables (pain d'épice, malt brun), elles sont souvent cause de la détérioration de la valeur nutritive ou organoleptique d'un produit (goût de cuit, de pasteurisé). Globalement les réactions complexes de MAILLARD concernent les sucres réducteurs et des substances azotées et donnant des composés réducteurs (pré-mélanoïdes incolores, mélanoïdes brunes, du gaz carbonique, des composés aromatiques aldehydiques ou cétoniques).
♦ Maillard reaction

MAJEURS [éléments] n.m.
Voir MACROÉLÉMENTS.
♦ Major element

MALAÏ n.m.
Lait concentré non sucré, d'origine indienne, obtenu à partir de lait cuit à petit feu.
♦ Malai

MALATHION n.m.
Insecticide organo-phosphoré.
♦ Malathion

MALAXAGE n.m.
Travail mécanique permettant la soudure des grains de beurre et la pulvérisation de la phase aqueuse, au sein de la matière grasse. Un malaxage correct doit aboutir à la dispersion régulière de gouttelettes de plasma ou d'eau d'un diamètre inférieur à $10\,\mu$, contribuant ainsi à la conservation du beurre (développement réduit ou annulé des microorganismes au sein des gouttelettes) et à l'homogénéité de structure.
♦ Butter working

MALTÉE [saveur] adj.
Accident organoleptique pouvant survenir au lait avec développement d'une saveur de caramel ou de brûlé dû en particulier à *Streptococcus lactis var maltigenes*.
♦ Malty (flavour)

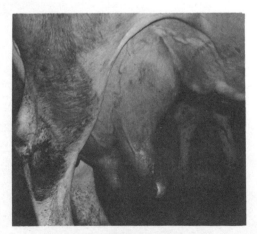

Mammelle atteinte de mammite

MAMELLE n.f.

Organe glandulaire externe rencontré chez la femelle des mammifères secrétant le lait. Appelée encore pis.

♦ Udder

MAMMITE n.f.

Nom général attribué aux infections de la mamelle (on parle parfois de mastite) des animaux producteurs de lait sous l'action d'agents pathogènes microbiens variés. L'infection évolue en trois étapes :

- mammite latente qui ne peut être décélée que par l'examen bactériologique. La réaction cellulaire est négative (taux de cellules/ml lait inférieur ou égal à 5×10^5)
- mammite subclinique non reconnaissable directement mais s'accompagnant de la sécrétion d'un lait anormal. La réaction cellulaire est positive (taux de cellules/ml de lait compris entre 5×10^5 et 10^6). La production de lait est réduite.
- mammite clinique inflammation du pis reconnaissable à l'œil et à la main. Écoulement de liquide purulent et sanguinolent quelquefois. L'animal fait de la fièvre. Le lait a une composition anormale, il est inconsommable. Le taux de cellules/ml de liquide atteint plusieurs millions (supérieur à 5×10^6).

En France 40 % des vaches sont atteintes de mammite. Les mammites latentes et subcliniques sont de loin les plus fréquentes, 20 à 30 fois plus fréquentes que les mammites cliniques. Les germes responsables sont principalement :

- des streptocoques : *Streptococcus uberis, agalactiae* 25 à 30 % des infections
- des staphylocoques : *Staphylococcus aureus* 50 % des infections
- des germes divers : *Escherichia, Corynebacterium, Proteus, Klebsiella, Pseudomonas,* des anaérobies divers et même des levures.

Les méthodes rapides de dépistages des mammites sont :

- les épreuves cellulaires indirectes : test CMT, BMR, WMT
- réaction alcaline du lait sur papier indicateur
- numérations cellulaires au microscope ou au moyen de compteurs électroniques
- dosage des chlorures (chlorure de sodium en particulier supérieur à 1,8 g/l).

Le traitement des infections fait appel massivement aux antibiotiques. Mais seuls les vétérinaires sont habilités à prescrire un traitement efficace.

♦ Mastitis or garget or "felon quarter" or "Chill in the udder" or "Weed" or "Sore udder" or "bad quarter"

MANCHON-TRAYEUR n.m.

L'une des pièces les plus importantes de la machine à traire, en caoutchouc, sa forme de cylindre évidé épouse le trayon. Ils doivent être nettoyés soigneusement après chaque traite. Leur durée d'utilisation n'excède guère plus de 6 mois. Au-delà ils se fissurent et se déforment.

♦ Liner

MANÈBE n.m.

Pesticide thiocarbamique.

♦ Maneb

MANGANÈSE n.m.

Oligo-élément du lait dont la teneur varie saisonnièrement, teneur plus faible au printemps qu'en été. Il participe à de nombreuses activités enzymatiques. Ce qui explique des variations saisonnières d'activités de certains levains lactiques.

♦ Manganese

MANOURI n.m.

Sorte de fromage frais grec fabriqué à partir de lactosérum chauffé et de lait de chèvre (20 %).

♦ Manouri

MARCAIRES n.m.

Nom donné aux fromagers fermiers de la vallée de Munster qui préparent les caillés de Munster lesquels seront affinés hors de la ferme dans des caves coopératives ou industrielles.

♦ Marcaires

MARGARINE n.f.

Produit obtenu par un processus analogue à la butyrification à partir d'une émulsion grasse artificielle ; la matière grasse est composée d'un mélange de graisses animales ou végétales. Les margarines sont actuellement obtenues en émulsionnant les corps gras avec 16 % de lait écrémé.

♦ Margarine

MARIER et BOULET [méthode] n.p.

Méthode colorimétrique de dosage de l'acide citrique dans les produits laitiers après réaction avec la pyridine et l'anhydride acétique.

♦ Marier and Boulet method

MASLEE n.m.

Huile de beurre clarifiée au Moyen-Orient (Ghee).

♦ Maslee

MAST (ou mass) n.m.

Lait fermenté fabriqué en Iran à partir de lait de vache ou de chèvre, de brebis, de bufflesse suivant les disponibilités.

♦ Mast

MASTITE n.f.

Voir MAMMITE.

♦ Mastitis

MATERNISATION du LAIT n.f.
Voir HUMANISATION du lait de vache.
♦ Humanization of milk

MATIÈRES AZOTÉES n.f.
Voir AZOTÉES - PROTIDES - PROTÉINES - ACIDES AMINÉS.
♦ Nitrogenous substances or compounds

MATIÈRES GRASSES n.f.
Voir LIPIDES - GLYCÉRIDES.
♦ Fat

MATURATION n.f.
Terme général désignant les modifications physicochimiques qui apparaissent dans le lait ou les produits laitiers dérivés, soumis à l'action des enzymes microbiennes. On distingue :
- la maturation des fromages caractérisée par la dégradation des constituants sous les actions enzymatiques (protéases, lipases...) conduisant à la production de composés sapides (libération de peptides, d'acides aminés et à une texture caractéristique de la pâte.
- la maturation des crèmes, en particulier pour la fabrication du beurre, qui consiste en une production d'acide lactique et de composés aromatiques sous l'action des ferments, pour favoriser le barattage de la crème et développer la saveur du beurre
- la maturation (réalisée à température basse 10 à 15 °C) du lait destiné à la fabrication des fromages, qui permet sous l'action modérée des ferments lactiques naturels ou sélectionnés ;
- la libération de calcium soluble, nécessaire à la coagulation du lait par la présure,
- la libération de facteurs stimulant les ferments lactiques (peptides, vitamines B en particulier)
♦ Ripening or curing or maturing

MATURATION [coefficient de] n.f.
C'est le pourcentage de l'azote solubilisé (dégradé) par rapport à l'azote total. Au cours de l'affinage ce coefficient augmente graduellement. Il varie suivant le type de fromage :
30 à 35 % après 1 mois pour Camembert et Brie
25 à 30 % après 3 mois pour Gruyère
16 à 20 % pour Saint-Paulin en fin d'affinage.
♦ Ripening factor

MAWA n.m.
Nom parfois donné au Khoa.
♦ Mawa

MAYA n.m.
Nom donné dans les pays slaves au levain du yaourt.
♦ Maya

MAZUN n.m.
Lait fermenté du type yaourt en Arménie. On trouve aussi les termes mazoum et matzoon ou matsun.
♦ Mazun

MÉCANISATION n.f.
Suppression du travail manuel par l'utilisation de machine. L'industrie fromagère a subi depuis quelques années une importante mécanisation et de très nombreux systèmes mécanisés sont apparus :
- en France : pâtes molles : Corblin, Hugonnet (HB), Guérin, Rématom (AMX) ; pâtes pressées : Guérin, Genvrain, Chalon-Megard (DFG).
- en Allemagne : Waldner (pâtes molles et pâtes pressées), Steinecker (pâtes molles), Alpma (pâtes molles).
- en Hollande : Holvrieka, Tebel, Stork-Wolma, Jongia, NIZO - Casomatic (tous pâtes pressées)
- en Italie : Frau (pâte pressée). Sordi (gorgonzola)
- en Tchécoslovaquie : VS (pâte pressée).
- en Suède : Alfa-Laval (tous types de fromages)
- en Finlande : MKT (pâtes pressées) Syrjaenen (pâtes pressées).
- en Norvège : Bergs Maskin (pâtes pressées).
- en Angleterre : NIRD (Cheddar). Croucher Dunn (Cheddar).
- en Australie : Bell-Siro (Cheddar) - Lat-o-matic (Cheddar).
- en Nouvelle Zélande : Cheddarmaster (Cheddar) - Pressmaster (pâtes pressées).
- aux USA : Bongards (Cheddar) - Stoelting brothers (Cheddar) - Ched-o-matic (Cheddard)
♦ Mechanization

MECHNIKOV n.m.
Lait homofermenté préparé à partir de lait de vache ou de bufflesse, consommé en Russie.
♦ Mechnikov

«MEDIUM-HEAT» [poudre] loc. ang.
Poudre de lait écrémé qui a subi un prétraitement thermique moyen ($\simeq$ 70 °C) de telle sorte qu'elle contient entre 1,5 et 6 mg/g d'azote protéique provenant de protéines sériques non dénaturées.
♦ "Medium-heat" milk powder

MÉLANOÏDINES n.f.
Voir MAILLARD (réactions de MAILLARD).
♦ Melanoidins

MELESHINE [procédé] n.p.
Procédé russe de fabrication du beurre en continu à partir de crème concentrée. Très voisin du procédé Alfa.
♦ Meleshine process

MELLORINE n.f.
Produit d'imitation des crèmes glacées, fabriqué aux USA à partir de matières grasses végétales (huile noix de coco, soja, etc...).
♦ Mellorine

MEMBRANE des GLOBULES GRAS n.f.

Enveloppe protectrice formée d'un assemblage de molécules polaires (c'est-à-dire portant un pôle hydrophobe orienté vers l'intérieur des globules gras au contact des glycérides, et un pôle hydrophile orienté vers l'extérieur des globules gras au contact de la phase hydrique), de phospholipides, de cholestérol, de mono et diglycérides, d'acides gras libres, d'enzymes (phosphatases, lipase, catalase...) et de traces de métaux lourds (cuivre). La partie extérieure de la membrane est riche en protéines, en particulier une agglutinine (lacténine L_3), liées par des forces électrostatiques à des phospholipides. Elle porte une charge électrique s'annulant et changeant de signe au point isoélectrique (pH 4,3). La cristallisation des globules gras et le barattage provoquent la rupture de cette membrane, permettant la libération de graisse liquide.

♦ Fat globule membrane

MEMBRANES [de filtration] n.f.

Il en existe 2 types équipant les modules d'ultrafiltration :

- membranes classiques en acétate de cellulose exigeant des précautions pour le nettoyage car certains détergents et antiseptiques les altèrent
- membranes en polymères synthétiques capables de sélectionner les molécules selon leur poids. En laboratoire de contrôle bactériologique, on utilise des membranes en acétate de cellulose. Ces membranes chargées par la filtration de la solution à analyser sont mises à incuber sur un milieu nutritif.

♦ Membrane for separation process

MÉNADIONE n.f.

Voir VITAMINE K.

♦ Menadione

MÉNOVE n.f.

Nom donné au tranché-caillé utilisé pour la fabrication du St-Nectaire.

♦ Menove or breaker or curd knife

MERCURIQUE [chlorure] adj.

Hg Cl_2, conservateur très puissant utilisé pour les échantillons de lait. Mais sa haute toxicité en limite d'usage. On l'appelle aussi sublimé.

♦ Mercuric chloride

MERGUE n.m.

Nom donné au sérum en Auvergne.

♦ Whey or mergue

MESSMÖR n.m.

«Fromage» ou «beurre» de sérum fabriqué en Suède. Il ne contient que 10 % de MG, il est additionné de sucre 6 %. Teneur en eau 35 %.

♦ Messmör

MÉTABOLISME n.m.

Terme général désignant toutes les activités biochimiques des êtres vivants : il regroupe la respiration, fermentation, lipolyse, protéolyse et tous changements biochimiques effectués par les enzymes. On considère 2 voies de métabolisme, le catabolisme (dégradation) et l'anabolisme (synthèse).

♦ Metabolism

MÉTALLOPROTÉINE n.f.

Hétéroprotéine dont la partie prosthétique est constituée par un ou plusieurs atomes de métal.

Ex. : l'hémoglobuline (fer)

la phosphatase alcaline (magnésium)

♦ Metallo protein

MÉTALLOPROTÉINES [dans le lait] n.f.

Protéines du lactosérum qui fixent spécifiquement le fer ou le cuivre. La stabilité de la liaison métal-protéine est assez grande mais cependant réversible. Ces protéines jouent un rôle capital dans le transport des métaux dans l'organisme.

Ex. : la lactoferrine et la transferrine fixent le fer

la céruléoplasmine fixe le cuivre.

♦ Metallo proteins (in milk)

MÉTASILICATE de SOUDE n.m.

Composé chimique entrant dans la composition des produits de nettoyage. Possède des propriétés tensio-actives, émulsifiantes et solubilisantes. De plus, c'est un inhibiteur de corrosion.

♦ Sodium metasilicate

MÉTAUX [solubilisation des] n.m.

Le métal passe d'autant plus vite en solution dans le lait qu'il se forme un couple électrique entre deux métaux, notamment aux points d'usure ou de soudure. Les métaux lourds ont une action catalytique sur l'oxydation des matières grasses (surtout le cuivre). Les protéines et la lécithine en se combinant aux métaux favorisent leur passage en solution et les portent directement au contact des globules gras du lait (oxydation du lait du cuivre à partir de 1,5 ppm). L'étain et l'aluminium sont pratiquement inactifs sur l'oxydation.

♦ Metals (dissolution of)

MÉTHIONAL n.m.

Dérivé de la méthionine par oxydation. Responsable de la saveur solaire du lait. Voir IONISANTS (effets).

♦ Methional

MÉTHIONINE n.f.

Acide aminé soufré indispensable à la nutrition. Décomposé par la chaleur, il libère de l'hydrogène sulfuré et du méthylmercaptan.

♦ Methionine

MÉTHYLCÉTONES n.f.

Composés chimiques volatils très odorants apparaissant dans la maturation des fromages «bleus» et causant la rancidité cétonique des beurres moisis. Sous l'action enzymatique de moisissures telles que *Penicillium glaucum*, le groupe méthyl β des acides gras est oxydé et décarboxylé avec formation de α méthyl-cétone

$$R-CH_2-CH_2-COOH$$
$$\rightarrow R.CHOH-CH_2-COOH$$
$$\rightarrow R-CO-CH_3 + CO_2 + H_2O$$
méthyl cétone

♦ Methyl ketones

MÉTHYLÈNE [bleu de] n.m.

Indicateur coloré de rH. Test au bleu de méthylène. Voir RÉDUCTASE
♦ Methylene blue

METTON n.m.

Caillé fermenté pendant une semaine pour former une pâte jaune foncé coulante. Rentre dans la formation de la cancoillotte.
♦ Metton

MEULE n.f.

Terme désignant des pièces de fromage de grand format tels Emmental, Gruyère, Comté, etc...
♦ Cheese loaf or cheese wheel

MICELLE n.f.

État physique caractéristique des colloïdes, caractérisé par de grosses molécules en suspension dans un liquide, invisibles au microscope optique. Sous forme stable, elles portent une charge électrique de même nature assurant leur répulsion réciproque.
Ex. : la caséine du lait, l'albumine.
Lorsque cette charge est annulée, il se produit le phénomène de la coalescence aboutissant à la floculation.
♦ Micelle

MICIURATA n.m.

Lait homofermenté consommé en Sardaigne.
♦ Miciurata

MICROBE n.m.

Microorganisme unicellulaire.
♦ Microbe

MICROBIOLOGIE n.m.

Science traitant des microorganismes (bactériologie - mycologie - virologie).
♦ Microbiology

MICROCOCCUS n.m.

Nom du genre attribué aux microcoques.
Ex. : *Micrococcus caseolyticus*
♦ Micrococcus

MICROCOQUES n.m.

Bactéries banales, mésophiles généralement, Gram positives, de forme sphérique (cocci) rassemblées en amas. Appartiennent à la famille de *Micrococcaceae* (BERGEY). Généralement aérobies, ne fermentent pas le glucose, faiblement producteurs d'acide, non pathogènes. Jouent un rôle intéressant dans la maturation du lait de fromagerie car sous l'action limitée de leurs enzymes protéolytiques, des peptides et acides aminés, jouant le rôle d'activateurs de croissance des ferments lactiques, sont libérés. Ils influent sur le résultat de la réductase.
♦ Micrococci

MICROENCAPSULATION n.f.

Voir COACERVATION
♦ Microencapsulation

MICROFLORE n.f.

Voir FLORE MICROBIENNE.
♦ Microflora

MICRONISÉ [lait] adj.

Lait dans lequel les globules gras sont réduits à une très petite dimension (1 à 2 μ) et dispersés uniformément dans le liquide. Voir HOMOGÉNÉISÉ.
♦ Homogenized (milk)

MICRO-ONDES n.f.

Procédé de séchage ou de cuisson d'aliments en particulier, basé sur le principe des ondes électromagnétiques très courtes (ondes radar) qui provoquent un changement d'orientation des molécules bipolaires de l'eau selon une fréquence élevée. Sous l'effet de ce mouvement, un échauffement intense et très rapide se produit de façon homogène dans la masse du produit contenant des molécules d'eau.
♦ Microwaves

MICRO-ORGANISME n.m.

Organisme vivant animal ou végétal de taille submicroscopique visible uniquement au moyen d'un microscope.
♦ Microorganism

MIGNAUT n.m.

Cuve circulaire étamée pour le caillage dans la fabrication fermière de maroilles.
♦ Mignaut or tinned curdling tub

MIGNOT-PLUMEY [procédé] n.p.

Procédé français de séchage du lait par cylindres (tambours) rotatifs. Originalité : l'appareil se compose d'un gros cylindre chauffé et d'un plus petit non chauffé qui seul baigne dans le lait préconcentré.
♦ Mignot-Plumey process

MILIEU de CULTURE n.m.

Support nutritif employé pour les cultures microbiennes. On distingue :
- des milieux naturels ou empiriques tels qu'on les rencontre dans la nature.

Ex. : le sang, pain, ..., le lait, lactosérum. Caractérisés par une composition variable mal définie. Utilisation d'eau naturelle pour le milieu si nécessaire.

- des milieux artificiels obtenus à partir d'ingrédients naturels du commerce selon des proportions définies.
  Ex. : bouillons de culture microbiens (peptone, extrait de viande, de levures...). Utilisation d'eau distillée dans la préparation.

- des milieux synthétiques dont tous les éléments sont des corps chimiques purs mis en solution et dont la molarité est parfaitement définie. Ou bien milieux déshydratés dont chaque élément de leur composition est rigoureusement connu. Utilisation d'eau pure distillée mais non déminéralisée dans la préparation.
  Ex. : milieu de Raulin pour les levures
  milieu au désoxycholate lactose agar pour la culture des coliformes.

Il existe des milieux sélectifs, électifs, différentiels pour la culture de certaines espèces microbiennes.

♦ Nutrient medium or medium (pl. media)

MILLE TROUS n.m.

Accident rencontré en fromagerie pâte pressée cuite ou non cuite. Caractérisé par la présence de très nombreux petits trous, l'accident se manifeste aussi par un gonflement précoce dit gonflement sous presse. Dû aux levures, à *Lactis aerogenes* ou *Escherichia coli*.

♦ Cheese with many pinholes or Nissler cheese or "Nissler"

MILTONE n.m.

Produit indien de remplacement du lait préparé à partir du lait, protéines et matières grasses végétales, sucres, émulsifiants et stabilisants.

♦ Miltone

MINARINE n.f.

Graisse de table à tartiner (margarine) composée principalement d'eau et de graisses et huiles comestibles non uniquement dérivées du lait dont la teneur en MG est voisine de 40 %.

♦ Minarine

MINÉRALES [matières] adj.

Voir CENDRES.

♦ Minerals or ash

MINÉRAUX [éléments] adj.

Les laits de vache et de chèvre ont une composition minérale semblable : le potassium est l'élément dominant. Au contraire, dans le lait de brebis, le calcium et le phosphore dominent.

Les teneurs du lait en phosphore et en calcium sont d'autant plus grandes que la vitesse de croissance du jeune est plus rapide. L'alimentation influe peu sur la teneur en minéraux du lait même lorsque se produit une carence. Au cours de la lactation, la teneur en minéraux varie un peu excepté pour le magnésium, les teneurs en sodium et potassium varient en sens inverse. Le colostrum et les laits mammiteux présentent des compositions minérales différentes de celles du lait normal. Méthodes de dosage :

- par photométrie au moyen de spectrophotomètres (spectrophotomètre de flamme, d'absorption atomique)
- électrométriques au moyen d'électrodes spécifiques spéciales (délicates) et qui ne dosent que les minéraux sous forme ionique.
  Ex. : Ca^{++}, Na^+, K^+.

♦ Mineral elements

MINÉRAUX [sels] adj.

On les rencontre dans le lait sous forme de solutions salines moléculaires ou ioniques ou encore sous forme colloïdale lorsqu'ils sont associés à la caséine. On trouve principalement des sulfates, chlorures, phosphates, citrates de calcium, sodium, magnésium, potassium. Dans le lait de vache, ils représentent 8 à 9 g/l répartis ainsi :

2 g   de chlorures (sodium et potassium)
3,3 g de phosphates (mono, dipotassique, trimagnésien, dicalcique)
3,2 g de citrates (tripotassique, trimagnésien, tricalcique)
0,25 g de bicarbonate de sodium
0,18 g de sulfate de sodium
0,60 g de chaux combinée à la caséine.

Méthode de dosage :
- par titration :
  Ex. : dosage des chlorures par le nitrate d'argent (CHARPENTIER et VOHLARD)
- électrométrique, au moyen d'électrode spécifique.
  Ex. : chlorure

♦ Salts

MINEURS [éléments] adj.

Voir OLIGO-ÉLÉMENTS

♦ Minor elements or trace elements

MISCIBILITÉ n.f.

Aptitude que possèdent certains liquides de se mêler en formant un mélange homogène. Ces liquides sont dits «miscibles».

Ex. : l'eau et l'alcool sont miscibles à toute proportion.

♦ Mixability

MISE EN CAILLE n.f.

Nom donné parfois au caillage.

♦ Clotting

MITE n.f.
Autre nom donné au ciron.
♦ Cheese mite

MITZITHRA n.m.
Sorte de fromage grec fabriqué à partir du lactosérum chauffé.
♦ Mitzithra

MIX [des crèmes glacées] n.m.
Désigne le mélange des ingrédients de base constituant les crèmes glacées, destiné à être pasteurisé et homogénéisé. Il s'agit de :
- crème fraîche
- lait concentré écrémé
- sucre
- stabilisants

Les colorants et les arômes ne constituant que les additifs, ils ne sont apportés qu'après pasteurisation.
♦ Mix

«MLADOST» n.m.
Lait fermenté produit et consommé en Bulgarie
♦ ''Mladost''

MMV [procédé Mocquot, Maubois, Vassal] abv. n.p.
Technique de séparation des substances macromoléculaires au moyen de membranes d'ultrafiltration pour la fabrication du fromage. Par ce procédé, on limite l'égouttage et on peut doser exactement l'extrait sec des fromages. Ne convient pas pour le lait gras.
♦ MMV process

MOISISSURES n.f.
Champignons microscopiques constitués essentiellement par un appareil végétatif filamenteux, le mycélium renfermant une membrane cytoplasmique mobile avec de nombreux noyaux (eucaryotes). Souvent le mycélium porte des éléments aériens sur lesquels naissent les conidies ou spores. Aérobies, on les rencontre en laiterie à la surface ou dans les cavités aérées de milieux de culture en voie d'acidification lactique qu'ils alcalinisent en consommant l'acide lactique. On les classe suivant leur morphologie :
- mycélium cloisonné : Ascomycètes
  - reproduction sexuée : formation d'asques contenant les spores.
    Ex. : *Aspergillus (Aspergillus glaucum)*
  - reproduction asexuée : formation de spores exogènes ou conidies
    Ex. : Les *Penicillia : glaucum, candidum, album.*
- mycélium non cloisonné : syphomycètes ou phycomycètes dont les spores sont contenues dans le sporange.
  Ex. : *Rhizopus : nigricans, stolonifer...*
  Mucor : mucedo, plombeus.

- champignons imparfaits : ou fungi imperfecti ou deutéromycètes
  Ex. : *Monilia, Candida...*

Certaines moisissures secrètent des substances antibiotiques.
Ex. : *Penicillium notatum* (pénicilline)
En laiterie on les sélectionne pour former des levains fongiques utilisés en fromagerie de pâtes molles et pâtes persillées principalement.
♦ Moulds (U-K) or molds (Amer)

MOJONNIER [méthode] n.p.
C'est une adaptation américaine de la méthode pondérale Röse-Gottlieb (extraction à l'éther) pour le dosage de la matière grasse. Elle est surtout utilisée pour les laits concentrés. Il existe aussi une méthode Mojonnier pour la détermination de l'extrait sec des laits concentrés : passage sur une plaque chauffante à 180 °C et ensuite dans un four sous vide à 100 °C.
♦ Mojönnier method

MOLÉCULE n.f.
C'est la plus petite fraction d'un corps qui possède toutes les propriétés de ce corps.
Ex. : une molécule d'eau est composée d'un atome d'oxygène et de deux atomes d'hydrogène.
♦ Molecule

MONILIA n.f.
Fungi imperfecti, est appelée parfois *Candida*. Cellule plus ou moins ovoïde présentant des bourgeons.
♦ Monilia

MORGE n.f.
Pellicule superficielle des gruyères séjournant en cave chaude, visqueuse et de couleur brunâtre. Elle résulte de la prolifération superficielle de bactéries protéolytiques parmi lesquelles on trouve le *Bacterium linens.*
♦ Smear

MORINAGA [procédé] n.p.
Procédé japonais de déminéralisation du lait et du lactosérum par électrodialyse avec des membranes à perméabilité sélective.
♦ Morinaga process

MOSKOVSKII n.m.
Lait homofermenté (par *Lactobacillus acidophilus*) produit et consommé en URSS.
♦ Moskovskii

MOUILLABILITÉ n.f.
C'est l'aptitude d'un liquide à s'étaler, à se répandre et à adhérer à une surface déterminée. On dit aussi pouvoir mouillant.
♦ Wettability or wetting power

MOUILLABILITÉ [des poudres de lait] n.f.
C'est l'aptitude que possède le lait en poudre à se laisser pénétrer par de l'eau, sans agitation, à une température donnée.
♦ Wettability of milk powder

MOUILLAGE du LAIT n.m.
Addition d'eau au lait à caractère frauduleux ou accidentel. Voir CMS.
♦ Watering of milk or adulteration of milk with water

MOUILLANTS [produits] adj.
Voir TENSIO-ACTIFS.
♦ Wetting agents

«MOUILLÈRES» n.f.
Accident rencontré en fromagerie pâte pressée (Cantal). Il caractérise un fromage qui ne s'est pas égoutté régulièrement. Le sérum se rassemble sous la croûte du fromage formant des zones humides pendant l'affinage.
♦ Whey-spots or whey-spotted cheese

«MOUISADOU» n.m.
Nom local de l'instrument permettant de regrouper les grains de caillé pour faire la «tome» dans la fabrication fermière du St-Nectaire. On trouve aussi le terme musadour.
♦ ''Mouisadou''

MOULE à FROMAGE n.m.
Ustensile donnant au fromage sa forme (origine de son nom). Ce sont soit des cuvettes percées, soit des cylindres perforés, soit de simples ceintures permettant de retenir le caillé tout en laissant s'égoutter le lactosérum. Le matériau constitutif est de nature diverse (bois, fer étamé, aluminium, plastique...). Dans les procédés mécanisés on emploie le multimoule, constituant un ensemble de moules groupés sous une plaque de distribution et placée sous l'orifice d'écoulement de la cuve.
♦ Mould or form or hoop

MOURETTE à GODET n.f.
Ustensile permettant le prélèvement d'échantillons de lait. Il est constitué par un disque perforé qui permet le brassage, surmonté d'un godet pour prélever l'échantillon, le tout étant fixé à une longue canne. Volume du prélèvement 200 ml.
♦ Sampling plunger dipper

MOURTA n.m.
Nom donné en Égypte au sous-produit (résidu) obtenu lors de la fabrication du samma.
♦ Mourta

MOUSSAGE n.m.
Phénomène de formation de mousse dans le lait violemment agité (émulsion d'air). A 30 °C la tension superficielle diminuant, la tendance au moussage s'accroît. Il tend à favoriser la lipolyse.
♦ Foaming

MOUTURE n.f.
Farine ou gruaux résultant du concassage de grains. Terme utilisé pour les céréales mais aussi pour la caséine séchée.
♦ Grits or groats

MUCOR MIEHEI n.m.
Moisissure banale thermophile du sol dont on extrait un succédané de la présure, utilisé pour la coagulation du lait en fromagerie.
♦ Mucor miehei

MUCOR MUCEDO n.m.
Moisissure nuisible qui provoque des accidents de fromagerie, appelé «poil de chat» car le sporange noir forme une boule au bout d'un long filament (Stipe).
♦ Mucor mucedo

MUCOR PUSILLUS n.m.
Moisissure voisine de *Mucor miehei* dont on extrait une enzyme coagulante du lait.
♦ Mucor pusillus

MULLER et HAYES [procédé] n.p.
Voir REVERSE PRÉCIPITATION (procédé).
♦ Muller and Hayes process

MULSION n.f.
Autre mot désignant la traite.
♦ Milking

MULTIMOULE n.m.
Voir MOULES.
♦ Multi mould or moulding-block

MURAITCU n.m.
Beurre fondu de brebis fabriqué en Roumanie à partir de crème de sérum (de cashcaval) barattée et fondue à petit feu.
♦ Muraitcu

MURAMIDASE n.f.
Voir LYSOZYME.
♦ Muramidase

MURIATIQUE [acide] n.m.
Nom donné autrefois à l'acide chlorhydrique.
♦ Muriatic acid or hydrochloric acid

«MUSADOUR» n.m.
Voir «MOUISADOU».
♦ Musadour

MUTAROTATION n.f.
Phénomène physique lié au pouvoir rotatoire du lactose en solution dans l'eau ordinaire. A température ambiante la rotation spécifique baisse lentement de $+89°$ à $+55°$ en 24 heures et en milieu neutre. A pH 9 la transformation est plus rapide. Ce phénomène est dû au passage de la forme α à la forme β jusqu'à l'obtention d'un équilibre.
♦ Mutarotation

MUTATION n.f.

Variation de certaines propriétés observées chez les cultures bactériennes soumises à des actions chimiques, physiques ou autres... Il y a apparition de mutants.

♦ Mutation

MYCOBACTERIUM TUBERCULOSIS n.m.

Bacille tuberculeux encore rencontré dans le lait des animaux laitiers mais ne s'y développant pas. Pathogène, il peut transmettre la maladie par ingestion de lait contaminé. Il doit être détruit par tous les procédés de pasteurisation.

♦ Mycobacterium tuberculosis

MYCOTOXINE n.f.

Toxine produite par des champignons ou moisissures.

Ex. : aflatoxine.

♦ Mycotoxin

MYSOST n.m.

Fromage de sérum bouilli non gras consommé en Finlande.

♦ Mysost

Vache de race normande

NAJA n.m.

Nom donné en Bulgarie à un lait fermenté de type lactique voisin du yaourt. On trouve aussi le terme Naga.

♦ Naja

NATTE n.f.

Nom donné parfois au store. Voir STORE.

♦ (Cheese) mat or cheese draining mat

NÉOMYCINE n.f.

Antibiotique que l'on retrouve dans le lait, actif surtout contre les gram négatifs et légèrement contre les gram positifs. Thermostable (15 à 50 %, détruit par un chauffage de 20 mn à 120° dans le lait).

♦ Neomycin

NÉPHÉLOMÈTRE n.m.

Appareil servant à mesurer la concentration d'une émulsion d'après sa transparence. Il sert aussi à apprécier la brillance d'un liquide après passage sur un filtre par exemple.

♦ Nephelometer

NETTOYAGE n.m.

Opération consistant à éliminer des surfaces, toutes traces de souillure provenant du contact avec toutes sortes de denrées, en particulier alimentaires : dépôts de lait (matière grasse, matières azotées, sels minéraux...). Des dispositions légales réglementent le nettoyage du matériel destiné à recueillir les denrées alimentaires (ex. circulaires du 15.10.1962 et du 22.2.1968). A cette fin on utilise en solution des produits chimiques détergents dont la composition comprend :
- des produits mouillants.
  Ex. : métasilicate de soude, phosphate trisodique, Alkyl-arylsulfonate
- des produits émulsifiants
  Ex. : alkyl-arylsulfonate, hexamétaphosphate de soude
- des produits solubilisants ou peptisants.
  Ex. : carbonate de soude, soude caustique
- des produits adoucissants.
  Ex. : hexamétaphosphate de soude
- des produits inhibiteurs de corrosion
  Ex. : métasilicate de soude

Les facteurs intervenant pour un bon nettoyage sont :
- la température qui est fonction du matériau à nettoyer et de la nature du produit utilisé. Pour les produits alcalins, elle peut atteindre 80 °C. Pour les produits acides (acide nitrique passivé) elle ne doit pas dépasser 65 °C.
- la dose utile : 1 % pour la soude, 0,5 à 0,8 % pour l'acide nitrique
- la durée d'action généralement 15 à 20 mn.
- le pH est réglé en général par la combinaison du produit
- l'action mécanique : le brassage ou la turbulence.
- la dureté de l'eau, à cet effet on utilise des séquestrants pour les eaux dures.
- le rinçage destiné à éliminer toute trace de produit
- l'état de la surface à nettoyer. Une surface lisse, non corrodée, c'est-à-dire ne présentant pas de cavités est plus facilement nettoyée.

Le nettoyage doit toujours précéder la désinfection et, de plus en plus, on ne les dissocie plus car il existe des produits qui sont en même temps détergents et désinfectants.

♦ Cleaning

NEUTRALISATION [des produits laitiers] n.f.

C'est une des méthodes de la désacidification des crèmes beurrières, rapide et peu coûteuse qui consiste à neutraliser les acides (lactique principalement) par une base dans le but suivant :
- élever le pH au-dessus de 5 pour permettre la pasteurisation et le développement par la suite des ferments lactiques et aromatisants
- atténuer le goût aigre
- réduire les risques d'oxydation de la matière grasse.

Les agents neutralisants sont :
- la soude communément employée, la chaux et la magnésie.

L'acidité de la crème est calculée sur le non-gras.

En fromagerie, l'acidité de la pâte des fromages est neutralisée par :
- la chaux
- les levures et les moisissures acidivores
- l'ammoniac produit par la désamination des protéines sous l'action des bactéries alcali nisantes (ferment du rouge ou *Bacterium linens*)
- la potasse des cendres de bois servant à recouvrir certains fromages (Olivet...) Voir DÉSACIDIFICATION

♦ Neutralization or deacidification

NEUTRALITÉ n.f.

État d'un corps neutre au point de vue électrique. Du point de vue chimique une solution neutre a un pH de 7,0.

♦ Neutral state or neutrality

NEW-WAY [procédé] n.p.

Procédé australien de fabrication du beurre en continu. Le malaxeur se compose d'une chambre munie d'un enrobage contenant deux cylindres creux à surface dentée. Le principe consiste en la modification du globule gras par pression et la réfrigération libère la matière grasse en une phase continue qui est ensuite malaxée pour réaliser l'inversion de phase.

♦ New-Way process

NIACINE (ou nicotinamide) n.f.

Vitamine PP. Amide nicotinique constituant des nucléotides. Le tryptophane est le précurseur de cette vitamine antipellagreuse.

♦ Nicotinic acid or niacin or nicotinamide

NICOMA [procédé] n.p.
Voir NIZO (procédé).
♦ Nicoma process

NIRO [procédé] n.p.
Procédé danois de séchage du lait par atomisation et procédé d'instantanisation de poudre de lait par humidification dans une chambre cylindro-conique, séchage et refroidissement sur lit fluidisé vibré (vibrofluidizer).
♦ Niro process

NISINASE n.f.
Enzyme endocullulaire produite par certaines bactéries lactiques et des staphylocoques, inactive spécifiquement la nisine.
♦ Nisinase

NISINE n.f.
Antibiotique produit par certaines bactéries lactiques (*Streptococcus lactis*) lorsqu'elles sont cultivées dans certaines conditions de température notamment (à 30° la nisine produite par *Streptococcus lactis* est active sur *Streptococcus agalactiae*). Thermostable, elle est employée dans les industries alimentaires pour lutter contre certains germes producteurs de gaz, d'acides et de toxines (*Clostridia*). Utilisée dans les fromages fondus.
♦ Nisin

NITRATES n.m.
Sels de l'acide nitrique (HNO_3). Certains laits destinés à la fabrication de fromages à pâtes pressées sont additionnés de nitrates de potasse (KNO_3) pour éviter les gonflements (pratique interdite en France).
♦ Nitrates

NITRIQUE [acide] adj.
Monoacide. Il libère un ion H^+ en solution.
$$HNO_3 \rightarrow H^+ + NO_3^-$$
Ses sels sont appelés nitrates. Très dangereux à l'état concentré. Il dissout les matières minérales (tartre, pierre de lait) ; dilué à 0,7 % il est employé en industrie laitière pour le nettoyage des installations en acier inoxydable. Pour le diluer, il faut ajouter l'acide dans l'eau afin d'éviter les projections. (Ne pas faire l'inverse). Parfois appelé dans le commerce «eau forte».
♦ Nitric acid

NITRITES n.m.
Sels de l'acide nitreux (HNO_2). Toxiques. Peuvent apparaître sur les fromages à croûte émorgée sous l'action réductrice de certains germes à partir des nitrates (salpêtre et KNO_3) ou par oxydation de l'ammoniac (cas des *Nitrosomonas*). Ils peuvent produire sur la pâte des colorations rougeâtres, vineuses, dénommées «rouge des tablards».
♦ Nitrites

NITROSAMINES n.f.
Composés obtenus par réaction entre les nitrites et les acides aminés. Pouvant se rencontrer dans des produits laitiers, elles auraient une action cancérigène.
♦ Nitrosamines

NIZO [procédé] n.p.
Procédé hollandais fondé sur les travaux de BERRIDGE permettant de coaguler en continu, le lait maturé refroidi et emprésuré, en le réchauffant brusquement à 30 °C dans un échangeur à plaques. La séparation caillé-sérum se fait au moyen d'un tambour rotatif perforé. Ce procédé est encore appelé Nicoma.
♦ Nizo process

NOIR AMIDO n.m.
Colorant sulfonique utilisé pour le dosage rapide colorimétrique des protéines du lait. On trouve aussi les noms de noir amide, amidoschwartz ou amidoblack.
♦ Amido black

NOMBRE D'OR n.m.
Nombre proposé par Zsigmondy pour définir l'efficacité de l'action protectrice d'un colloïde. C'est la quantité, exprimée en mg, de colloïde capable d'empêcher le changement de couleur (passage au violet par floculation) d'une solution standard d'or colloïdal (or rouge). Plus le nombre est faible, plus l'effet protecteur est important.
Ex. : pour la gélatine nombre entre 0,005 et 0,01
pour les albumines du lait nombre entre 0,02 et 0,04.
♦ "Golden number"

NON-GRAS [du beurre ou de la crème] n.m.
Désigne la fraction ne renfermant pas de matière grasse et comprenant : l'eau et les matières sèches non grasses (protéines, sels minéraux, lactose, vitamines hydrosolubles...). La législation autorise 2 % de non gras sec au maximum dans le beurre.
♦ Non fat substance

NON-IONIQUES [détergents] adj.
Ce sont des composés organiques qui en solution ne s'ionisent pas contrairement aux cationiques ou anioniques. Ils sont stables en milieu acide et basique et présentent un groupement hydrophile. On trouve parmi ceux-ci :
- des esters d'acide gras et de polyalcools
- des alcools polymères
- des condensats d'oxyde d'éthylène sur du nonylphenol ou de l'octylphenol.
Le pouvoir mouillant croit avec la longueur de la chaîne. Ils sont biodégradables.
Ex. : les plus connus sont les Spans et les Tweens (tween 80).
♦ Non ionic

NORMALISATION n.f.
Voir STANDARDISATION.
♦ Normalization

NORTH [procédé] n.p.
Procédé de fabrication d'huile de beurre solide ou de beurre fondu solidifié (dry butterfat pour les Anglo-saxons).
♦ North process

NPN [Non Protein Nitrogen] abv. n.m.
Terme anglais désignant les matières azotées non protéïques. Elles forment une partie peu abondante dans le lait et comprennent un grand nombre de substances dont le poids moléculaire est inférieur à 500. Ces substances sont dialysables et ne sont pas précipitées avec les protéines ; elles comprennent : les acides aminés libres, l'urée, la créatine, des nucléotides. On rencontre des teneurs de 1,1 à 2,9 g/l dans le lait de vache. La teneur dans les fromages est plus élevée et dépend du type de fabrication, de l'enzyme coagulante employée.
♦ NPN (Non Protein Nitrogen)

NUCLÉOTIDES n.m.
Substances protidiques phosphorées jouant un rôle important dans la biosynthèse des constituants du lait. Elles ont pour précurseurs des bases azotées et l'acide orotique. Le lait de vache en contient peu.
♦ Nucleotides

NUMÉRATION n.f.
Technique de dénombrement bactérien ou leucocytaire dans le but d'apprécier la qualité hygiénique du lait. Deux types de méthodes sont proposés, les méthodes directes et les méthodes indirectes.
1. Méthodes directes :
   - cultures sur milieux nutritifs gélosés
   Ex. : flore totale aérobie mésophile incubée à 30° pendant 72 h - flore totale psychrotrophe cultivée à 7 °C pendant 10 ou 14 jours.
   - ensemencement au moyen des dilutions
   - ensemencement simplifié au moyen de l'anse calibrée de Burri (méthode THOMPSON)
   - numération directe sous le microscope (méthode de BREED).
2. Méthodes indirectes :
   - épreuves basées sur le potentiel d'oxydo-réduction : réductase (réduction de colorants)
   - acidité —pH
   - épreuve à l'alcool
   - épreuve de l'ébullition
   - lactofermentation
♦ Bacterial (or cell) count or counting or enumeration

NUTRITIVE [valeur] adj.
Capacité que possède un aliment de couvrir les besoins nutritionnels. Le lait est un aliment équilibré et complet qui a une haute valeur nutritive ; en effet, il couvre une grande partie des besoins nutritionnels de l'homme. (tableau ci-dessous).
♦ Nutritive value

Pourcentages des principaux besoins journaliers de l'organisme couverts par 500 ml de lait.

Composants	Enfant (2 à 6 ans)	Homme (22 à 35 ans)
Calories (50 % par lipides) (50 % par glucides)	25	13
Protéine	34	22
Minéraux		
Fer	2	1
Calcium	69	86
Magnésium	50	25
Vitamines		
A (Retinol)	29	17
D (Cholecalciférol)	3	—
B_1 (Thiamine)	33	17
PP (Niacine)	40	31
B_2 (Riboflavine)	95	48
B_{12} (Cyanocobalamine)	90	60
C (Acide ascorbique)	13	10

OCCLUSION n.f.

Absorption de gaz par des solides. Ce terme se rencontre surtout dans les laits en poudre où on peut avoir des occlusions d'oxygène.
♦ Occlusion

OCTÈNE1-OL-3 n.m.

Parfois noté OCTENOL 1–3. Alcool insaturé à 8 atomes de carbone qui a la saveur de champignon. Problablement métabolisé par le *Penicillium caseicolum,* il proviendrait de l'acide linoléique. Élément caractéristique de l'arôme du camembert.
♦ 1 octen 3-ol

OCYTOCINE n.f.

Hormone post-hypophysaire provoquant la contraction des acini de la glande mammaire ; ce qui a pour résultat l'expulsion complète du lait vers les conduits de la citerne. En son absence on ne peut extraire que 30 à 40 % du lait chez la vache et 80 % chez la chèvre ou la brebis. La sécrétion de cette hormone résulte d'un réflexe nerveux déclenché par un ensemble de stimuli : bruits familiers précédant la traite, massage du pis... Son action est fugace : quelques minutes. L'adrénaline secrétée en cas de frayeur de l'animal inhibe la décharge d'ocytocine.
♦ Ocytocin or oxytocin

ODEUR n.f.

Appréciation sensorielle résultant d'une excitation des cellules olfactives du nez par des substances chimiques volatiles.
Ex. : alcools, aldéhydes, acides, cétones, gaz...
(voir tableau page suivante).
♦ Smell or odour (UK) or odor (Amer)

OÏDIUM LACTIS n.m.

Voir *Geotrichum candidum*.
♦ Oidium lactis

OLÉIQUE [acide] adj.

Acide gras monoinsaturé en C18. Constituant très important de la matière grasse du lait (23 % des acides gras).
♦ Oleic acid

OLIGOÉLÉMENTS n.m.

Éléments qui n'interviennent qu'à dose très faible dans le métabolisme des êtres vivants, mais ils sont souvent nécessaires à leur croissance et à leur développement.
Ex. : manganèse, cobalt, zinc, bore...
Ils sont dosés par spectrophotométrie d'absorption atomique. Leur présence dans le lait est de l'ordre de quelques μ g/l :
Fe : 450 μ g l
Mn : 22 μ g/l
Co :   1 μ g/l
Cu : 130 μ g/l
♦ Oligoelements or trace elements

Ouverture dans un gruyère

Classification des odeurs et saveurs rencontrées dans le lait

	Nature	Cause(s)
Normale	• légèrement butyrique et cétonique	Teneur en acides gras à courte chaine (butyrique, caprique, caprylique) et en composés cétoniques (acétone, ac. acétoacétique), un peu plus élevée que la normale.
Anormale Physiologique	• fortement butyrique	Mauvais métabolisme des acides gras
	• salée	Teneur en chlorures élevée
	• Odeur de plantes, d'aliments (nuances très diverses)	Alimentation mal contrôlée (ail, choux, ensilage, navet, oseille, etc...)
Enzymatique	• rance	Lipolyse de la matière grasse
	• amère	Protéolyse des matières azotées
Chimique	• saveur oxydée (suiffage)	Oxydation de la matière grasse
	• saveur solaire	Irradiation aux UV, exposition aux rayons solaires
	• goût de brûlé ou de cuit	Formation de composés sulfhydryles action de la chaleur sur les protéines
Bactériologique	• acidulée, aigrelette, tournée	Bactéries lactiques (streptocoques)
	• maltée, goût de caramel	*Streptococcus lactis var maltigenes*
	• putride, malpropre	Enterobacteries et streptocoques fécaux
	• alcoolique	Levures
	• moisie	Moisissures
	• diverses nuances fruitées	Levures et *Pseudomonas*
	• amère	*Bacillus, Micrococcus casei, Torula amara*
Technologique	• paraffine	
	• savon	Mauvaise utilisation du matériel, mauvaise ambiance, nettoyage mal conduit
	• chlore	
	• peinture	

OLIGOSIDES (ou oligo-saccharides) n.m.
Présents dans le lait en faible quantité mais ayant un grand intérêt biologique. Ce sont des substances formées de plusieurs molécules d'oses (jusqu'à 10) liées par des liaisons osidiques. On distingue :
- les oligosides simples avec les diholosides comme le lactose, le saccharose, le maltose, les triholosides tels le raffinose et le melezitose et les tetraholosides tel le stachyose.
- les oligosides non azotés contenant du glucose, du galactose et un méthylpentose (le fucose).
  Ex. : le gynolactose, l'allolactose.
- les oligosides contenant un sucre azoté (la N-acétylglucosamine)
- les oligosides contenant l'acide neuraminique (acide sialique).

Ils peuvent avoir une activité inhibitrice envers la croissance de certaines bactéries (*Escherichia coli, Staphylococcus aureus*). On trouve aussi parfois le terme oligo-holosides. Remarque : le terme polyosides ou polyholosides (ou poly-saccharides) est réservé aux molécules contenant un grand nombre d'oses.
♦ Oligo saccharides

OOSPORA LACTIS n.m.
Autre nom de l'*Oïdium lactis.*
♦ Oospora lactis

«OPEN BOOK» [réfrigérant] n.p.
Réfrigérant à ruissellement. Le lait ruisselle extérieurement sur des plateaux réfrigérés intérieurement ; ces plateaux sont enfermés dans une armoire pour éviter la contamination et peuvent être dépliés au moment de l'emploi.
♦ "Open book" cooler

OPSONINE n.f.

Anticorps spécifique qui induit la phagocytose de la bactérie par les leucocytes polynucléaires.
♦ Opsonin

OPTIQUES [propriétés] adj.

Qui ont une relation avec les phénomènes de radiations lumineuses.
1. Transmission de la lumière
    Le lait ne présente pas d'absorption caractéristique dans la partie du spectre correspondant à la lumière visible c'est-à-dire pour des longueurs d'onde allant de 400 à 700 nm. Par contre certaines substances organiques (protéines, matières grasses, lactose) lui confèrent des propriétés d'absorption caractéristiques dans les zônes de l'ultra-violet au-dessous de 300 nm et dans les zônes de l'infra-rouge au-dessus de 750 nm. Les photomètres permettent de mesurer la concentration de ces substances organiques.
2. La couleur, la turbidité
    Le lait est opalescent. La teneur en matière grasse et en protéines peut être déterminée au moyen d'opacimètres et de turbidimètres.
3. La réfraction. L'indice de réfraction varie en fonction de la concentration et de la nature des substances dissoutes. A 20° l'indice du sérum du lait pur est compris entre 1,3419 et 1,3427.
4. Le pouvoir rotatoire. Il définit l'aptitude de certaines molécules à dévier la lumière polarisée.
♦ Optical properties

ORANGÉ G n.m.

Colorant sulfoné utilisé pour le dosage colorimétrique rapide des protéines du lait.
♦ Orange G

ORGANISMES LAITIERS n.m.

Parmi les organismes qui peuvent intervenir dans le domaine laitier, on peut citer :

STIL
Service Technique Interprofessionnel du Lait. Créé en 1953, il était chargé :
- d'effectuer tous travaux de laboratoire portant sur la qualité du lait et les produits laitiers, contrôle des beurres et des produits laitiers destinés à l'exportation et des produits achetés ou stockés par INTERLAIT.
- apporter son concours aux professionnels laitiers.
- de rassembler tous renseignements statistiques.
Ce service a cessé d'exister depuis 1970, mais on trouve encore parfois le sigle en lieu et place du BIL.

INTERLAIT
Société Interprofessionnelle du Lait et de ses dérivés. Créée en 1954. C'est une société d'intervention dont le rôle essentiel est de faire en sorte que les prix des produits laitiers se maintiennent à un niveau tel que les usines de fabrication puissent payer le lait aux producteurs au prix indicatif fixé par le gouvernement.

FORMA
Fonds d'Orientation et de Régulation des Marchés Agricoles. Créé en 1961, il intervient dans l'action de prêts, garanties ou subventions aux sociétés professionnelles et autres organismes publics ou privés chargés d'exécuter des opérations d'achat, stockage ou vente destinées à assurer l'équilibre des marchés agricoles. (Organismes tels que SOPEXA, INTERLAIT, COFREDA, CENECA).

SOPEXA
(Société pour l'Expansion des ventes des produits Agricoles et alimentaires). Elle est chargée des campagnes de propagande, publicité et promotion de vente tant sur le marché intérieur qu'à l'étranger.

COFREDA
(Compagnie pour Favoriser la Recherche et l'Élargissement des Débouchés Agricoles). Elle doit prêter son concours technique et financier aux actions susceptibles d'améliorer la production et la commercialisation de certains produits agricoles.

CENECA
(Centre National des Expositions et Concours Agricoles). Il est chargé d'organiser le concours général agricole et autres actions du même genre.

BIL
(Bureau d'Inspection du Lait). Il dépend de la DSV (Direction des Services Vétérinaires). Il est chargé d'élaborer des méthodes d'analyses, du contrôle des produits laitiers.

Autres organismes :

ASSILEC
Association de l'Industrie Laitière de la Communauté Européenne.

ALF
Association Laitière Française pour le développement de la production et des industries du lait.

SCEES
Service Central des Enquêtes et Études Statistiques.

UPCIL
Union de Producteurs, Coopérateurs et Industriels Laitiers.

FNPL
Fédération Nationale des Producteurs de Lait.

FNCL
Fédération Nationale des Coopératives Laitières.

FNIL
Fédération Nationale de l'Industrie Laitière.
etc... (voir en annexes).

♦ Dairy organisms or dairy corporations

ORGANOLEPTIQUES [propriétés] adj.
Ensemble de propriétés d'un produit perçues par les sens. Pour un produit alimentaire, les propriétés organoleptiques s'expriment par le déclenchement de stimuli plus ou moins intenses sous l'effet de la couleur, l'odeur, la saveur, la texture. Actuellement, les propriétés organoleptiques des aliments sont analysées au moyen de techniques sensorielles interprétées statistiquement (voir ANALYSES SENSORIELLES).
♦ Organoleptic properties

ORLA JENSEN [classification d'] n.p.
Les bactéries lactiques sont classées en deux grands groupes :
- ferments lactiques vrais homofermentaires ne produisant que de l'acide lactique.
- Pseudoferments lactiques hétérofermentaires produisant l'acide lactique plus autres composés (gaz, alcools, autres acides).
♦ Orla Jensen

ORSEILLE n.f.
Colorant naturel rouge-pourpre tiré d'un lichen vivant sur les côtes méditerranéennes, repertorié sous le n° E 121 mais interdit depuis le 1er octobre 1977.
♦ Orchil

ORTHOPHOSPHATES n.m.
Sels utilisés comme stabilisants, autorisés sous les n° E 339 - 340 - 341.
♦ Orthophosphates

OSIDES n.m.
On désigne sous ce nom tous les corps qui, par hydrolyse, donnent des oses réducteurs. On distingue les holosides qui ne donnent que des oses réducteurs et les hétérosides qui donnent en plus un résidu non glucidique ou «aglycone».
♦ Osides (Saccharides)

OSMOSE n.f.
Phénomène de diffusion qui se produit lorsque deux liquides de concentrations moléculaires différentes se trouvent séparés par une membrane semi-perméable laissant passer le solvant mais non la substance dissoute. Ce phénomène a lieu sous l'effet d'une pression, la pression osmotique, créée par le milieu le plus concentré en substance dissoute. Le sel des saumures pénètre par osmose dans les fromages. Les membranes cellulaires font office de membrane osmotique.
♦ Osmosis

OSMOSE INVERSE n.f.
Procédé de séparation ou de concentration des corps dissous dans une solution par application d'une pression élevée (40 bars) provoquant le mouvement inverse de celui de l'osmose.
Ex. : utilisé pour la séparation du lactose à partir du lactosérum, le dessalement de l'eau de mer.
♦ Reverse osmosis

OSMOTIQUE [pression] adj.
Voir OSMOSE.
♦ Osmotic pressure

OULE n.f.
Pot ou vase sans anse dans lequel les fermiers conservent les fabrications traditionnelles de fromage de chèvre du Quercy, type Rocamadour.
♦ Oule

OUVERTURE des FROMAGES n.f.
Phénomène physique se traduisant par l'apparition de cavités (ou yeux) dans certains types de fromages à pâte cuite (Gruyère, Emmental...). Il résulte d'un dégagement gazeux provoqué par des bactéries propioniques fermentant les lactates avec dégagement de gaz carbonique (CO_2) lors du séjour en cave chaude. Cette ouverture qui est recherchée, ne peut se produire dans de bonnes conditions que si la pâte est suffisamment élastique c'est-à-dire minéralisée. Ne pas confondre avec le gonflement qui résulte de fermentations indésirées sous l'action de germes contaminants.
♦ Openness or holeyness or eyes in cheese

OVERRUN n.m.
Terme anglais parfois utilisé pour signifier une augmentation d'un poids ou volume d'un produit par adjonction d'un constituant moins noble et généralement sans valeur. C'est un «bonus» ou «gain».
Ex. : l'incorporation d'air au mix dans les crèmes glacées (foisonnement)

$$\% \text{ d'overrun} = \frac{\text{Vol. crème glacée obtenue} - \text{Vol. mix employé}}{\text{Volume mix}} \times 100$$

Ex. : l'incorporation d'eau au beurre.
♦ Overrun

OXYDASES-OXYDORÉDUCTASES n.f.

Premier groupe d'enzymes catalysant les réactions d'oxydo-réduction par transfert d'un ou plusieurs électrons d'un donneur à un accepteur. Certaines se retrouvent dans le lait comme la lactoperoxydase, la xanthine oxydase, la catalase.

♦ Oxidases-oxidoreductases

OXYDO-RÉDUCTION n.f.

Double phénomène d'oxydation et de réduction. Réaction chimique dans laquelle l'un des corps réagissant se comporte comme un donneur d'électron (réducteur) et l'autre comme un accepteur d'électron (oxydant). Le réducteur sera donc oxydé et l'oxydant réduit.

Ex. : $Cl_2 + {}_2I^- \rightarrow 2\,Cl^- + I_2$
  oxydant réducteur
Ex. : $MnO_4^- + {}_5Fe^{++} + 8H^+$
  oxydant réducteur
$$\rightarrow Mn^{++} + 5\,Fe^{+++} + 4H_2O$$

♦ Oxido-reduction

OXYDO-RÉDUCTION [potentiel d'] n.f.

Appelé aussi potentiel rédox ou Eh. Le lait frais normal a un potentiel rédox (Eh) positif compris entre $+ 0,20$ et $+ 0,30$ volt. Il est déterminé par la différence de potentiel créée entre une électrode de platine plongeant dans une solution et une électrode de référence au calomel (chlorure mercureux HgCl). Une valeur positive (perte d'électrons par le platine) indique les propriétés oxydantes. Les facteurs intervenant sur le potentiel rédox du lait sont :
- l'oxygène dissous : le Eh du lait désaéré s'abaisse à $+0,05$ V
- les substances réductrices naturelles : xanthine oxydase
- l'apparition lors du chauffage de composés sulfhydryles SH
- certains corps : l'acide ascorbique
- le cuivre ionisé qui tend à élever le Eh (agent d'oxydation)
- les bactéries proliférant dans le lait tendent à abaisser le Eh en consommant par la respiration l'oxygène dissous soit en libérant des substances réductrices. L'activité réductrice dépend de leur nombre et de leur nature (bactéries thermorésistantes sporulées ou non sont peu réductrices)
- le pH
- la charge en leucocytes.

Le potentiel redox du lait est mesuré par :
- méthodes électrométriques
- colorants (bleu de méthylène et la résazurine qui est plus sensible)
- la teneur en oxygène (polarographie).

♦ Oxidation reduction potential or redox potential

OXYGÉNÉE [eau] adj.

Antiseptique efficace. Instable. Décomposée par la catalase et la peroxydase. Se trouve à la concentration de 10 volumes, 30 volumes, 110 volumes... Interdit commé conservateur. Dans le commerce, l'eau oxygénée concentrée est parfois appelée «perhydrol». On trouve aussi le terme peroxyde d'hydrogène.

♦ Hydrogen peroxide

OXYTÉTRACYCLINE n.f.

Antibiotique que l'on peut rencontrer dans le lait. Large spectre d'activité. Thermolabile (75 à 100 % de destruction par un chauffage de 15 mn à 100 $^\circ$C). On l'appelle aussi terramycine.

♦ Oxytetracycline

OZONE (O_3) n.m.

Désinfectant obtenu par condensation de l'oxygène lorsque celui-ci est soumis à un champ électrique intense (8.000 à 15.000 V). Sert pour la désinfection de l'eau (il faut 0,5 à 1 g d'O_3 pour 1.000 l d'eau).

♦ Ozone (O_3)

Pasteurisateurs

p

PAILLON, PAILLOT n.m.
Poignée de paille dont les brins sont reliés entre eux, que l'on utilisait autrefois lors de l'égouttage du caillé dans le moule.
♦ Straw-mat

PAIN n.m.
Quantité de gâteau de caillé prépressé, découpé pour être mis en moule pour faire 1 fromage. Ce terme s'emploie pour le fromage à pâte ferme.
♦ (Curd) block or ball or piece

PALARISATION n.f.
Procédé danois de stérilisation UHT du lait en vrac par injection directe de vapeur voisin de l'upérisation
♦ Palarisation

PALMITIQUE [acide] adj.
Acide gras saturé en C_{16}. Le constituant que l'on rencontre dans la plus grande proportion, dans la matière grasse du lait (25 à 30 % des acides gras).
♦ Palmitic acid

PANNETIER [procédé] n.p.
Procédé français permettant la fabrication différée du fromage de chèvre. Il comporte 4 opérations principales : ultrafiltration du lait - Évaporation sous vide du rententat - congélation du concentré - Au moment de la fabrication, remise sous forme liquide de la matière première par décongélation/dilution avec de l'eau.
♦ Pannetier process

PANTOTHÉNIQUE [acide] adj.
Voir VITAMINE B_5.
♦ Pantothenic acid

PARACASÉINE n.f.
Nom donné à la caséine modifiée par l'action de l'enzyme lors de la phase primaire de la coagulation du lait par la présure. Au cours de l'action enzymatique, le phosphocaséinate de chaux est scindé en deux fractions inégales : le phospho-paracaséinate de chaux insoluble, et la fraction soluble appelée protéose de HAMMERSTEN qui représente environ 6 % de la caséine originelle.
♦ Paracasein

PARACURD n.f.
Nom de la machine SH 13 adaptée par STENNE et HUTIN à la coagulation et synérèse en continu du lait maturé et emprésuré à froid. Elle se présente sous la forme d'un tube en U dans lequel du lait concentré maturé à froid et de l'eau chaude sont injectés à l'une des extrémités.
♦ Paracurd

PARAFLOW n.m.
Pasteurisateur à plaques en acier inox comportant un filtre continu incorporé à l'appareil. Breveté par APV.
♦ Paraflow

PASSBURG [procédé] n.p.

Procédé allemand de séchage du lait par cylindres (tambours) rotatifs chauffés à la vapeur et partiellement immergés dans le lait dans une chambre à vide.

♦ **Passburg process**

PASSE-LAIT n.m.

Filtre comportant un ou deux disques d'ouate serré (s) entre des disques en aluminium perforés servant à éliminer les impuretés macroscopiques : poils, poussières, pailles. Il est utilisé à la ferme. Le passe-lait est appelé parfois couloir ou coulaire.

♦ **Milk strainer**

PASTEURISATEUR n.m.

Appareil destiné à la pasteurisation des liquides alimentaires, lait ou crème en particulier. Il en existe plusieurs types :

1. Pour le traitement discontinu : cuve, ou «batch holder» anciennement utilisée pour la pasteurisation basse (LTLT), l'échange thermique se faisant par une double enveloppe ou à l'aide de serpentins.

2. Pour le traitement en continu
   - appareils paraboliques ou à tambour : maintenant abandonnés car fonctionnant à l'air libre.
   - appareils tubulaires à simple ou double circulation
   - appareils à plaques verticales ou horizontales qui sont les plus employés

Ces appareils comportent plusieurs compartiments échangeurs :
   - section de réchauffage du liquide à traiter par la récupération des calories du liquide venant d'être traité circulant à contre courant
   - section de pasteurisation dans laquelle le liquide réchauffé est porté à la température de traitement par échange de calories avec un fluide intermédiaire (eau chaude ou vapeur) circulant à contre-courant
   - section de chambrage servant à maintenir le liquide à la température de traitement.
   - section de réfrigération où le liquide traité venant de céder une partie de ses calories lors de son passage dans la section de réchauffage est refroidi à 3 ou 4 °C par de l'eau glacée circulant à contre-courant.

♦ **Pasteurizer**

PASTEURISATION n.f.

En 1953 Ch. PORCHER l'a définie ainsi : «pasteuriser le lait c'est détruire en lui, par l'emploi convenable de la chaleur, la presque totalité de la flore banale, la totalité de sa flore pathogène quand elle existe, tout en s'efforçant de ne toucher qu'au minimum à la structure physique du lait, à ses équilibres chimiques, ainsi qu'à ses éléments biochimiques : les diastases et les vitamines». Divers procédés existent.

1. En discontinu
   - la pasteurisation basse (LTLT) à 63° pendant 30 mn ou «holder process»

2. En continu : travail en circuit fermé à l'abri de l'air et des contaminations extérieures et sous pression évitant ainsi la perte de gaz en dissolution et les oxydations
   - la pasteurisation haute ou HTST (à 73-74° ; 15 à 20 s)
   - la flash pasteurisation (85 à 90 °C quelques secondes).

En France notamment, en raison de la qualité bactériologique médiocre des laits crus, les températures de 90° pendant 15 secondes sont couramment appliquées. Le lait obtenu présente souvent un léger goût de cuit. L'efficacité du traitement est contrôlée par la recherche de la phosphatase alcaline ou de la peroxydase - (test de DUPOUY). La crème est pasteurisée en général à 92-94 °C pendant 15 à 20 secondes, car la matière grasse forme un écran protecteur de la chaleur envers les bactéries. Dans tous les cas, la pasteurisation est suivie d'un refroidissement brutal. Les normes bactériologiques en vigueur stipulent entre autres :
- pour le lait pasteurisé conditionné : moins de 30.000 germes vivants/ml et réaction négative lors de la recherche des bactéries indologènes dans 1 ml au moment de la livraison au consommateur. Pour le lait pasteurisé distribué en «vrac» : moins de 200.000 germes vivants/ml.

L'actinisation est un procédé de pasteurisation utilisant l'action thermique des infrarouges.

♦ **Pasteuzisation**

PATE COURTE [fromage à] n.f.

Fromage accidenté provenant d'un mauvais égouttage et d'un décaillage trop tardif (le caillé est devenu trop lactique). Cet accident se rencontre dans les fromages à caillé présure, en particulier dans les pâtes pressées.

♦ **Short body cheese or mealy body cheese**

PATE CUITE n.f.

Fromage obtenu par coagulation, essentiellement par la présure. Le caillé divisé est fortement égoutté par brassage, chauffage (à 54-55°) et pressage. Affinage lent, 4 mois et plus ; pâte présentant ou non une ouverture. L'extrait sec supérieur à 60 % leur confère une aptitude à une longue conservation. Leur format est important (jusqu'à 130 kg).

Ex. : Gruyère, Emmental, Beaufort, Sbrinz, Grana (ou Parmesan)...

♦ **Hard cheese or cooked (scalded) cheese**

PATE FERME n.f.

Ou fromage à pâte pressée obtenu par la coagulation présure du lait. Le caillé est découpé, brassé, parfois lavé (délactosage du St-Paulin) et pressé.

1. Pâte souple - Format 0,5 kg à 10 kg
    Extrait sec : 45 % à 55 % - L'affinage est
    assez court (1 à 2 mois). A croûte soit :
    lavée,
    Ex. : St Paulin, Reblochon, Port Salut,
    Bel Paese...
    moisie,
    Ex. : St-Nectaire
    enrobée de paraffine,
    Ex. : Gouda, Mimolette.
    ♦ Semi-soft or semi-hard pressed cheese
2. Pâte ferme - Extrait sec : 55 % ou plus -
    A croûte sèche et affinage lent - Formats
    importants, généralement 15 à 50 kg.
    Ex. : Cantal, Laguiole, Edam, Cheddar.
    ♦ Firm cheese

PATE FRAICHE n.f.

Ou fromage frais à caillé essentiellement lactique. Produit très humide et périssable, n'est généralement pas ou très peu affiné. Extrait sec de 30 % à moins de 18 %. Coagulation lente du lait (24 à 30 h) avec pas ou peu de présure (2 à 5 ml pour 100 l) à température basse. La pâte est généralement lissée et pour certaines spécialités on y incorpore des épices ou de la crème fraîche :
- Fromage frais non défini contenant plus de 82 %
  d'eau
- Fromage frais salé ex. : Gournay frais
- Fromage non salé ex. : Petit suisse - Fontainebleau, Neufchatel (affinage bref)
♦ Fresh cheese or lactic cheese or white cheese

PATE MOLLE n.f.

Fromage de petit format dont le caillé à dominance lactique est faiblement divisé. L'affinage est rapide (quelques semaines). Extrait sec 40-45 %. Dans les fabrications traditionnelles, le caillage était lent. Actuellement on tend de plus en plus à leur substituer une coagulation rapide du type présure s'adaptant bien à la mécanisation. On distingue les fromages :
- à égouttage spontané : développement de
  moisissures blanches à la surface ; Camembert, Brie traditionnels - à croûte lavée :
  Langres, Epoisses...
- à caillé divisé avant moulage : croûte généralement lavée favorisant le développement
  d'une flore bactérienne donnant une croûte
  gluante, rougeâtre : Livarot, Maroilles, Munster
- Autres types : caillés obtenus par coagulation
  présure et acquérant des caractères lactiques
  par la suite : Pont-l'Évêque.

- Formes modernes : caillé obtenu par coagulation présure et développement de moisissures : Carré de l'Est.
- pâtes solubilisées : lavage du caillé pour éviter une trop grande acidification
- fromages au lait de chèvre : à croûte séchée peu moisie : St-Maure, Valencay, Crottin...
♦ Soft-cheese

PATE PERSILLÉE n.f.

Ou fromage bleu à caillé divisé à dominance lactique. Caractérisé par :
1. le développement de moisissures internes
    (*Penicillium glaucum*) lui conférant une
    présentation et un goût particuliers
2. une croûte gluante
3. une pâte assez ferme et friable
4. une teneur en sel élevée. Extrait sec :
    50 %.
    Ex. : Roquefort, le Bleu d'Auvergne, La
          Fourme d'Ambert, Bleu du Jura,
          Bleu Danois.

♦ Blue veined cheese

PATHOGÈNES [germes] adj.

Germes qui sont responsables de maladies. Les germes pathogènes qui sont susceptibles d'être rencontrés dans le lait et les produits laitiers sont les salmonella, les staphylocoques, les Escherichia coli, les clostridia sulfito-réducteurs.
♦ Pathogenic bacteria

PCB abv. n.m.

(PolyChoroBiphenyles) : polluant organochloré provenant le plus souvent des emballages plastiques ou des huiles et que l'on retrouve dans le lait et produit laitiers.
♦ PCB

PEARSON [carré de] n.p.

Voir CROIX des mélanges
♦ Pearson square

PEAU [grosse] n.f.

Accident rencontré en fromagerie de pâtes molles à croûte fleurie, caractérisé par un feutrage très épais de *Penicillium candidum* et un développement de levures en surface. A souvent son origine en un salage trop poussé.
♦ Crinkly rind or fleecy rind

PEAU [de crapaud] n.f.

Voir GRAISSE.
♦ Slippery rind

PEAU [du lait] n.f.

Pellicule épaisse apparaissant à la surface du lait chauffé lorsque la caséine et les protéoses se concentrent en entraînant de la graisse et des matières minérales.
♦ Milk skin

PEEBLES [procédé] n.p.

Procédé américain de fabrication de poudre de lait instantanée. La poudre est malaxée puis humidifiée jusqu'à 15 % par de l'eau pulvérisée et de la vapeur, elle passe ensuite dans un séchoir à air chaud sur un tamis vibrant puis les particules séchées sont broyées dans un moulin.
♦ Peebles process

PÉGOT n.m.

Couche gluante imperméable à l'air qui s'est formée au saloir par suite du développement des microorganismes sur les Rocquforts.
♦ Pegot or smear or slimy layer

PELL-O-FREEZE [procédé] n.p.

Système suédois de fabrication continue de crème congelée.
♦ Pell-o-Freeze process

PÉNÉTRABILITÉ [des poudres de lait] n.f.

C'est l'aptitude que possède des particules mouillées de lait en poudre à s'enfoncer dans de l'eau non agitée, au-delà de la couche superficielle de cette eau.
♦ Penetrability of milk powder

PÉNÉTROMÈTRE n.m.

Appareil servant à mesurer la consistance de certains produits tels que le beurre ou le caillé de fromagerie.
♦ Penetrometer

PÉNICILLINE n.f.

Antibiotique produit par une moisissure : *Penicillium notatum.* Utilisée pour combattre les infections provoquées par certains germes (Gram positifs en particulier : Streptocoques de la mammite). L'unité internationale correspond à 0,6 μg de Pénicilline G sodique.
♦ Penicillin

PENICILLIUM n.m.

Nom donné à certaines moisissures dont l'extrémité du mycélium présente la forme d'un pinceau. Les spores pigmentées ou non sont exogènes et sont appelées conidies.
Ex. : *Penicillium caseicolum* se développant à la surface du camembert.
Penicillium roqueforti se développant dans la pâte du roquefort
♦ Penicillium

PEPSINE n.f.

Enzyme protéolytique extraite du suc gastrique des animaux (bœuf, porc...). Elle est utilisée comme agent coagulant du lait en mélange avec la présure de veau (mélange 50/50). Très acide l'optimum de son activité protéolytique s'exerce à pH = 2,0. Elle est inhibée aux pH supérieurs à 6,6, ce qui la rend inapte à coaguler le lait frais.
♦ Pepsin

PEPTIDASE n.f.

Voir EXOPEPTIDASE
♦ Peptidase

PEPTIDES n.m.

Composés azotés à bas poids moléculaire libérés par les peptidases des ferments lactiques dans le lait et les fromages en cours de maturation. Ils sont caractérisés par la liaison -CONH-. Ils sont formés de quelques acides aminés seulement.
Ex. : dipeptides (2 acides aminés).
Ils confèrent des saveurs diverses parfois amères. Ils constituent des stimulateurs de croissance bactérienne.
♦ Peptides

PEPTONE n.f.

Composé azoté à poids moléculaire intermédiaire entre les protéose-peptones et les protéines. Donne la réaction du biuret.
♦ Peptone

PEPTONISATION n.f.

Digestion de la caséine et transformation successive de cette dernière en protéoses peptones, peptides et acides aminés sous l'action d'enzymes spécifiques.
♦ Peptonization

PÉRIODE SÈCHE n.f.

Période pendant laquelle on interrompt la laction des animaux laitiers. Chez les vaches cette période précède 7 à 8 semaines la mise bas. Elle permet à l'animal de reconstituer ses réserves.
♦ Dry period

PERLÉ [caillé] adj.

Se dit du caillé sur lequel on voit apparaître une goutte de sérum.
♦ Beaded curd

PERMUTITES n.f.

Échangeurs d'ions de synthèse à base de silico-aluminates ou du groupe des résines. Elles sont utilisées pour adoucir l'eau. Voir ZÉOLITHES.
♦ Zeolite

PEROXYDE n.m.

Composé instable résultant d'une oxydation.

Ex. : fixation de 2 atomes d'oxygène sur la double liaison d'un acide gras insaturé (formation d'un epiperoxyde)

$$-CH=CH- \rightarrow -CH-CH-$$
$$\underset{O-O}{\overset{|\quad|}{}}$$

♦ Peroxide

PEROXYDE [indice de] n.m.

C'est la quantité d'oxygène actif du péroxyde contenu dans une certaine masse de matière grasse, capable de libérer de l'iode dans l'iodure de potassium. On l'exprime en :
- milli-équivalent d'oxygène actif par kg de MG (mé/Kg)
- milli-molécule d'oxygène actif par kg de MG
- microgramme d'oxygène actif par g de MG (indice de Lea)

Entre les 3 unités, on a la relation suivante :
1 mé d'oxygène actif/kg = 0,5 milli-molécule d'oxygène actif/kg = 8 μg d'oxygène actif/g.
On le calcule en titrant en milieu acide par une solution de thiosulfate, l'iode libéré d'une solution d'iodure de potassium ajoutée à la matière grasse dissoute dans le chloroforme. Il renseigne sur l'état d'oxydation de matière grasse ; un résultat supérieur à 0,25 mé/kg correspondra à un état d'oxydation anormal.
◆ Peroxide value

PERZYME [procédé] n.p.

Procédé dans lequel l'emploi d'eau oxygénée était recommandé pour la préservation du lait.
◆ Perzyme process

PÈSE-LAIT n.m.

Appareil utilisé pour déterminer la densité du lait. Voir DENSIMÈTRE.
◆ Lactometer
Bac bascule servant à peser le lait à sa réception.
◆ Milk balance or milk weighing machine

PESTICIDES n.m.

Produits utilisés en agriculture pour lutter contre les ennemis du bétail, des cultures et des récoltes : insecticides, herbicides, fongicides, raticides... Plus ou moins toxiques, ils sont ingérés par les animaux et sont éliminés en partie par la mamelle lorsqu'ils ne sont pas stockés dans les tissus adipeux. Se rencontrent sous diverses formes :
- organochlorés : composés organiques dont la molécule renferme un certain nombre d'atomes de chlore.
  Ex. : DDT - HCH - lindane, heptachlore, ...
  doués d'une forte rémanence.
- Organophosphorés : composés organiques renfermant du phosphore. Ils sont plus toxiques que les organochlorés mais beaucoup moins rémanents. Ils disparaissent rapidement.
  Ex. : malathion - parathion, ...
- composés carbamiques :
  Ex. : manèbe, CIPC.
- pyréthrines, carbinols (ex. dicofol), sulfonates (ex. fenizon), phenyls substitués (ex. dinocap) Phtalimides (ex. captane), arsenites, Organomercuriques (ex. sanigran), colorants nitrés (ex. nitramac) etc...
◆ Pesticides

PETIT-LAIT n.m.

Voir LACTOSÉRUM.
◆ Whey

PGA abv. n.m.

(Ptéroylglutamic acid). Voir FOLIQUE (acide).
◆ PGA

pH [puissance en hydrogène] n.m.

Indique la teneur d'une solution en ions H$^+$. Il est exprimé par le cologarithme de la concentration en ions H$^+$:
pH = colog. [H$^+$]　ou
$$pH = \log \frac{1}{[H^+]}$$　ou
pH = $-$log [H$^+$]
La neutralité est exprimée par pH = 7
L'acidité est exprimée par pH inférieur à 7
La basicité est exprimée par pH supérieur à 7
◆ pH

pH$_i$ n.m.

Voir ISOÉLECTRIQUE.
◆ pH$_i$

pH-MÈTRE n.m.

Voltmètre étalonné en échelle pH permettant de traduire la différence de potentiel créée entre deux électrodes immergées dans une solution, l'une étant une électrode de référence, l'autre une électrode de mesure.
◆ pH-meter

PHAGE n.m.

Voir BACTÉRIOPHAGE.
◆ Phage

PHASES [en chimie] n.f.

Ce sont les parties au sein d'un milieu hétérogène qui constituent autant de matières homogènes quel que soit leur état de division. Dans le lait on peut distinguer trois phases :
- l'émulsion de matière grasse
- la suspension colloïdale de caséine et d'albumines
- la phase hydrique ou sérum contenant en solution le lactose et les sels minéraux.

Le terme désigne également une période de temps au cours de laquelle se produit un événement.
◆ Phases

PHASE PRIMAIRE [de l'action présure] n.f.

Ou phase enzymatique, se manifeste par la protéolyse limitée de la présure sur les micelles de phosphocaséinate de chaux qui conduit à en détacher le caseino-glycopeptide. Après cette action, la caséine se trouve sous la forme de phosphoparacaséinate de chaux. La phase enzymatique peut se produire à basse température bien que plus lentement.
◆ Primary phase of rennet action or enzymatic phase

PHASE SECONDAIRE [de la coagulation du lait par la présure] n.f.

Ne peut intervenir qu'après la protéolyse de la phase primaire de la présure ou phase enzymatique. C'est au cours de la phase secondaire que les micelles de phosphoparacaséinate de chaux se soudent les unes aux autres par l'interrnédiaire des ions calcium Ca^{++} pour former un réseau constituant le gel ou coagulum emprisonnant le lactosérum. Ce phénomène n'intervient pas aux températures inférieures à 15 °C. Il est possible de ce fait de différer la coagulation du lait empresuré en le maintenant à basse température.

♦ **Secundary phase of rennet action or non enzymatic phase**

PHASE TERTIAIRE [de l'action présure] n.f.

L'activité protéolytique de la présure continue à se manifester au cours de l'affinage du fromage. Lorsqu'elle est trop intense (excès de présure ou activité trop importante ou trop spécifique dans le cas de certains succédanés) il peut se produire des défauts d'amertume.

♦ **Tertiary phase of rennet action or proteolytic phase**

PHÉNYLALANINE n.f.

Acide aminé neutre à noyau cyclique, indispensable.

$$\phi - CH_2 - CH \begin{array}{l} NH_2 \\ \\ COOH \end{array}$$

♦ **Phènylalanine**

PHOSPHATASES n.f.

Enzymes appartenant au groupe des hydrolases. Hydrolysent les esters phosphoriques. Dans le lait on rencontre deux phosphatases ayant des propriétés différentes :
- phosphatase alcaline   active à pH 9,6
- phosphate acide   active à pH 4,5

Elles sont :
- absorbées dans la membrane des globules gras ou associées aux lipoprotéines (phosphatase alcaline)
- localisées dans le sérum (phosphatase acide).

1.   La phosphatase alcaline : phosphomonoestérase, c'est une métalloprotéine (coenzyme = magnésium) ayant une résistance à la chaleur légèrement supérieure à celle des bactéries pathogènes qui peuvent exister dans le lait. Cette propriété est exploitée pour le contrôle de l'efficacité de la pasteurisation du lait. Lorsqu'elle est détruite on en déduit que les bactéries dangereuses le sont également. Le test de la phosphatase consiste à doser colorimétriquement le phénol libéré du phénylphosphate disodique ou d'un de ses dérivés :

$$C_6H_5 - O\ PO_3Na_2 + H_2O$$
phénylphosphate

$$\rightarrow C_6H_5OH + Na_2H\ PO_4$$
phénol   phosphate disodique

Réaction très sensible puisqu'elle permet de déceler l'incorporation de 0,1 % du lait ou crème crue dans le lait pasteurisé. On observe quelquefois la présence de phosphatase alcaline dans la crème et le lait pasteurisés ou autres produits laitiers. Ceci est dû soit :
- à la production de phosphatase alcaline par certains microorganismes
- à une réactivation de la phosphatase par la recombinaison de l'apoenzyme non détruit et de son coenzyme métallique.

2.   La phosphatase acide : elle peut hydrolyser la sérine phosphorique dans la caséine lorsque le pH atteint 4,5. Ce n'est pas une métalloprotéine. Elle est fortement activée par l'acide ascorbique. C'est l'une des enzymes les plus thermorésistantes du lait.

♦ **Phosphatases**

PHOSPHATES n.m.

Sels de l'acide phosphorique H_3PO_4 jouant le rôle de tampon. Associés au calcium, on les rencontre dans le lait sous trois formes :
- phosphate monocalcique $Ca(H_2PO_4)_2$ soluble
- phosphate dicalcique $Ca\ H\ PO_4$ modérément soluble
- phosphate tricalcique $Ca_3(PO_4)_2$ insoluble

La forme tricalcique (colloïdale) se trouve associée à la caséine pour former les micelles de phosphocaséinate acide de chaux. Les phosphates solubles représentent 1/3 du phosphore salin dans le lait. Ils se transforment en sels insolubles sous l'effet du chauffage. Dans le lait normal le phosphate de calcium colloïdal représente environ 6 % de la caséine totale. Dans les laits «lents» le pourcentage peut s'abaisser jusqu'à 4,5. Les sels de sodium, polyphosphates en particulier, sont utilisés comme composants des produits de nettoyage. Ils ont des propriétés de séquestrants, mouillants et solubilisants des protéines.

Ex. : orthophosphates, métaphosphates, tripolyphosphates.

♦ **Phosphates**

PHOSPHATIDES n.m.

Autre nom donné aux phospholipides.

♦ **Phosphatides**

PHOSPHOCASÉINATE n.m.

Voir CASÉINE et PHOSPHATES.

♦ **Phosphocaseinate**

PHOSPHOLIPIDES n.m.
Voir LÉCITHINES - CÉPHALINES.
♦ Phospholipids

PHOSPHOPEPTONES n.m.
(ou phosphopeptides) n.m.
Peptides détachés de la caséine par la protéolyse. Ils renferment des acides aminés phosphorés
♦ Phosphopeptones or phosphopeptides

PHOSPHORE n.m.
Élément chimique polyvalent formant dans le lait des sels de calcium, sodium, magnésium. Le total du phosphore représente 1 °/°° du lait de vache. Il se trouve :
- sous forme organique colloïdale lorsqu'il entre dans la composition de certains acides aminés : phosphoserine...
- sous forme colloïdale inorganique, à l'état de phosphate tricalcique associé à la caséine, ou libre
- sous forme soluble à l'état de sels de calcium, mono ou dicalcique de potassium, magnésium, etc...

L'ion phosphore PO_4^{---} a un effet antagoniste sur l'ion calcium Ca^{++}. Une vache produisant 4.500 l de lait/an perd par cette voie 10 kg d'acide phosphorique.
♦ Phosphorus

PHOSPHORESCENCE n.f.
Fluorescence qui se prolonge lorsque la radiation d'excitation a cessé. Voir FLUORESCENCE.
♦ Phosphorescence

PHOSPHORIQUE [acide] adj.
Triacide de formule H_3PO_4. Il donne des phosphates avec les bases. Il est associé au calcium dans la caséine, sous forme de phosphocaséinate de chaux. Parfois il est utilisé comme détartrant dans les installations laitières.
♦ Phosphoric acid

PHOSPHORYLATION n.f.
Réaction biochimique de fixation du phosphore souvent H_2PO_3 sur un groupement récepteur.
Ex. : la fixation de phosphore sur la sérine conduit à un ester phosphorylé : la phosphosérine.
♦ Phosphorylation

PHOSPHOSÉRINE n.f.
Ester phosphorylé de la sérine constituant le groupement prosthétique de la caséine.

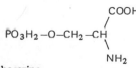

♦ Phosphoserine

PHOTOCHIMIQUE [effet] adj.
Réaction chimique ayant pour source d'énergie un rayonnement lumineux. Elle dépend donc de la longueur d'onde de la source lumineuse. Les radiations violettes et ultra-violettes sont les plus efficaces. Certaines formes d'oxydation de la matière grasse sont déclenchées par des effets photochimiques (le goût solaire du lait exposé au soleil dans une bouteille en verre non teinté).
♦ Photochemical effect

PHOTOMÉTRIE n.f.
Mesure de l'intensité des rayonnements visibles ou non visibles. Utilisée pour le dosage chimique de certaines substances en solution par absorption en p. 100 de transmission ou en densité optique.
Ex. : les néphélomètres, turbidimètres, opacimètres, etc... sont des photomètres.
♦ Photometry

PHYCOMYCÈTE n.m.
Voir MOISISSURE.
♦ Phycomycetes

PHYLLOQUINONE n.f.
Voir VITAMINE K.
♦ Phylloquinone

PIAULEUX adj.
Ce terme définit surtout dans l'Est de la France un fromage accidenté par un développement intempestif de l'*Oidium* qui couvre la surface en une sorte de peau qui se décolle de la pâte et se plisse.
♦ Crinkly rind

PIEN [calculateur de] n.p.
Règle à calcul spéciale permettant d'appliquer facilement la formule de Fleishmann donnant la teneur en extrait sec (par litre) d'un lait en connaissant sa densité à 15 °C et sa teneur en matière grasse (par litre).
♦ Pien calculator

PIERRE [du lait] n.f.
Dépôt minéral se formant lors des traitements thermiques du lait, surtout sur les échangeurs de chaleur.
♦ Milk stone

PILLET [procédé] n.p.
Procédé français de caséinerie acide en continu. Il est encore appelé procédé «conticas acide».
♦ Pillet process

PIMARICINE n.f.
Antibiotique antifongique produit par *Streptomyces natalinsis* stable dans la zone de pH 4,5 à 6,5. Utilisée pour la protection de la surface des fromages à pâte pressée soit en contact direct soit incorporé au matériau d'emballage.
♦ Pimaricin

PIN POINT [colonies] loc. ang.

Nom donné à de très petites colonies rencontrées lors du dénombrement sur boîte de pétri (vient de l'anglais pin qui signifie épingle).
♦ "Pin point"

PIPE-LAIT n.m.

Voir LACTODUC.
♦ Milk pipeline

PIQUAGE n.m.

Opération consistant à aérer les fromages à pâte persillée au moyen d'aiguilles pour permettre le développement de moisissures internes.
♦ Piercing or skewering or pricking or punching

PITKAPIIMA n.m.

Voir VILIA
♦ Pitkapiima

«PITTING» n.m.

Nom anglais employé pour désigner «les piqûres» sur le métal, en particulier sur l'aluminium causées soit par les germes soit par les solutions de nettoyage.
♦ "Pitting"

pK n.m.

Puissance de dissociation ionique d'une substance en solution. C'est un rapport de concentration.

Ex. : $R-COOH \rightleftarrows R-COO^- + H^+$

$$K = \frac{[R-COO^-][H^+]}{[R-COOH]}$$

$$pK = log.\frac{1}{K} \text{ ou } pK = -log K$$

Il est relié au pH par la relation

$$pH = log\frac{[R-COO^-]}{[R-COOH]} + pK$$

Pour une dissociation à 50 % on a $pH = pK$
♦ pK

PLANCHAGE n.m.

Opération rencontrée dans la fabrication traditionnelle des pâtes à croûte fleurie (camembert). Lorsque la fleur du fromage recouvre complètement la surface, on enlève celui-ci de son support normal pour le poser sur une planche (parfois appelée planchot) bien propre de façon à écraser la moisissure, pour éviter son développement trop important et pour favoriser l'apparition des ferments du rouge. Un ou deux jours après on effectue la même opération sur la deuxième face.
♦ Boarding

PLANCHON [indice de] n.p.

Ou indice des acides solubles totaux. C'est un indice caractérisant une matière grasse. C'est le nombre de ml de soude N/10 nécessaire pour neutraliser les acides solubles totaux obtenus à partir de 5 g de matière grasse.
♦ Planchon value

PLANCHOT (ou plancheau) n.m.

Autre terme rencontré pour désigner un foncet. Voir FONCET. Peut aussi désigner une planche servant au retournement du fromage au moment :
- de l'égouttage, pour le Brie par exemple
- du planchage pour le camembert.
♦ Follower or wicker tray or turning board

PLAQUAGE n.m.

Opération qui intervient pendant l'égouttage des fromages. Elle consiste à poser bien à plat sur la surface du caillé, une plaquette circulaire presque égale à celle du moule et d'un poids suffisant pour obliger son contenu à descendre régulièrement.
♦ Laying of weighted board

PLASMA-SANGUIN n.m.

Phase liquide du sang contenant en solution divers constituants organiques ou minéraux dont du chlorure de sodium et des globulines, du glucose, des acides. Ces corps, en diffusant dans le tissu mammaire, servent d'éléments de base pour l'élaboration et la synthèse des constituants du lait. En cas de mammite, la glande malade réduit son activité synthétique. Pour maintenir une pression isotonique entre le lait et le sang, l'épithélium mammaire laisse pénétrer de plus grandes quantités de globulines et de chlorure de sodium, ce que met en évidence le test CMT.
♦ Blood plasma

PLASTOMÈTRE n.m.

Appareil servant à mesurer la consistance (plasticité) d'un beurre.
Ex. : plastomètre de Kruisheer et den Herder
plastomètre de Volarovich - Rebinder
♦ Plastometer

PLEUREUR [gruyère] adj.

Gruyère qui présente des yeux (ouvertures) humides.
♦ Weeping eyes (cheese with)

PLIOFILM n.m.

Matériau utilisé dans le préamballage des fromages à base de chlorhydrate de caoutchouc.
♦ Pliofilm

PLOMB n.m.

Métal toxique à certaines doses normalement peu abondant dans le lait (0,05 ppm). Actuellement, certains laits en referment des teneurs parfois supérieures à 150 ppm (vaches consommant les fourrages récoltés aux abords des routes).
♦ Lead

PLOMBAGE n.m.

Opération consistant à plier le fromage dans une feuille d'étain. Cette opération se rencontre pour les pâtes persillées (Roquefort en particulier).
♦ Wrapping in tinfoil

POCHE n.f.
Ustensile rappelant une pelle à manche court, utilisé en fabrication traditionnelle de pâtes cuites. On trouve aussi parfois le terme pochon.
♦ Wide flat scoop or curd scoop or curd ladle

POCHON n.m.
Voir POCHE.
♦ Wide flat scoop or pochon

POIL de CHAT n.m.
Nom donné au *Mucor mucedo* lui-même, ou à l'accident causé par ce dernier. L'accident se manifeste surtout pour les pâtes molles à croûte fleurie, par un développement important de cette moisissure avec formation d'une croûte noire au détriment du *Penicillium candidum* qui ne peut pas pousser. Le *Mucor racemosus* peut être aussi responsable de cet accident. Il peut être dû :
- à un mauvais égouttage du fromage
- à une mauvaise tenue du haloir (mal aéré, humide, à une mauvaise température)
- à une acidité trop faible du fromage (surtout dans les haloirs mal entretenus).
♦ Black spot of mucor mould

POINT D'ÉBULLITION n.m.
Le lait contenant des substances dissoutes bout à une température légèrement supérieure à 100 °C sous la pression de 760 mm de mercure : 100,15 à 100,17 °C.
♦ Boiling point

POINT de CONGÉLATION n.m.
Constante physique utilisée pour détecter le mouillage du lait dans la méthode cryoscopique (voir CRYOSCOPIE).
♦ Freezing point

POINT ISOÉLECTRIQUE n.m.
Voir ISOÉLECTRIQUE.
♦ Isoelectric point

POISSON [goût de] n.m.
Mauvais goût rencontré dans les produits laitiers. Attribué à l'oxydation de la choline, contenu dans la lécithine. Ce corps se décompose en glycocolle et triméthylamine de formule $N(CH_3)_3$. Voir BÉTAINE.
♦ Fishy flavour or fishy taint

POLARIMÈTRE n.m.
Instrument servant à mesurer le pouvoir rotatoire de certaines solutions optiquement actives. Il mesure l'angle de déviation de la lumière polarisée. Utilisé pour la détermination du lactose dans les poudres.
♦ Polarimeter

POLENSKE [indice] n.p.
C'est le nombre de ml de soude N/10 nécessaire pour neutraliser les acides gras volatils insolubles obtenus à partir de 5 g de matière grasse. Il renseigne donc sur la teneur en acides gras volatils insolubles. Pour le lait de vache, l'indice de Polenske varie de 1,5 à 3. Il est maintenant remplacé par l'indice d'acides gras volatils insolubles (AVI) qui est le nombre de mg de potasse KOH nécessaire pour neutraliser les AVI obtenus à partir d'un gramme de matière grasse.
♦ Polenske value

POLLUTION du LAIT n.f.
Contamination se produisant aussi bien à l'intérieur qu'à l'extérieur de la mamelle. Elle peut être de nature microbienne, chimique ou de toute autre nature.
1. Microbienne : germes infectieux provenant de l'animal ou se trouvant en contact avec la surface des ustensiles laitiers, dans l'atmosphère, dans les souillures macroscopiques (poils, fourrages...)
2. Chimique : métaux lourds passant en solution dans le lait, pesticides, résidus de produits de nettoyage et de désinfection mal rincés, résidus d'antibiotiques, substances médicamenteuses, éléments radioactifs.
3. Autres contaminations : débris de poils, de peau (desquamation) fourrages, excréments...
♦ Pollution or contamination of milk

POLLUTION par les LAITERIES n.f.
Voir EAUX résiduaires.
♦ Pollution by dairy wastes

POLYÈNES n.m.
Composés dérivant d'hydrocarbures comportant plusieurs doubles liaisons, ce qui les prédispose à l'oxydation.
Ex. : les acides gras :
- l'acide linoléique est un diène
- l'acide linoléique est un triène
- l'acide arachidonique est un tetraène.
♦ Polyenes

POLYÉTHYLÈNE n.m.
Hydrocarbure dérivé de l'éthylène par polymérisation. Il présente des propriétés intéressantes : physiques, chimiques et mécaniques qui, alliées à sa légèreté le font utiliser comme matériau d'emballage pour divers produits alimentaires.
Ex. : emballage du lait (polyéthylène extrudé)
emballage des produits frais
emballage des fromages frais
tuyaux à lait - bidons.
♦ Polyethylene

POLYHOLOSIDES n.m.
Glucides à haut poids moléculaire obtenus par condensation de plusieurs molécules d'oses
Ex. : l'amidon - le glycogène
Les hydrocolloïdes sont constitués à partir de polyholosides. Voir OSIDES et OLIGOSIDES.
♦ Polysaccharides

POLYMORPHISME [des protéines] n.m.

Formes génétiques d'une même protéine ayant même composition, même poids moléculaire et mêmes propriétés fondamentales. On désigne ces formes par «variants». Voir VARIANTS.
♦ Polymorphism

POLYOXYÉTHYLÉS [détergents] adj.

Composés de certains produits de nettoyage ayant comme radical actif l'oxyde d'éthylène C_2H_4O fixé sur des acides gras, des alcools gras, des alkylphénols. Voir DÉTERGENTS non-ioniques.
♦ Polyoxyethylenic detergents

POLYPEPTIDES n.m.

Composés azotés à faible poids moléculaire libérés par les peptidases. Taille supérieure à celle des peptides car ils renferment davantage d'acides aminés (10 à 30). Ils donnent la réaction du biuret.
♦ Polypeptides

POLYPHOSPHATES n.m.

Voir PHOSPHATES.
♦ Polyphosphates

POLYVINYLE n.m.

Dérivé polymérisé du vinyle entrant dans la composition de nombreux matériaux de synthèse. Voir VINYLE.
♦ Polyvinyle

POLYVIT [procédé] n.p.

Procédé de valorisation du lactosérum par l'obtention de levure fourragère (*Torula utilis*).
♦ Polyvit process

POT TRAYEUR n.m.

C'est un des organes de la machine à traire. Dans le cas d'installation non équipée de lactoduc, c'est le récipient en acier inoxydable ou en aluminium servant à recueillir le lait de chaque animal. C'est aussi le récipient de contrôle en verre pyrex dans les installations avec lactoduc où il est aussi dénommé «releaser».
♦ Milking bucket

POTASSIUM n.m.

Élément du lait à l'état soluble (ionisé) dans la phase hydrique (sérum). Symbole chimique K. Teneurs moyennes :
1,6 g/l dans le lait de vache et de chèvre
1,5 g/l dans le lait de brebis
0,5 g/l dans le lait humain
Sa teneur augmente en fin de lactation.
♦ Potassium

POTERIE n.f.

Désignait l'ensemble des bidons à lait de l'usine.
♦ Milk churn set

POTTERAT-ESCHMANN [méthode] n.p.

Méthode de dosage du lactose dans le lait. Le lait est déféqué par l'hexacyanoferrate de zinc ; une solution cupro-alcaline est réduite à chaud par le filtrat obtenu, le précipité d'oxyde cuivreux formé est dissous par une solution d'acide nitrique et le cuivre est dosé par une solution d'EDTA en présence de murexide comme indicateur.
♦ Potterat-Eschmann method

POUDRE de LAIT (ou lait sec) n.f.

Produit obtenu par deshydratation (dessiccation) du lait. Elle peut être obtenue de différentes façons. Voir SÉCHAGE. Les problèmes de conservation sont des problèmes liés à l'oxydation de la matière grasse et à la réhumidification. On distingue 3 types de poudres selon leur utilisation :
1. Poudre de lait pour consommation humaine avec les normes suivantes :
    - moins de 4 % d'humidité
    - absence de germes pathogènes ou toxinogènes
    - moins de 50.000 germes aérobies révivifiables et moins de 5 coliformes par gramme.
2. Poudre de lait pour industrie alimentaire avec les normes suivantes :
    - moins de 4,5 % d'humidité
    - moins de 250.000 germes aérobies revivifiables et moins de 25 coliformes par gramme.
3. Poudre de lait pour consommation animale ou alimentation du bétail avec les normes suivantes :
    - moins de 5 % d'humidité
    - absence de neutralisant.
♦ Milk powder

POURRITURE BLANCHE n.f.

Défaut des fromages à pâte cuite caractérisé par une décomposition putride et localisée du fromage. La pâte est très blanche, d'odeur nauséabonde et de consistance très molle. Défaut de nature microbiologique (*Clostridium sporogenes*) favorisé par un égouttage trop rapide, un apport trop important d'eau en chaudière (pH élevé) et une durée trop importante en cave chaude.
♦ White rot

POURRITURE GRISE n.f.

Défaut des fromages à pâte cuite apparaissant tardivement (3 à 5 mois) caractérisé par une pâte de couleur gris-bleuâtre et parsemée de points bruns (colonies de *Clostridium proteolyticum*) de goût infect. Défaut généralement accompagné de «lainure».
♦ Grey rot or stinker fault

POUSET n.m.
Appareil qui était utilisé pour soutirer le sérum dans la fabrication du cantal fermier.
♦ Pouset

POUSSE [à l'eau] n.f.
Opération qui consiste à injecter de l'eau dans un appareil ou un circuit pour le vider complètement du lait ou du produit qu'il contient.
♦ Push with water

POUSSIÈRES n.f.
Voir FINES.
♦ Cheese dust

PP [vitamine] abv. n.f.
Voir VITAMINE PP ou B_3.
♦ Niacin or nicotinamide

PRÉCHAUFFAGE n.m.
Traitement thermique destiné à stabiliser le lait avant tout autre traitement comme la concentration ou la stérilisation. Il a pour but d'abaisser la teneur en germes de façon à rendre plus efficace la stérilisation.
♦ Preheating or forewarming

PRÉCIPITINE n.f.
Substance (anticorps) qui précipite les antigènes solubles.
♦ Precipitin

PRÉINCUBATION n.f.
Période précédant, sous certaines conditions de température, l'incubation proprement dite. Méthode proposée pour le contrôle au moyen de la réductase, des laits réfrigérés.
♦ Pre-incubation

PRESSAGE n.m.
Opération que l'on rencontre dans certaines fabrications fromagères (fromage à pâte pressée). Elle sert à souder les grains de caillé et finir l'égouttage de ce caillé. Le pressage n'est efficace que s'il est accompagné d'une acidification progressive du caillé rendant celui-ci plus perméable. Les pressions doivent être progressives pour atteindre 16 à 18 kg/cm² par kg de fromage pour les fromages les plus égouttés (gruyère) et 7 à 8 kg/cm² par kg de fromage pour les fromages à pâte ferme (St-Paulin). On trouve parfois le terme pressurage.
♦ Pressing

PRESSION INTRAMAMMAIRE n.f.
Pression apparaissant à l'intérieur de la mamelle, sous l'influence de la sécrétion du lait. Cette sécrétion s'arrête lorsque la pression atteint une valeur de l'ordre de 40 mm de mercure chez la vache.
♦ Intramammary pressure

PRESSION OSMOTIQUE n.f.
Voir OSMOSE.
♦ Osmotic pressure

PRESSURAGE n.m.
Voir PRESSAGE.
♦ Pressing

PRÉSURE n.f.
Substance organique extraite de la caillette des jeunes ruminants non sevrés contenant une enzyme coagulant le lait : la chymosine. L'approvisionnement en présure de veau devenant insuffisant, l'industrie fromagère fait appel à des mélanges de présure avec la pepsine de porc ou de bœuf (50/50). De nombreux végétaux et microorganismes secrètent des enzymes coagulant le lait (artichaut, pois, bactéries «*Bacillus subtilis*, *Bacillus cereus*», moisissures...). On dit que ce sont des succédanés de la présure. Actuellement, plusieurs de ces succédanés sont utilisés en fromagerie, il s'agit, principalement d'enzymes d'origine fongique : ces dernières sont extraites de :
- *Endothia parasitica*
- *Mucor pusillus* LINDT
- *Mucor miehei.*

Comme la présure du veau, ce sont des endo-peptidases capables de couper la liaison phénylalanine - méthionine permettant de séparer le glycopeptide de la caséine K pour que puisse se produire la coagulation. Tous ces enzymes n'ont pas exactement les mêmes caractéristiques protéolytiques. Cependant, étant relativement voisines, elles donnent satisfaction dans certaines fabrications et sous certaines conditions d'action (température, pH...). Certains succédanés, bien que aptes à coaguler le lait, ont un pouvoir protéolytique excessif et non spécifique. Ce qui a pour conséquences :
- une diminution du rendement fromager (par suite d'une trop intense solubilisation de la caséine)
- de conférer au coagulum une texture molle et friable le rendant inapte au travail mécanique
- une production de goûts anormaux en particulier, l'amertume.
♦ Rennet

PRÉSURE NATURELLE n.f.
Voir CAILLETTE.
♦ Crude rennet extract

PRILL et HAMMER [méthode] n.p.
Méthode spectro-colorimétrique de détermination du diacétyle. Principe : réaction avec le chlorure d'hydroxylamine qui donne la diméthylglyoxime qui est dosée par spectrocolorimétrie.
♦ Prill and Hammer method

PROCALEX [procédé] n.p.
Procédé français de caséinerie en continu.
♦ Procalex process

PROGESTÉRONE n.f.
Hormone élaborée par le corps jaune du follicule responsable de la préparation de la glande mammaire à la secrétion lactée.
♦ Progesterone

PROGURT n.m.
Lait enrichi de protéines, fermenté, originaire d'Amérique Latine (Chili).
♦ Progurt

«PROKHLADA» n.m.
Boisson fermentée obtenue à partir de lactosérum pasteurisé, déprotéiné et sucré. Fabriqué et consommé en URSS.
♦ Prokhlada

PROLACTINE n.f.
Hormone galactogène secrétée par l'hypophyse sous l'intervention d'une autre hormone, la folliculine.
♦ Prolactin or mammotropin or luteotrophin or galactin

PROLINE n.f.
Acide iminé, classé dans les acides aminés, à noyau cyclique

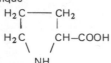

qui abonde dans la caséine β. Élément important de l'arôme des fromages à pâte pressée. Avec la ninhydrine il développe une coloration jaune lue à 440 nm.
♦ Proline

PROPHYLAXIE n.f.
Ensemble de mesures destinées à prévenir les maladies. En élevage laitier elles consistent :
- en l'isolement de tout nouvel animal avant de l'associer au troupeau (à des fins d'observations) : examen microscopique du lait et tests bactériologiques si possible
- surveillance régulière des mamelles et pratique d'épreuves simples de dépistage des mammites (tests cellulaires, etc...)
- élimination des animaux présentant des anomalies du trayon (sphincter mal formé, nodules).
- hygiène de l'étable, des animaux et de la traite.
- traite bien conduite (machine bien réglée).
- giclage avant la traite (élimination des premiers jets car les plus pollués).
♦ Prophylaxis

PROPIONATES n.m.
Sels de l'acide propionique. Le propionate de calcium formé dans les fromages à pâte cuite et à ouverture (type gruyère) donne une saveur douce à ces fromages.
♦ Propionates

PROPIONIBACTERIUM n.m.
Bactéries propioniques, agents de l'ouverture du gruyère ajoutés au lait en même temps que les levains lactiques.
Ex. : *Propionibacterium arabinosum*
♦ Propionibacterium

PROSTAGLANDINES n.f.
Substances proches des vitamines dont les effets physiologiques sont variés : vasodilation, stimulation des muscles lisses, etc... L'acide arachidonique est l'un de leur précurseur.
♦ Prostaglandins

PROSTOKVASHA n.m.
Lait homofermenté préparé à partir de lait de vache ou de bufflesse consommé en Russie.
♦ Prostokvasha

PROTÉASES n.f.
Ce sont des enzymes protéolytiques faisant partie du groupe très important des hydrolases. Elles hydrolysent les liaisons peptidiques des protéines. On distingue les protéinases et les peptidases.
♦ Proteases

PROTÉINASES n.f.
Voir ENDOPEPTIDASES.
♦ Proteinases

PROTÉINE (ou protéide) n.f.
Composé organique azoté macromoléculaire, à l'état colloïdal donnant par hydrolyse des acides aminés. Constituant essentiel des tissus des êtres vivants, poids moléculaire compris entre 15.000 et 500.000. Sa molécule est obtenue par la liaison de nombreux acides aminés. La liaison des différents acides aminés résulte de la condensation de la fonction acide carboxylique COOH d'un acide aminé avec la fonction aminée NH_2 d'un autre pour donner une liaison peptidique $-CONH-$.

$R-COOH + R'NH_2 \rightarrow R-CONH-R' + H_2O$

La présence simultanée de groupe alcalin (NH_2) et acide (COOH) lui confère un caractère amphotère. On distingue les holoprotéines et les hétéroprotéines.
♦ Protein or proteid

PROTÉINES MINEURES n.f.
Dans le lait, il s'agit de protéines de faible mobilité électrophorétique, pH_i supérieur à 6. Elles appartiennent à deux groupes :
1. Les caséines :
   - caséines γ considérées comme des fragments de la caséine β
   - la protéine rouge   } 4% de la caséine
   - la lactolline
2. Les lipoprotéines :
   Protéines de la membrane des globules gras.
♦ Minor proteins

PROTÉINE ROUGE n.f.
Constituant protéique mineur à faible mobilité électrophorétique (pH_i à 7,8) isolé de la caséine entière, s'apparentant aux protéines du sérum. C'est une métalloglycoprotéine fixant des atomes de fer. Riche en cystéine et en glucides.
♦ Red protein

PROTÉOLYSE n.f.

Hydrolyse des protéines par les enzymes protéolytiques.Les composés protidiques libérés dépendent de la nature des protéases qui interviennent. Les facteurs intervenant sur la vitesse de la protéolyse sont :
- la température : lente à 0 °C, la protéolyse est deux fois plus rapide à 21°C
- le stade d'affinage des fromages : la protéolyse est plus rapide au début
- l'humidité : plus l'humidité est élevée et plus rapide est la protéolyse
- le pH : la protéolyse est ralentie en milieu acide au-dessous de pH 5,5
- la teneur en matière grasse : les acides gras insaturés inhibent les bactéries protéolytiques
- la concentration enzymatique.
♦ **Proteolysis or protein breakdown**

PROTÉOSE-PEPTONE n.f.

Substance glycoprotéique contenant également du phosphore et ayant une taille moléculaire intermédiaire entre les protéines et les peptides. Elle forme 19 % de la matière azotée protéique du lactosérum. Elle précipite en grande partie par l'acide trichloracétique à 12 %. Ne dialyse pas. N'est pas précipitée par le chauffage à 95-100 °C. Donne la réaction du biuret.
♦ **Proteose-peptone**

PROTEUS [genre] n.m.

Bactéries banales de la famille des entérobactéries qui ne fermentent pas le lactose. Sont protéolytiques :
Ex. :*Proteus vulgaris*
Proteus prodigiosus
Parfois responsables d'une coagulation douce (sans acidification).
♦ **Proteus (genus)**

PROTIDES n.m.

On groupe sous ce nom les acides aminés et tous les composés qui, par hydrolyse, donnent des acides aminés. Ils forment le 3ème grand groupe de la biochimie, les deux autres étant les lipides et les glucides.
♦ **Protides**

PROTOTROPHE adj. et n.m.

Se dit d'un hétérotrophe qui n'a pas besoin de facteur de croissance pour se développer.
Ex. :de nombreuses moisissures sont prototrophes.
♦ **Prototroph (n.) prototrophic (adj.)**

PSEUDO-FERMENTS LACTIQUES n.m.

Bactéries fermentant le lactose avec production d'acide lactique ainsi que d'autres substances dont des gaz, des alcools...
Ex. :les coliformes sont des pseudo-ferments lactiques.
♦ **Untrue lactic acid bacteria**

PSEUDOMONAS [genre] n.m.

Bactéries banales appartenant à la famille des *Pseudomonadaceae.* Ils constituent une grosse partie de la flore psychrotophe. Gênants car ils sont protéolytiques et lipolytiques.
♦ **Pseudomonas**

PSYCHROMÈTRE n.m.

Voir HYGROMÈTRE.
♦ **Psychrometer or hygrometer**

PSYCHROTROPHES n.m.

Germes se développant à températures relativement basse : entre 5 et 10 °C préférentiellement. De nombreuses bactéries de famille, genres et espèces différents possèdent cette faculté. Ils dégradent peu les glucides, par contre, ils sont protéolytiques et lipolytiques ; souvent les deux à la fois pour 66 % d'entre eux. Leurs enzymes, surtout les lipases, sont douées de thermorésistance et peuvent continuer à agir à des températures inférieures à 0 °C. Ils provoquent des goûts de rance ou d'amertume dans les produits, en particulier les fromages. Ils peuplent les laits refroidis, récoltés et manipulés sans précaution d'hygiène et de propreté. Ils prolifèrent après 24 à 48 h de stockage à basse température.
♦ **Psychrotroph**

PUINA n.m.

Voir SKUTA.
♦ **Puina**

PUNAIS [fromage] adj.

Fromage accidenté présentant un mauvais goût et en particulier une odeur fécale.
♦ **Ill-smelling (cheese) or stinking (cheese) or pungent (cheese)**

PUTRÉFACTION n.f.

Décomposition des matières organiques en particulier des protéines s'accompagnant très souvent d'odeurs nauséabondes dues à la formation d'amine ou de diamine et d'hydrogène sulfuré (H_2S).
♦ **Putrefaction or rotting**

PUTRIDE [germe] adj.

Germe responsable de la putréfaction, producteur d'H_2S.
Ex. :certains *Clostridia* et Streptocoques anaérobies.
♦ **Putrid (organism)**

PYCNOMÈTRE n.m.

Petit matériel de laboratoire. C'est un flacon spécial jaugé, muni d'un thermomètre de précision permettant de déterminer la densité d'un liquide à une température donnée. Principe : après tarage, on pèse le flacon rempli de liquide à la température voulue, puis on pèse ce flacon rempli d'eau.
♦ **Pycnometer**

PYROXIDINE [pyridoxal, pyridoxamine] n.f.

Voir VITAMINE B$_6$.

♦ **Pyridoxine (pyridoxal, pyridoxamine)**

PYRUVIQUE [acide] adj.

Ceto-acide de formule $CH_3-CO-COOH$. Métabolite intermédiaire très important («métabolite - clef» du métabolisme glucidique et protidique). Il intervient dans les processus fermentaires et respiratoires (cycle de KREBS). Il peut être réduit en acide lactique

$$(CH_3-CHOH-COOH),$$

en éthanol et gaz carbonique

$$(CO_2 + CH_3-CH_2OH)$$

mais peut aussi donner des produits aromatiques (acétaldehyde, acétoïne, diacétyle, etc...).

♦ **Pyruvic acid**

Quai de réception des citernes

Q [coenzyme]

Appelé aussi ubiquinone. Facteur vitaminique rencontré dans la crème et le beurre. Teneur 3 μg/g de beurre.

♦ Q (coenzyme)

Q_{10} n.m.

Voir VITESSE de réaction.

♦ Q_{10}

Qo_2 n.m.

Grandeur qui définit l'activité respiratoire des organismes. Elle s'exprime en μ l d'oxygène consommés par heure et par mg de poids sec de cellules.

Ex. Qo_2 pour *E. coli* = 800.

♦ Qo_2

QUALITÉ n.f.

Désigne un ensemble de caractéristiques qui font qu'une chose est recommandable et répond aux exigences des utilisateurs. Ce terme est souvent employé en association avec un adjectif qui le qualifie : bonne qualité - mauvaise qualité - qualité satisfaisante. Dans ce cas il signifie caractéristiques naturelles ou acquises. En ce qui concerne le lait crû, matière première utilisée pour la fabrication de divers produits laitiers, le mot qualité englobe plusieurs significations ou critères :

- composition chimique : c'est-à-dire la teneur intrinsèque en constituants transformables : matière grasse et protéines (caséine). Ce critère est d'ordre nutritionnel, technologique et économique.
- composition bactériologique : la nature des germes et leur nombre influence la qualité du lait et d'une manière générale la qualité de l'ensemble des produits laitiers fabriqués.

Les normes de qualité de lait crû sont actuellement :

1ère qualité : moins de 100.000 germes/ml
2ème qualité : de 100.000 à 500.000 germes/ml
3ème qualité : plus de 500.000 germes/ml

Selon la teneur en ces différents critères (composition chimique et propreté bactériologique), le lait est plus ou moins valorisé. Les critères de jugement de la qualité sont sujets à évolution aussi bien dans le temps que dans l'espace car ils sont conditionnés par :

- le degré d'évolution du système législatif en matière de santé et d'hygiène publique
- des progrès scientifiques et techniques aux fins d'analyse.
- du degré de développement économique et social

La qualité des produits est définie soit :

- contractuellement entre les diverses parties : producteurs, transformateurs, pouvoirs publics.
- autoritairement :
  - par des cahiers des charges présentés par l'acheteur
  - par la législation élaborée dans le souci de protéger l'hygiène publique.

Son contrôle fait l'objet d'analyses à différents niveaux :

- laboratoires interprofessionnels qui déterminent la qualité du lait crû en vue de sa cotation
- laboratoires des usines qui veillent à la qualité des produits en cours de fabrication et fabriqués et s'assurent que les normes légales ou technologiques ont été remplies
- laboratoire de l'hygiène publique et de la répression des fraudes qui surveillent le respect de l'application des normes dictées
- laboratoires des associations de consommateurs.

♦ Quality

QUANTITATIF [contrôle] adj.

Concerne la gestion économique de toute entreprise. Il s'exprime par la balance entre :

- les quantités de matières premières entrant dans l'usine
- les quantités de produits finis sortant de l'usine
- la mise en évidence des pertes ou de l'overrun.

♦ Quantitative control

QUANTITÉ de LAIT n.f.

La production des femelles laitières est variable en fonction :

- de la race
- de l'aptitude héréditaire des individus
- du climat ou de la saison
- de l'alimentation
- du stade de lactation (début ou fin)
- de l'âge
- des conditions de santé et d'hygiène de l'animal
- des conditions de la traite (à heures régulières, bien conduite : rapide, indolore...).

Cette production peut varier considérablement. On considère qu'une bonne vache laitière peut fournir au cours d'un cycle de lactation 4000 à 5000 litres de lait. Certains individus peuvent produire jusqu'à 9000 l. La production moyenne annuelle d'une chèvre est de 420 l (pour les bonnes laitières, les quantités produites peuvent atteindre 800 à 900 l.) Pour la brebis la moyenne se situe aux environ de 120 l/an.

♦ Milk yield or milk production

QUARTIER n.m.

La mamelle des bovins est divisée en quatre portions appelées quartiers. Les deux quartiers postérieurs sont les plus volumineux. La composition du lait provenant de chacun des quartiers n'est pas absolument identique.

♦ Udder quarter

QUERY FEVER [fièvre Q] n.f.

Maladie causée par *Coxiella burneti* dont la résistance à la chaleur est légèrement supérieure à celle du bacille tuberculeux.

♦ Q Fever

QUETTE n.m. ou f.

Nom autrefois donné dans les fruitières au nouveau sérum obtenu lors de la fabrication des fromages de sérum.

♦ Quette or whey from whey cheese

QUINON n.m.

Nom donné au moule utilisé pour la fabrication de Maroilles. On trouve aussi le terme équinon.

♦ Mould or form or quinon

(Doc. Publimark)

Revirage des fromages de Roquefort

RABATTAGE n.m.

Opération qui consiste à détacher à la main les portions de caillé restant adhérentes à la paroi des moules en les rabattant sur le fromage en formation de façon à faciliter la descente régulière du caillé dans les moules au cours de l'égouttage.
♦ Pushing down or pulling down

RABRI n.m.

Lait concentré sucré d'origine indienne obtenu à partir de lait cuit à petit feu.
♦ Rabri

RACE n.f.

Subdivision de l'espèce zoologique. En France, on compte une quinzaine de races de vaches laitières. Les principales races laitières sont :
- la Française Frisonne Pie Noire (FFPN) 2,7 millions environ
- la race Normande 2,4 millions environ
- la Pie Rouge de l'Est 1,1 million environ
- diverses (Limousine, Maine, Anjou, Brune des Alpes, Bretonne, Pie Noire, Flamande, Charolaise, Abondance, Tarentaise, Jerseyaise, Aubrac, salers... 2,3 millions environ, soit au total 8,5 millions environ

Pour les chèvres on trouve, parmi les races françaises :
- l'Alpine (ou des Alpes) avec ses variétés : Saanen - Lou Clair - Sundgau Chamoisée - Pie des Alpes
- la Basquaise
- la Mont d'Or
- l'Espagnole de Murcie
- la race des Pyrénées (ou Pyrénéeene)
- la race du Poitou (ou Poitevine)

Les brebis laitières françaises appartiennent aux races :
- Lacaune
- Larzac
- Basquaise
- Lauraguaise
- Corse
- Sahune
- Manech
- Béarnaise
♦ Breed

RAD n.m.

Unité d'irradiation, c'est la radiation pour laquelle l'énergie absorbée par 1 gramme de matière est de 100 ergs. Il est indépendant du type de rayonnement utilisé et du matériau absorbant.
♦ Rad

RADAPPERTISATION n.f.

Voir RADIO-APPERTISATION
♦ Radappertization

RADICIDATION n.f.

Destruction de la flore bactérienne pathogène par l'utilisation de rayons ionisants (75-300 K rads)
♦ Radicidation

RADIO-APPERTISATION n.f.

Traitement au moyen de rayons ionisants visant à détruire aussi bien les microorganismes de la détérioration que les microorganismes pathogènes dans les aliments à un degré tel que l'altération de produit ne se produise pas, quelles que soient les conditions d'entreposage (énergie $>$ 1 M rad). On trouve aussi le terme radappertisation.
♦ Radappertization

RADIOÉLÉMENTS du LAIT n.m.

Le lait est un vecteur essentiel des nucléides radio-actifs. Parmi les radioéléments retrouvés dans le lait on distingue :
- le cesium 137 - le strontium 90 doués d'une longue période (27 ans)
- le strontium 89 et l'iode 131 doués d'une courte période (quelques jours à quelques mois)

Leur quantité dépend :
- de la période de désintégration du radioélément
- du lieu et de l'époque des explosions nucléaires
- du lieu de production du lait
♦ Radionuclides

RADIO-PASTEURISATION n.f.

Traitement des aliments au moyen de doses de rayonnements ionisants suffisantes pour renforcer leur conservabilité en produisant une baisse sensible dans le nombre de microorganismes responsables de la détérioration (énergie $>$ 300 K rads).
♦ Radio-pasteurization

RADIO-STÉRILISATION n.f.

Traitement au moyen de rayons ionisants des aliments visant à détruire les microorganismes pathogènes viables pour supprimer tout risque pour la santé (énergie $>$ 2 M rads)
♦ Radio-sterilization

RADURISATION n.f.

Traitement de conservation des produits alimentaires par utilisation de rayons ionisants.
♦ Radurization

RAMASSAGE du LAIT n.m.

On collecte du lait cru sur les lieux de production au moyen :
- de bidons
- de citernes réfrigérées. Ce mode tend à se généraliser
- de pipe-lait ou lactoducs surtout utilisés dans certaines régions montagneuses (Autriche, Suisse, Savoie...).

La dispersion des points de ramassage grève le prix de revient du transport.
♦ Milk collection

RANCIDITÉ n.f. ou RANCISSEMENT n.m.

C'est l'hydrolyse des triglycérides avec libération des acides gras sous l'action des lipases. C'est la cause du défaut de goût des produits laitiers. Il suffit de très faibles quantités d'acide butyrique à l'état libre pour donner un goût caractéristique de rance. Les laits de fin de lactation sont prédisposés au rancissement.
♦ Rancidity

RANCIDITÉ CÉTONIQUE n.f.

Voir MÉTHYL-CÉTONE
♦ Ketonic rancidity or perfume randicity

RANCISSURE n.f.

Défaut de goût et d'odeur des produits gras (beurre en particulier) dû à la rancidité.
♦ Rancidness

RÉACTION PRIMAIRE n.f.

Voir PHASE primaire.
♦ Primary reaction

RÉACTIVATION des ENZYMES n.f.

Voir PHOSPHATASE alcaline.
♦ Reactivation

RÉAGINES n.f.

Substances allergènes susceptibles de provoquer des allergies. On considère que l'allergène majeur du lait est la β-lactoglobuline.
♦ Reagin

REBLOCHER v.

Terme savoyard signifiant traire une seconde fois, c'est-à-dire égoutter le pis de la vache après une traite incomplète pour en tirer le lait le plus riche. On trouve aussi le terme réblécher.
♦ To milk out

RECHERCHON n.m.

Désigne les débris de caillé restant au fond de la cuve à gruyère après que l'on ait retiré le fromage selon la méthode traditionnelle. Les débris sont récupérés et incorporés au fromage avant le pressage.
♦ Curd remnants or "streble"

RECKNAGEL [effet] n.p.

Phénomène affectant la mesure de la densité du lait lue sur le lactodensimètre. La densité ne peut être mesurée qu'après un certain délai au cours duquel elle s'est stabilisée. La cause semble due à la variation de la quantité d'eau liée aux protéines.
♦ Recknagel effect

RECOMBINÉ [produit laitier] adj.

Il s'agit d'un produit laitier (lait, crème, etc...) que l'on obtient à partir de poudre de lait écrémé, d'huile de beurre, ou matière grasse laitière anhydre et d'eau. On utilise souvent à tort le terme reconstitué pour désigner un tel produit.
♦ Recombined (dairy product)

RECONSTITUÉ [lait] adj.

Lait obtenu par dissolution de poudre de lait entier dans de l'eau. Généralement on reconstitue le lait à 10 % (on met 100 g de poudre et l'on complète à 1 litre avec de l'eau).
♦ Reconstituted milk

RECUITE n.f.

Désigne le lactosérum privé des protéines solubles par ébullition et acidification. Elle est employée pour la macération des caillettes en vue de l'obtention de la «présure naturelle» en fabrication traditionnelle de gruyère.
♦ "Recuite" or "Schotte"

RÉDOX [potentiel] adj.

Voir OXYDO-RÉDUCTION (potentiel).
♦ Redox potential

RÉDUCTASE n.f.

Système enzymatique mis en évidence chez la plupart des bactéries au moyen de colorants indicateurs d'oxydo-réduction. Le développement microbien conduit à une diminution du potentiel redox du milieu. Les bactéries lactiques possèdent une réductase. Les colorants utilisés pour l'épreuve dite de la «reductase» sont :
- le bleu de méthylène qui est bleu à l'état oxydé et décoloré à l'état réduit (leuco dérivé) pour un potentiel redox de + 0,05 volt. On utilise 1 ml d'une solution de bleu de méthylène à la concentration de 5 mg/100 ml que l'on mélange à 10 ml de lait. Le tout est mis à incuber à 37 °C. La décoloration se produisant en moins de 1 heure indique une forte prolifération de germes réducteurs. Après 3 heures, il s'agit soit d'un lait peu contaminé, soit d'un lait contenant des inhibiteurs.
- la resazurine. Bleue à l'état oxydé dans le lait normal, la teinte vire successivement au rose puis au blanc au cours de la réduction (entre + 0,18 et 0,09 volt). Passage de l'état resazurine à l'état resorufine et dihydroresorufine. La décoloration est plus rapide qu'avec le bleu de méthylène mais la réaction est influencée par les leucocytes. Le changement de teinte est progressif et observé au moyen d'un comparateur colorimétrique. Au bout d'une heure, la note peut varier de 6 à 0. La note 6 correspond à la couleur bleue autrement dit à du lait non réduit. La note 0 correspond à la couleur blanche.
♦ Reductase

RÉDUCTEUR n.m.

Voir OXYDO-RÉDUCTION.
♦ Reducing agent

RÉDUCTONES n.f.

Substances fortement réductrices caractérisées par la présence dans leur molécule du groupe —C(OH) = C(OH)— comme dans l'acide ascorbique.
♦ Reductones

RÉFRACTOMÉTRIE n.f.

Méthode d'analyse optique fondée sur la mesure de l'indice de réfraction des substances en solution. Elle peut être utilisée pour :
- la détection du mouillage du lait
- la mesure de la concentration en lactose et protéines.

♦ Refractometry

RÉFRIGÉRATION n.f.

Action d'abaisser la température. Opération capitale pour garder la qualité du lait et de ses dérivés, elle s'effectue à tous les niveaux depuis la ferme jusqu'au stockage du produit fini. Elle s'effectue par ruissellement, par immersion, par double enveloppe, l'agent réfrigérant étant de l'eau froide, de la glace, une saumure (de chlorure de calcium ou d'éthylène glycol) ou une fluide frigorigène (fréon, ammoniac).

♦ Refrigeration or cooling

REFROIDISSEMENT des CRÈMES n.m.

Voir CRISTALLISATION.

♦ Cream cooling or chilling

RÉGÉNÉRATION du BEURRE n.f.

Opération pratiquée pour rendre consommables des beurres de qualité défectueuse. On procède à la séparation par fusion et décantation de la matière grasse du beurre accidenté ce qui permet d'éliminer complètement la phase aqueuse souvent la plus altérée. L'huile du beurre obtenue est émulsionnée dans du lait frais écrémé, la crème résultante peut être traitée selon les principes habituels de beurrerie après désodorisation. Le beurre ainsi obtenu prend la dénomination beurre régénéré.

♦ Butter regeneration

REGISTRE n.m.

Plaque mobile servant à régler l'entrée d'un gaz (souvent air) dans un conduit.
Ex. : les registres souillés des transporteurs pneumatiques de poudres de laits peuvent être à l'origine de contamination de ces dernières.

♦ Register or damper

REICHERT-MEISSL-WOLNY [indice] n.p.

Parfois noté indice RMW. C'est le nombre de ml de soude N/10 nécessaires pour neutraliser les acides gras volatils solubles obtenus à partir de 5 g de matière grasse. Il renseigne sur la teneur en acides gras volatils solubles. Pour le lait de vache il est de 25 à 33. Il est maintenant remplacé par l'indice d'acides gras volatils solubles (AVS) qui est le nombre de mg de potasse nécessaire pour neutraliser les acides gras volatils solubles obtenus à partir de 1 g de matière grasse.

♦ Reichert-Meissl-Wolny value

RELEASER (terme anglais) (ou extracteur de lait - terme français) n.m.

Organe d'une installation de traite en ligne haute, qui permet d'extraire le lait d'un circuit sous vide partiel et de le recueillir à la pression atmosphérique grâce à une écluse qui est soumise alternativement à un vide et à la pression atmosphérique. La chambre de réception reste sous vide en permanence. Il est remplacé dans les installations en ligne basse par la pompe extractrice.

♦ "Releaser"

RENDEMENTS [technologiques] n.m.

Rapport de la quantité produite à la quantité entrée comme matière première.

♦ Yield

Rendement fromager : nombre de kg de fromage obtenu avec 100 kg de lait, pour un type de fabrication donné.

Il varie en fonction :
- de la teneur du lait en protéines et matière grasse
- de la technologie considérée
- des soins apportés aux manifestations du caillé en particulier et au calcul des mélanges
Le coefficient G exprime un rendement estimé pour un type de fabrication. On donne comme rendement fromager :
- Petit suisse : 25 à 26 kg
- Camembert : 11 à 11,5 kg
- Marolles : 10 à 11 kg
- Pont l'Évêque : 9 à 10 kg
- Saint-Paulin : 11 à 11,5 kg
- Cantal : 10 à 11 kg
- Emmental : 8 à 9 kg

♦ Cheese yield

Rendement beurrier : c'est la quantité de beurre obtenue pour 100 kg de matière grasse mise en jeu. En moyenne on obtient 118 kg de beurre. Il est influencé par les facteurs suivants :
- l'état de maturation de la crème (acidité, cristallisation)
- l'état des globules gras
- la température de barattage
- la vitesse de barattage (action mécanique plus ou moins violente)
- le lavage des grains de beurre
- des pertes diverses.

♦ Butter yield

RENNINE n.f.

Terme anglo-saxon désignant l'enzyme pure et cristallisé extraite de la présure du veau. Voir CHYMOSINE.

♦ Rennin or chymosin

RÉNOVATION du BEURRE n.f.

Opération pratiquée pour rendre consommables des beurres de qualité défectueuse. On procède au malaxage du beurre défectueux (souvent beurre stocké au froid) avec une solution étendue de bicarbonate de soude pour désacidifier le non gras, puis on effectue un lavage et un malaxage avec du lait frais ou de la crème pour permettre une nouvelle fermentation aromatique. On obtient un beurre appelé beurre rénové.

♦ Renovation of butter or rechurning

REP [Roentgen Équivalent Physique] n.m.

Unité d'irradiation, il correspond sensiblement à un rad.

♦ Rep

RÉSAZURINE n.f.

Voir RÉDUCTASE.

♦ Resazurin

RÉSINES n.f.

Voir ÉCHANGE d'ions.

♦ Resins

RESSUAGE n.m.

Voir RESSUYAGE.

♦ Working out the curd grain

RESSUYAGE n.m.

Parfois encore appelé ressuage. Opération caractéristique de la fabrication de pâte pressée cuite et non cuite qui s'effectue après le lavage du grain pour la pâte non cuite et après le chauffage (le «feu») pour la pâte cuite. Il a pour but de sécher le grain du caillé. Il est réalisé au moyen de brassoirs qui fouettent les grains, il s'opère à température de l'ordre de 30 °C pour la pâte non cuite et de 50 °C pour la pâte cuite.

♦ Working out the curd grain

RÉTENTAT n.m.

Ensemble de substances retenues dans les membranes lors de l'ultra-filtration. Dans le cas du lait écrémé et du lactosérum il est surtout composé de protéines.

♦ Retentate or concentrate (membrane process)

RÉTENTION LACTÉE n.f.

En l'absence de traite, le lait se modifie rapidement et présente une composition anormale, par suite de la résorption des principaux constituants. Il y a passage dans le sang des composants de poids moléculaire bas et moyen. La rétention lactée se produit lorsque l'intervalle des traites est irrégulier et au moment du tarissement. Dans ce dernier cas elle est volontaire et normale. Dans la plupart des cas de rétention lactée, des mammites peuvent se déclencher.

♦ Retention of milk or holding back of milk

RÉTINOL n.m.

Voir VITAMINE A ou AXEROPHTOL.

♦ Retinol

RETOURNEMENT n.m.

Opération consistant à retourner le fromage. Il s'effectue :
- en salle d'égouttage pour finir ce dernier et aplanir les faces du caillé de façon à fournir une belle croûte (pour les pâtes molles)
- au moment du pressage : pour les pâtes cuites
- en cave d'affinage pour permettre un développement régulier de la flore de surface sur tout le fromage (pour tous les fromages affinés).

Ils sont effectués à la main ou à la machine.

♦ Turning or inverting

REVERSE PRÉCIPITATION [procédé] n.p.

Procédé australien de caséinerie en continu. Appelé aussi procédé MULLER-HAYES.

♦ Reverse precipitation process

REVERUM n.m.

Enduit visqueux constitué de levures et de leurs produits d'excrétion, on y trouve aussi quelques microcoques. Il protège les faces contre l'implantation d'une flore nuisible sur les roqueforts. Voir aussi PEGOT.

♦ Smear or slime

REVIRAGE n.m.

Opération consistant à racler les fromages de roquefort pour enlever les moisissures de surface qui obstruent les canaux d'aération de la pâte.

♦ Slime scraping or mould scraping

rH n.m.

Grandeur qui caractérise la proportion dans un milieu de produits oxydés par rapport aux produits réducteurs. Le rH exprime la pression d'hydrogène libre existant dans le milieu soit en quelques sorte le pouvoir réducteur du système. Il correspond au cologarithme de la pression d'hydrogène moléculaire dans le milieu. Comme pour le pH, il existe une échelle de rH qui va de 0,2 à 42,7. Soit
0 à 27,7 pour système réducteur
27,7 à 42,7 pour système oxydant.
Il se mesure par potentiométrie ou à l'aide d'indicateurs (appelés indicateurs redox). On trouve aussi le symbole rH_2.

♦ rH

RHÉOLOGIE n.f.

Science qui étudie la déformation et l'écoulement de la matière pâteuse. Elle peut trouver des applications en industrie alimentaire à propos de la mesure de la fermeté du beurre par exemple ou de la texture des pâtes à fromage.

♦ Rheology

RHÉOPÉXIE n.f.

Phénomène inverse de la thixotropie qui se manifeste par une augmentation de la viscosité apparente d'un corps soumis à une agitation (battage, fouettage) et retour à la viscosité initiale après un temps de repos (l'agitation ayant cessé).

Ex. : cas du battage du blanc d'œuf
cas de la crème fouettée.

♦ Rheopexy

RIBOFLAVINE n.f.

Vitamine B_2. Pigment fluorescent jaune-vert qui ne se manifeste que dans le lactosérum. Colorant jaune-vert autorisé sous le n° E 101.

♦ Riboflavin

RIBONUCLÉASE n.f.

Enzyme hydrolysant les acides ribunocléiques. C'est une transphosphorylase associée aux protéines du sérum, de poids moléculaire 13000, basique, résistante au chauffage puisqu'elle résiste aux traitements UHT.

♦ Ribonuclease

RIBOT [lait] adj.

Désigne un produit obtenu à partir de babeurre fermenté possédant des propriétés rachaîchissantes.

♦ "Ribot" milk or cultured buttermilk

RICHMOND [formule de] n.p.

Formule qui donne la teneur en extrait sec du lait connaissant la densité et la teneur en matière grasse :

ES % = 250 (D−1) + 1,22 G + 0,14
ES % : pourcentage d'extrait sec
D : densité à 15 °C
G : pourcentage de matière grasse

♦ Richmond formula

RICKETTSIA n.f.

Bactérie s'apparentant aux gros virus. Leur présence dans le lait a une signification d'hygiène défectueuse.

Ex. : *Coxiella burneti* agent de la fièvre Q.

♦ Rickettsia

RING TEST n.m.

Appelé aussi test de l'anneau ou ABR (Abortus Bang Reaction). Voir BRUCELLA.

♦ Ring test

RINGER [solution] n.m.

Voir DILUANT.

♦ Ringer diluent

«RIVELLA» n.m.

Boisson sans alcool obtenue à partir de lactosérum déprotéiné fermenté auquel on rajoute des herbes aromatiques et du sucre.

♦ "Rivella"

ROCOU n.m.

Pigment végétal caroténoide extrait du rocouyer. Il est utilisé comme colorant pour les beurres d'hiver dans certaines régions ou certains types de fromages (St-Paulin, Edam, ...). Colorant autorisé sous le n° E 160.

♦ Annatto or bixin or norbixin

RODENTICIDES n.m.

Produits utilisés en agriculture pour détruire les rongeurs.

Ex. : le coumafène, le phosphure de zinc (voir PESTICIDES).

♦ Rodenticides

ROEDER [méthode] n.p.

Méthode acido butyrométrique utilisée parfois pour le dosage de la matière grasse des crèmes, des beurres et des fromages. On emploie comme réactif de l'acide chlorhydrique contenant du chlorure d'étain.

♦ Roeder method

ROENTGEN(r) n.m.

Unité d'ionisation, c'est le nombre d'ionisations produites par unité de volume d'air. Il est tel que l'énergie absorbée par gramme d'air soit de 83 ergs. Il dépend du rayonnement et de la nature du matériau absorbant.

♦ Roentgen

ROGNURES n.f.

Bourrelets plus ou moins importants à la jointure du talon et des planches qui se rencontrent surtout dans la fabrication des fromages à pâte pressée. Elles sont enlevées à l'aide d'un coutoau et sont généralement envoyées à la fonte.

♦ Rind trimmings or bulging rim

ROÏBA n.m.

Caillé gras restant après barattage dans la fabrication traditionnelle du beurre au Tchad.

♦ Roiba

ROMPAGE n.m.

Désigne l'opération consistant au décaillage lent du lait en cuve de fromagerie. Voir DÉCAILLAGE.

♦ Curd cutting

RONDOTS n.m.

Bassines de grand diamètre et de faible profondeur utilisées dans les fruitières pour le refroidissement et le crémage spontané du lait crû destiné à la fabrication traditionnelle du gruyère. Ces bassines sont entreprosées pendant la nuit dans un local frais. Le lendemain on récupère une partie de la crème au moyen de la poche. On trouve aussi parfois le terme de ronde.

♦ Shallow milk pan

RONNEL n.m.

Insecticide organophosphoré appelé également Fenchlorfos, utilisé pour le traitement des locaux (étables, etc...).

♦ Ronnel

RÖSE-GOTTLIEB [méthode] n.p.

Méthode de référence pondérale éthero-ammoniacale utilisée pour le dosage des matières grasses. C'est une méthode par extraction de la matière grasse à l'aide de solvants.
♦ Röse-Gottlieb method

ROUE n.f.

Nom parfois donné à la meule de fromage.
Ex. : une roue de gruyère.
♦ Cheese wheel

ROWLAND [méthode de] n.p.

Méthode modifiée par ASCHAFFENBURG-DREWRY, employée pour le dosage des principaux constituants azotés. Le dosage de différentes fractions azotées obtenues par précipitation est effectué par la méthode de KJELDAHL. Cette méthode assez longue permet de déterminer :
- l'azote de la caséine
- l'azote des protéoses-peptones
- l'azote non protéique
- l'azote albumine
- l'azote globuline.
♦ Rowland method

RUBIS [pigment] adj.

Colorant rouge autorisé uniquement pour la coloration des croûtes de fromage sous le n° E 180.
♦ Rubis pigment

RYAZHENKA n.m.

Sorte de «yaourt gras» obtenu par fermentation (à l'aide de streptocoques lactiques thermophiles et parfois *lactobacillus acidophilus*) d'un mélange pasteurisé (95 °C) de lait et de crème. Produit et consommé en Russie. On trouve aussi l'orthographe rhazhenka.
♦ Ryazhenka

S

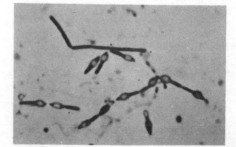

Bactéries sporulées

SABLEUSE [texture] n.f.

Accident rencontré dans la fabrication des laits concentrés sucrés. Cet accident se manifeste par la présence de cristaux peu nombreux mais assez gros dus à une mauvaise cristallisation du lactose (refroidissement trop lent, absence de grainage). On trouve aussi parfois l'expression anglaise : « Sandiness ».
♦ Sandiness

SABRE n.m.

Instrument généralement en bois dont la forme rappelle un sabre. Il sert à découper grossièrement le caillé dans certaines fabrications fermières.
♦ Stab

SACCHAROMYCES [genre] n.m.

Levures typiques appartenant à la famille des *Endomycetaceae. Saccharomyces cerevisiae* : fermentation de la bière. *Saccharomyces cerevisiae variété ellipsoïdus*, fermentation du vin. *Saccharomyces fragilis* employée comme levure alimentaire, et responsable de gonflements en fromagerie (fromages frais et pâtes molles). Cette levure est maintenant appelée *Kluyveromyces fragilis*.
♦ Saccharomyces

SACCHAROSE n.m.

Nom scientifique du sucre de betterave ou de canne. Sucre en C_{12}. Diholoside non réducteur de formule $C_{12}H_{22}O_{11}$, sa molécule est composée d'une molécule de glucose associée à une molécule de fructose. Très soluble dans l'eau, il est dextrogyre mais son hydrolyse qui conduit à un mélange équimoléculaire de glucose et fructose lui confère un pouvoir rotatoire levogyre. On dit que l'on a «inversion» ou «interversion» et l'hydrolysat s'appelle «sucre interverti». Sa grande solubilité et son pouvoir sucrant assez élevé (6 fois plus que le lactose) le font employer dans de nombreuses fabrications. Ex. : lait concentré sucré, yaourt sucré etc...
♦ Sucrose or saccharose

SALAGE n.m.

Opération consistant à additionner du sel (chlorure de sodium) à un aliment dans le but :
- de relever le goût
- d'améliorer son aptitude à la conservation en stoppant la prolifération de germes.

Le salage du beurre se fait au cours du malaxage avec du sel fin ou une saumure. La législation autorise 10 g de sel pour 100 g de beurre. Le beurre 1/2 sel doit en contenir moins de 5 g. En fromagerie, le salage fait la transition entre l'égouttage et l'affinage. Ses effets sont multiples :
- il protège contre les microorganismes indésirables : *Oïdium* en particulier. Par contre, il gêne peu les moisissures du type *Penicillium*.
- il complète l'égouttage par drainage du sérum dû à l'hygroscopicité du sel et à sa forte pression osmotique
- il contribue à la formation de la croûte
- il relève le goût
- il ralentit légèrement la protéolyse.

Le salage du fromage s'effectue généralement à froid. Il existe plusieurs méthodes :
- salage à sec avec du sel fin répandu à la surface des fromages, ou fluidisé

    Ex. : Camembert, Brie traditionnels
- salage par incorporation du sel au caillé broyé avant moulage
    Ex. : Bleus - Cantal
- salage en saumure du fromage moulé
    Ex. : la plupart des fromages.
♦ Salting

SALMONELLA [genre] n.f.

Bactéries pathogènes, gram négatives, de la famille des entérobactéries. Principalement originaires des eaux polluées, elles se multiplient dans le lait et les œufs. Agents de la fièvre typhoïde et para typhoïde
Ex. : *Salmonella typhi*
    Salmonella paratyphi - Salmonella typhimurium
Germes non détruits par la congélation à − 20° pendant de long mois (on en retrouve dans la viande congelée).
♦ Salmonella

SALOIR n.m.

Local où s'effectue le salage, s'emploie surtout pour les pâtes molles.
♦ Salting room

SAMMA (ou samna) n. m. ou f.

Huile de beurre clarifiée en Égypte. Voir GHEE. On trouve aussi le terme Samneh.
♦ Samma ou samna

SANDERS-SAGER [méthode] n.p.

Méthode de dosage photocolorimétrique de la phosphatase alcaline.
♦ Sanders-Sager method

SANGLAGE n.m.

Opération qui consistait à entourer le caillé moulé d'un cercle primitivement en bois de sapin pour éviter qu'il s'affaisse pendant l'affinage et lui conférer un goût particulier.
Ex. : fabrication du Vacherin Mont d'Or.
♦ Strapping

SAPIDITÉ n.f.

Qualité de ce qui a de la saveur, du goût.
Ex. : le sel est un agent de sapidité.
♦ Sapidity or palatability

SAPONIFICATION n.f.

Hydrolyse basique d'un ester d'acide gras avec formation d'alcool et de savon.
Ex. : attaque par la soude des triglycérides.
♦ Saponification

SAPONIFICATION [indice de] n.f.

On le note IS. C'est le nombre de mg de potasse KOH nécessaire pour saponifier un gramme de matière grasse. La saponification est réalisée à chaud par une quantité connue et en excès de potasse alcoolique, l'excès de réactif est titré par une solution acide (HCl) en présence de phénolphtaléine. Il renseigne sur la longueur des chaînes d'acides gras, plus l'indice est élevé plus la longueur de la chaîne est réduite. Pour la matière grasse du lait IS varie de 218 à 235. Appelé encore indice de KOETTSTÖRFER.

♦ Saponification number

SAPONIFIÉ [fromage] adj.

Fromage accidenté ayant subi une lipolyse accentuée et dans lequel les acides gras ont été saponifiés pour donner un goût de savon. Les fromages bleus trop affinés peuvent présenter ce défaut.

♦ Saponified cheese or lipolyzed cheese

SAPROPHYTE [microorganisme] adj. ou n.m.

Désigne un microorganisme non pathogène qui vit sur des substances inertes, matières organiques en décomposition.

♦ Saprophyte (n) or saprophytic (adj)

SARAN n.m.

Matériau utilisé dans le préemballage du fromage : c'est un copolymère de chlorure de polyvinyle (PVC) - polyvinylidène (PVDC).

♦ Saran film

SARCINA n.f.

Nom du genre attribué aux sarcines.

♦ Sarcina

SARCINE n.f.

Microorganisme, gram + appartenant à la famille des *Micrococcaceae* (BERGEY) de forme sphérique, groupé généralement en paquet cubique de 8.

Ex. : *Sarcina lutea* qui provoque parfois les «points jaunes» dans les bouteilles de lait.

♦ Sarcina

SAUÇAGE n.m.

Nom donné dans la fabrication traditionnelle du Livarot au lavage à l'eau, douce ou légèrement salée, de la croûte du fromage pendant son maintien en cave d'affinage.

♦ Cheese rind washing or soaking

SAUCERETTE n.f.

Sorte d'écumoire sans manche autrefois utilisée pour répartir le caillé dans les moules lors de la fabrication des Bries fermiers.

♦ Saucerette or curd ladle or curd scoop

SAUMURAGE n.m.

Passage en saumure ou salage en saumure.

♦ Brining or pickling

SAUMURE n.f.

Bain de sel (NaCl) destiné au salage des fromages. Leur concentration s'échelonne entre 18 et 28 %. La température est comprise entre 10 et 15 °C. La durée de séjour dépend du format des fromages (entre 1 H pour le camembert à 12 H pour les pâtes pressées). Leur assainissement peut être réalisé par filtration et pasteurisation. L'addition d'antiseptiques est interdite en France.

♦ Brine

SAV [procédé] abv., n.p.

Procédé français (SAV : Société des Alcools du Vexin) de fabrication continue de lactosérum levuré à partir de lactosérum acide.

♦ SAV process

SAVEUR n.f. (ou goût n.m.)

Sensation (ou qualité de cette sensation) perçue à la suite de la stimulation des bourgeons gustatifs par certaines surbstances solubles. On distingue 4 saveurs fondamentales :
- acide
- amère
- salée
- sucrée.

♦ Taste

SAVON n.m.

Sels provenant de l'attaque d'acides gras par une base.

Ex. : Oléate de sodium : savon doux
      Stéarate de sodium : savon dur

♦ Soap

SAYA n.m. ou f.

Lait pur, non bouilli, acide, fermenté à basse température pendant plusieurs semaines.

♦ Saya

SBR [méthode] (SCHMID - BONDZYNSKI - RATZLAFF). abv. n.p.

Méthode pondérale employée pour le dosage de la matière grasse des fromages. Méthode semblable à la méthode ROSE-GOTTLIEB dans laquelle l'attaque ammoniacale est remplacée par une attaque chlorhydrique (acide chlorhydrique concentré et chaud).

♦ SBR method

SCHALM [test de] n.p.

Voir CMT.

♦ Schalm test

SCHERN-GORLI [test de] n.p.

Test de turbidité pour contrôler le chauffage de lait. De fines particules colorées (carmin, encre de Chine) ajoutées à du lait crû porté à 37 °C pendant 2 heures colorent l'anneau de crème remonté en surface. Les laits pasteurisés, bouillis, stérilisés dans lesquels les agglutinines sont dénaturées ne donnent pas cette réaction.

♦ Schern-Gorli test

SCHILTKNECHT [indice de] n.p.
Indice permettant d'évaluer la consistance d'un beurre.
♦ Schiltknecht index

SCHOORL-LÜFF [méthode] n.p.
Méthode de dosage du lactose. Dosage colorimétrique du cuivre avant et après réaction réductrice de cuivre contenu dans un volume défini de $CuSO_4$ titrée. Utilisation de tables de correspondance teneur cuivre - teneur lactose.
♦ Schoorl Lüff method

SCHROEDER [procédé] n.p.
Appelé encore «kombinator» SHROEDER. Procédé allemand de fabrication de beurre à partir de crème concentrée. Procédé allemand de cuisson de caillé en continu dans des cylindres à double enveloppe utilisé dans la fabrication du fromage fondu.
♦ Schroeder process

SCHULENBURG [procédé] n.p.
Procédé allemand de fabrication de pâtes fraîches. L'égouttage statique se fait dans la cuve même de coagulation par l'intermédiaire d'un tamis hemicylindrique qui presse progressivement le caillé.
♦ Schulenburg process

SCHULZ [procédé] n.p.
Procédé allemand de fabrication continue de fromage dans des tuyaux de faible diamètre couplés en parallèle (d'où le nom donné encore à ce procédé : procédé multitube) après une préacidification du lait empresuré.
♦ Schulz process

SEC [lait] adj.
Voir POUDRE de lait.
♦ Dried milk or dry milk or milk powder

SÉCHAGE du LAIT n.m.
Mode de conservation du lait par déshydratation par la chaleur. Deux techniques :
- séchage par cylindres chauffants : «Roller process»
- séchage par atomisation : «Spray process»
♦ Drying of milk or milk drying

SÉCHOIR à BILLES n.m.
Appareil de séchage mis au point en Suède. Il permet de traiter des liquides de toutes viscosités et même des produits en morceaux. Le produit est distribué sur un lit de séchage constitué par un grand nombre de billes et traversé par de l'air chaud. Ce procédé permet d'utiliser des températures inférieures à 100 °C ce qui est intéressant pour des produits acides et fragiles (protéines...).
♦ Ball bed drier

SECTILOMÈTRE n.m.
Appareil servant à mesurer la consistance du beurre.
Ex. : sectilomètre de Dolby
♦ Sectilometer

SEILLE n.f.
Cuve en bois comportant à la périphérie des ouvertures qu'on peut obstruer et dans laquelle on procède à la coagulation du lait destiné à la fabrication du Beu du Haut Jura.
♦ Seille or curdling tub

SÉLÉNIUM n.m.
Oligo-élément à la fois indispensable et très toxique. C'est un poison cumulatif. La caséine semble limiter sa toxicité dans le lait : 0,01 à 0,03 ppm. On le rencontre dans certains catalyseurs utilisés pour la minéralisation de l'azote lors du dosage des protéines selon la méthode «KJELDAHL».
♦ Selenium

SELS n.m.
Ce sont des composés résultant de la réaction chimique entre un acide et une base avec formation d'eau :
$$acide + base \rightarrow sel + eau$$
- les acides dont le nom se termine par -hydrique donnent des sels se terminant par - ure
  Ex. : Acide chlorhydrique → chlorures
      Acide sulfhydrique → sulfures
- les acides dont le nom se termine par - eux donnent des sels se terminant par - ite :
  Ex. : Acide nitreux → nitrites
      Acide sulfureux → sulfites
- les acides dont le nom se termine par - ique donnent des sels se terminant par - ate :
  Ex. : Acide sulfurique → sulfates
      Acide nitrique → nitrates
      Acide carbonique → carbonates
Sels du lait : Voir MINÉRAUX (sels).
♦ Salts

SENN [procédé] n.p.
Procédé suisse semi-continu de fabrication du beurre. Il consiste à introduire dans la crème avant barattage du gaz carbonique sous pression et à baratter très rapidement la crème par petites quantités (100 à 200 !) puis à malaxer en continu par une vis. Le barattage est rapide (moins de 3 mn) et le taux de matière grasse dans le babeurre faible, mais le procédé est coûteux.
♦ Senn process

SÉPARATEURS de CAILLÉ n.m.
Appareils utilisés pour la séparation accélérée du caillé de fromagerie en utilisant le principe de la force centrifuge. Ce sont des sortes d'écrémeuses autodébourbeuses utilisées pour la fabrication des pâtes fraîches.
♦ (Quarg) separator

SÉPASCOPE n.m.
Instrument basé sur le principe de la turbidité servant à contrôler la bonne marche de l'écrémage dans la fabrication du lait écrémé.
♦ Sepascope

SEPTICÉMIE n.f.
Infection du sang par des germes pathogènes dits virulents.
♦ Septicaemia

SÉQUESTRANT [pouvoir] adj.
Aptitude que possède un composé de mettre en suspension très fine des sels insolubles de métaux (Ca, Mg en particulier dans les eaux dures) qui ont tendance à se déposer pour former un tartre.
Ex. : EDTA possède un fort pouvoir séquestrant.
On dit aussi complexant.
♦ Sequestering power or chelating power

SÉRAC n .m.
Encore appelé brousse ou protéine verte dans la région du gruyère. C'est un fromage de protéines de sérum obtenu par chauffage à 90 °C et addition de vinaigre ou d'Aisy. Le sérac est isolé et parfois fumé et additionné de crème. On trouve aussi les termes : serai, serat, seré, serré, serray ou cera.
♦ Serac

SÉRACEUX adj.
Adjectif définissant un type de coagulum obtenu lors de l'épreuve de la lactofermentation : le caillé se présente en flocons plus ou moins fins.
♦ Flacky (curd)

SÉRINE n.f.
Acide aminé comportant une fonction alcool primaire.

$$HO - CH_2 - CH \begin{matrix} \diagup NH_2 \\ \diagdown COOH \end{matrix}$$

Estérifiée par l'acide phosphorique, elle donne la phosphosérine.
♦ Serine

SÉROLOGIE n.f.
Étude des sérums, de leurs propriétés et de leurs applications. La sérum-agglutination pour le diagnostic de la Brucellose est une réaction sérologique.
♦ Serology

SERRATIA n.f.
Bactéries banales protéolytiques de la famille des enterobactéries du groupe des coliformes. Espèce type : *Serratia marcescens.*
♦ Serratia

SÉRUM [de fromagerie] n.m.
Voir LACTOSÉRUM.
♦ Whey

SÉRUMALBUMINE n.f.
Protéine du lactosérum indentique à celle du sérum sanguin (poids moléculaire 69.000) mêmes propriétés électrophorétiques et immunologiques. Structure peptidique avec ponts disulfures.
♦ Serum albumin

SÉSAMOL n.m.
Alcool présent dans l'huile de sésame utilisé comme agent de dénaturation pour les beurres destinés à d'autres industries alimentaires que la laiterie (biscuiterie...).
♦ Sesamol

«SETTING» n.m.
Mot anglais définissant la phase de durcissement du beurre.
♦ "Setting"

SFAIC [méthode] abv.
Méthode Standard Française d'Analyse Industrielle des Crèmes. Adaptation de la méthode butyrométrique GERBER pour le dosage de la matière grasse des crèmes.
♦ SFAIC method

SH [procédé] (abv.) n.p.
Voir HUTIN - STENNE.
♦ SH process

SHARPLES [procédé] n.p.
Procédé américain de fabrication de pâtes fraîches (caillé gras) en continu. La séparation caillé gras-sérum se faisant à l'aide d'un appareil centrifuge muni d'une sucette d'extraction et de reprise des fromages frais.
♦ Sharples process

SHEFFIELD [procédé] n.p.
Procédé américain de caséinerie en continu. Appelé aussi «new process».
♦ Sheffield process

SHERBAT n.m.
Lait acidifié consommé en Russie. Souvent préparé avec du lait de chamelle. Appelé aussi shubat.
♦ Sherbat

SHIGELLA n.f.
Bactérie pathogène appartenant à la famille des *Enterobacteriaceae* (BERGEY) d'un genre voisin de celui de *Salmonella*
Ex. : *Shigella sonnei - Shigella dysenteriae.*
♦ Shigella

SHIPPER loc. angl.
Fromage coulant
♦ Shipper

SIALIQUE [acide] adj.
Ou acide N-acétylneuraminique. Ose substitué ayant une fonction acide entrant dans la composition du caséinoglycopeptide à raison de 11 % (d'après BRUNNER).
♦ Sialic acid

SIDÉROPHILINE n.f.
Voir LACTOTRANSFERRINE.
♦ Siderophilin

SIGMA-PROTÉOSE n.f.
Substance appartant aux protéoses-peptones et précipitée par le sulfate d'ammonium dans le lactosérum.
♦ Sigma proteose

SILICATES de SODIUM n.m.

Ils résultent de la fusion entre silice et carbonate de sodium. Ils sont définis par le rapport

$$\frac{Na_2O}{SiO_2}$$

Si le rapport est égal à 1 on a le métasilicate
$$Na_2SiO_3.5H_2O$$
Si le rapport est égal à 2 on a l'orthosilicate
$$Na_4SiO_4.5H_2O$$
Ce sont des alcalisants assez forts, ayant un bon pouvoir émulsifiant, mouillant, séquestrant et dispersant. Ils entrent dans la compositon de nombreuses lessives.
♦ Sodium silicate

SILICIUM n.m.

Oligoélément du lait (1 à 6 ppm) de symbole chimique Si.
♦ Silicium

β SITOSTÉROL n.m.

Stérol présent dans l'huile de soja utilisé comme traceur (agent de dénaturation) pour les beurres destinés à d'autres industries alimentaires que la laiterie (biscuiterie...)
♦ β Sitosterol

SKUTA n.m.

Sérum obtenu à partir de lait de chèvre ayant subi une fermentation alcoolique consommé dans les Carpathes. Une préparation identique est connue sous les noms de Urda et Puina
♦ Skuta

SKYR n.m.

Lait fermenté consommé en Islande.
♦ Skyr

SMETANA n.f.

Crème aigre fabriquée et consommée en Russie.
♦ Smetana

«SNEZHOK» n.m.

Sorte de yaourt brassé fait à partir de lait gras (3,7 % MG) sucré (7 % de sucre) auquel on rajoute un sirop de fruit. Il est produit et consommé en Russie.
♦ "Snezhok"

SODIUM n.m.

Métal instable de masse atomique # 23 de symbole chimique Na ; se trouve à l'état ionisé en solution.
Ex. : Chlorure de sodium.
La teneur du lait normal est de 450 à 500 mg/l, elle augmente en fin de lactation et en cas de mammite.
♦ Sodium

SOLUBILITÉ n.f.

Capacité qu'a une substance de se dissoudre dans une autre.
♦ Solubility

SOLUBILITÉ des LAITS SECS n.f.

On détermine la solubilité par des méthodes pondérales ou volumétriques. Il existe 3 techniques :
- dissolution à froid (méthode pondérale)
- dissolution à chaud (méthode pondérale et volumétrique)
- méthode ADMI (American Dry Milk Institute), méthode pondérale.
Les résultats sont exprimés par rapport au lait reconstitué (ADMI) ou par rapport au lait sec (dissolution à chaud et dissolution à froid).
♦ Solubility (of milk powder)

SOLUTÉ n.m.

Désigne une substance dissoute dans une autre.
♦ Solute

SOLVANT n.m.

Désigne une substance qui en dissout une autre.
♦ Solvent

SOMATIQUE adj.

Adjectif qui caractérise une partie non reproductrice d'un organisme (soma)
♦ Somatic
Cellules somatiques : cellules provenant du corps. On trouve des cellules somatiques dans le lait comme les leucocytes et les cellules épithéliales du tissu mammaire.
♦ Somatic cells

SOMOGYI [méthode] n.p.

Méthode iodométrique de détermination du lactose. Oxydation en milieu alcalin par une solution titrée d'iode du lait déféqué et dosage en retour de l'iode.
♦ Somogyi method

SONDE [à fromage] n.f.

Appareil métallique en forme de gouge conique à bords coupants destiné à pénétrer dans le fromage à pâte cuite pour en prélever la quantité nécessaire aux contrôles analytiques.
♦ Cheese borer or cheese trier

SONNER un FROMAGE v.

Opération servant à vérifier la bonne qualité d'un fromage à pâte cuite. On frappe sur le fromage à l'aide d'une cuillère et on écoute le son rendu :
s'il est mat : bonne qualité,
s'il est clair : le fromage présente des poches d'air.
♦ To sound

SORBATES n.m.

Sels de l'acide sorbique utilisés comme conservateurs autorisés sous les numéros E 200 à E 203.
♦ Sorbates

SORBET n.m.

Produit congelé fabriqué à partir de mélanges contenant essentiellement un sirop de sucre additionné d'acide, de parfum à base de fruit, de stabilisateur, de constituant du lait en proportion moindre que dans la crème glacée.

♦ Sherbet or sorbet

SÖRENSEN [méthode de] n.p.

Méthode au formol pour le dosage rapide des protéines du lait. On dose au moyen de la soude, l'acidité développée par l'addition de formol qui bloque la fonction amine des acides aminés suivant la réaction

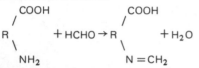

On convertit en protéines en utilisant un facteur de proportionnalité approprié.

♦ Sörensen method

SOUCHE [microbienne] n.f.

Culture pure de bactéries issues de la descendance d'un isolement unique (dont l'origine peut être différente).

♦ Strain

SOUDE n.f.

Appelée souvent soude caustique. Base forte de formule NaOH, de masse molaire 40 qui libère un ion OH^- en solution

$$NaOH \rightarrow Na^+ + OH^-$$

Elle est très soluble jusqu'à 50 % de solution à 20 °C et 75 % à 80 °C, mise en solution elle dégage une forte chaleur qui peut provoquer le dégagement de gouttelettes très corrosives et dangereuses. Elle est réservée en pratique aux nettoyages par circulation à des doses de 0,5 à 2 % entre 60 et 80 °C, elle a un fort pouvoir saponifiant et peptisant mais a un pouvoir émulsifiant réduit et n'a aucun pouvoir séquestrant et dispersant. N'attaque pas les métaux ferreux mais attaque un peu l'étain et surtout l'aluminium.

♦ Caustic soda

SOUDE [cristaux de] n.f.

Nom donné au carbonate de sodium hydraté

$$Na_2CO_3 \quad IOH_2O$$

Ils sont surtout utilisés en lavage normal à 0,5 ou 0,2 % en mélange avec des phosphates et des silicates. Ils possèdent un pouvoir saponifiant mais favorisent l'entartrage.

♦ Washing soda or soda ash

SOUFRE n.m.

Métalloïde de symbole chimique S qui entre dans la constitution de nombreux corps tant minéraux qu'organiques.

Ex. : sulfate de cuivre : $CuSO_4$
      acides aminés soufrés (cystine, cystéine, méthionine).

♦ Sulphur or sulfur

SOUS-PRODUITS n.m.

Désigne les produits moins nobles résultant des transformations industrielles de la beurrerie et de la fromagerie.

- la séparation de la crème donne le lait écrémé
- la fabrication du beurre donne le babeurre
- la fabrication des fromages donne le lactosérum

Ces sous-produits peuvent recevoir plusieurs sortes d'utilisations :
- alimentation humaine et animale
- utilisations techniques variées : produits chimiques, drogues...

Différentes techniques sont employées pour le traitement des sous-produits :
- la déshydratation - la concentration
- la séparation du lactose par osmose inverse
- la désalification au moyen de résines échangeuses d'ions ou par électrodialyse
- la séparation des protéines par ultra-filtration
- la consommation du lactose par des levures.

♦ By-products

SOXHLET-HENKEL [degré] n.p.

Symbole SH - Utilisé en Allemagne et en Suisse pour le dosage de l'acidité lactique.

Il équivaut à 1 ml de soude $\frac{N}{4}$ pour titrer 100 ml de lait.

$$1\ ^oSH = 2,25\ ^oD(DORNIC)$$
$$= 2,5^o\,Th(THOERNER).$$

♦ Soxhlet-Henkel degree

SPECTROPHOTOMÉTRIE n.f.

Voir PHOTOMÉTRIE.

♦ Spectrophotemetry

SPELLACY [procédé] n.p.

Procédé américain de caséinerie en continu appelé aussi : «Universal System».

♦ Spellacy process

«SPERSOLE» n.p.

Mot italien désignant la dalle sur laquelle est mis à égoutter le caillé des pâtes filées.

♦ "Spersole"

SPHINGOMYÉLINES n.f.

Phospholipides dans lequel l'alcool est la sphingosine (dialcool insaturé). Elles présentent de grandes analogies avec les glycerophosphatides dont les lécithines.

♦ Sphingomyelins

SPORES n.f.

Chez certaines bactéries, ce sont des organes de résistance : elles sont thermorésistantes.
Ex. : bactéries sporulées : genre *Clostridium*, *Bacillus*

Chez les espèces végétales (moisissures en particulier) ce sont des organes de reproduction : elles sont thermosensibles.

♦ Spores

SPORULATION n.f.
Action de former des spores.
♦ Spore formation

SPRAY [procédé] n.m.
Ou atomisation. Procédé de séchage du lait consistant à pulvériser le lait concentré dans un courant d'air chaud à 180 °C à l'intérieur d'une tour de séchage. La qualité de la poudre dépend de la concentration du lait. L'atomisation est réalisée soit au moyen de buses ou de turbines. Voir ATOMISATION.
♦ Spray drying process

«SPREADS» n.m.
Mot anglais désignant des produits manufacturés à partir de sous-produits contenant du beurre et de la poudre de lait écrémé ou de lactosérum, des matières grasses autres que le beurre, des agents émulsifiants et colorants et des extraits de plantes.
♦ Spreads

SPRENGEL [tube de] n.p.
Appareil formé par un tube en U parfois utilisé pour déterminer la densité du lait.
♦ Sprengel tube

SPUMIFUGE n.m.
Substance qui empêche la formation de mousses. Encore appelée «anti-mousse».
Ex. : l'alcool octylique secondaire ou 2 octanol.
♦ Defoaming agent or antifoaming agent

ST [procédé] abv.
Procédé Sous Turbulence, procédé français de fabrication continue de fromage dans 3 réacteurs :
- un réacteur de murissement enzymatique (lait emprésuré à 15 ou 25 °C)
- un réacteur de coagulation (injection de sérum chaud qui provoque la coagulation du lait)
- un réacteur de décantation et pressage.
♦ ST process

STABILISANT ou STABILISATEUR n.m.
Substance capable de contribuer au maintien d'une dispersion uniforme de deux ou plusieurs substances non miscibles c'est-à-dire à la stabilisation des émulsions, il s'agit alors d'un émulsifiant
- substance capable d'empêcher une évolution chimique défavorable, il s'agit alors d'un conservateur
- substance capable d'empêcher une évolution microbiologique, il s'agit alors d'un conservateur.
♦ Stabilizing agent or stabilizer

STABILISER [un produit] v.
Action de rendre stable un produit tant au point de vue physico-chimique que microbiologique.
♦ To stabilize

STABILITÉ à la CHALEUR n.f.
Capacité du lait à supporter un traitement thermique sans précipiter.
♦ Heat stability

STABILITÉ MICROBIOLOGIQUE n.f.
Capacité d'un produit (produits laitiers) à s'opposer à la croissance de microorganismes susceptibles de les dégrader.
♦ Microbiological stability

STANDARD n.m.
Élément de référence : le terme s'applique à une méthode de fabrication, un produit, un élément, etc...
♦ Standard

STANDARDISATION n.f.
Ajustement des composants d'un produit entrant pour obtenir un produit final de composition bien définie.
Ex. : standardisation de la matière grasse pour les laits entiers ou partiellement écrémés.
Parfois aussi appelée normalisation.
♦ Standardization

STAPHYLOCOCCUS n.m.
Nom du genre attribué aux staphylocoques.
♦ Staphylococcus

STAPHYLOCOQUE n.m.
Bactérie de forme sphérique appartenant à la famille des *Micrococcaceae* (BERGEY) aéroanaérobie, immobile, non sporulée se présentant sous forme d'amas souvent en grappe.
Certains peuvent présenter des pigments jaune ou orange. Certains peuvent être pathogènes et toxigènes et doivent être éliminés du lait et produits laitiers comme *Staphylococcus aureus*.
♦ Staphylococcus

«STARTER» n.m.
Nom anglais parfois donné à une culture de germes lactiques, généralement streptocoques pour l'ensemencement du lait. Voir LEVAINS LACTIQUES.
♦ "Starter"

STASSANO [pasteurisateur de] n.p.
Ou stassanisateur. Appareil de pasteurisation HTST qui combine à la fois l'appareil à plaques et tubulaire. Les échangeurs sont à plaques mais l'élément pasteurisateur en couche ultramince (0,6 mm) est représenté par un ou plusieurs cylindres chauffés par une circulation à contre-courant d'une mince couche d'eau chaude. Inconvénient majeur : grande consommation d'eau (15 fois le volume de lait traité).
♦ Stassanizer

STAUF [procédé] n.p.
Procédé allemand de séchage du lait par atomisation. Celle-ci est réalisée par des jets latéraux de lait préconcentré placés au-dessus de l'arrivée d'un vif courant d'air chaud.
♦ Stauf process

STÉARIQUE [acide] adj.

Acide gras saturé en C_{18}. Un des constituants majeurs des acides gras de la matière grasse du lait (12 à 13 %).

♦ Stearic acid

STEMATIC [procédé] n.p.

Procédé italien de fabrication de lait UHT par injection directe de vapeur.

♦ Stematic process

STÉRIDÉAL [procédé] n.p.

Procédé hollandais de production de lait UHT par chauffage indirect à travers un appareil tubulaire (à tubes concentriques).

♦ Sterideal process

STÉRIFLAMME [procédé] n.p.

Procédé de stérilisation continue pour produits conditionnés en boîtes métalliques. C'est une stérilisation directe à la flamme après préchauffage des boîtes par passage sur une rampe de brûleurs à gaz. La boîte joue elle-même le rôle d'autoclave. Les opérations sont de courte durée.

♦ Steriflamme process

STERIFLOW n.m.

Stérilisateur refroidisseur statique horizontal. La stérilisation se fait par l'intermédiaire d'un faible volume d'eau ruisselant en circuit fermé dans une enceinte sous pression régulée d'air comprimé.

♦ Steriflow apparatus

STÉRILISATEUR n.m.

Appareil servant à réaliser la stérilisation. Ce type d'appareil a beaucoup évolué.

- Pour les produits conditionnés. Primitivement, il s'agissait d'autoclave dans lequel le produit était immobile, puis il a été amélioré en autoclave rotatif ou à paniers agités.

Ex. : autoclave Sturza, Andersen...
Mais on était toujours en appareil discontinu, le passage au continu s'est fait par la création d'autoclaves à sas rotatifs (FMC-Carvallo) mais actuellement on a surtout des stérilisateurs hydrostatiques appelés encore «à colonnes de pression d'eau» (Carvallo - Stork - Webster) ou des stérilisateurs à air chaud (Lacster - Carnaud) ou à flamme (Stériflamme).

- Pour les produits en vrac. On trouve comme appareils : des stérilisateurs continus tubulaires ou à plaques identiques aux pasteurisateurs. Des stérilisateurs ultra-flash (ATAD) et des stérilisateurs UHT.

♦ Sterilizer

STÉRILISATEUR HYDROSTATIQUE n.m.

Stérilisateur continu employé pour le traitement des produits en récipients (boîtes - bouteilles).

Il est constitué de 3 colonnes :

- une première colonne d'eau joue le rôle de réchauffeur, les récipients circulent sur une chaîne et passent dans des zones où la température et la pression sont de plus en plus élevées.
- une deuxième colonne de vapeur constituée par une cloche de vapeur sous pression jouant le rôle de stérilisateur proprement dit.
- une troisième colonne d'eau dont la température et la pression sont décroissantes au fur et à mesure que les récipients avancent dans l'appareil. Cette troisième colonne joue le rôle de refroidisseur. Parfois il existe une 4ème colonne de'au ou de pulvérisation d'eau pour parfaire le refroidissement. La hauteur des colonnes d'eau (environ 7 m) développe une pression égale à la pression de vapeur de la deuxième colonne réalisant ainsi l'équilibre du système.

♦ **Steam pressure continuous in-bottle sterilizer or hydrostatic sterilizer**

STÉRILISATEUR ULTRA-FLASH n.m.

Stérilisateur employé dans le procédé ATAD. Il est constitué par une partie fixe (carter) et par une partie mobile (disque) entre lesquelles le liquide à chauffer est propulsé. L'intervalle entre les deux parties est très réduit (0,2 à 0,3 mm) et l'échauffement est uniquement réalisé par le laminage (frottement) en mince film lorsque le disque tourne (3000 à 5000 t/mn). On atteint la température de 145-150 °C en une fraction de seconde. Cet appareil semble donner des résultats encourageants pour les produits délicats (crèmes, jus de fruit, etc...)

♦ **Ultra-flash sterilizer or friction sterilizer**

STÉRILISATION n.f.

Application à un produit ou à un objet d'un traitement approprié de façon à détruire tous les microorganismes qu'il contient aussi bien sous forme végétative que sporulée. Traitements que l'on peut utiliser pour réaliser cette destruction :

- thermique : - température supérieure à 100° pendant un temp donné
- chimique : - utilisation d'antiseptiques ou désinfectants
- physique : - rayonnement UV, ionisants(α, β, γ)
  - ultra-sons
  - filtration à travers bougies - membranes
  - hypercentrifugation

♦ Sterilization

STÉRILISATION du LAIT n.f.

Lorsqu'on parle de stérilisation du lait on sous-entend stérilisation thermique. C'est un procédé de conservation du lait par l'action de la chaleur qui doit rendre le lait exempt de tous germes susceptibles de s'y développer.

La stérilisation peut se faire sous différentes formes :
- en vrac, c'est l'UHT (voir ce mot)
- en récipients (boîtes ou bouteilles)
  soit en discontinu : autoclave
  soit en continu : stérilisateurs hydrostatiques ou à air chaud.
  Pour les récipients le traitement est de 15 à 20 mn à 118-120 °C.
♦ Milk sterilization

STÉRILISÉ [lait] adj.

Lait de longue conservation exempt de micro-organismes quelconques susceptibles de s'y développer. Lait stérilisé ne signifie pas lait stérile.
♦ Sterilized milk

STÉRILITÉ n.f.

État de ce qui est exempt de tous germes c'est à-dire stérile.
♦ Sterility

STÉRILITÉ INDUSTRIELLE n.f.

En industrie alimentaire on considère qu'un produit est stérile quand il contient moins de 10^{-4} spores par kilo et qu'une réduction neuvième (c'est-à-dire une diminution de 10^9 fois de la population) entraîne la destruction totale de la flore microbienne.
♦ Industrial sterility

STÉRILITÉ MICROBIOLOGIQUE n.f.

La stérilité absolue, sauf dans le cas de petits volumes, n'existe pas, cependant dans la pratique on a défini un concept de stérilité. C'est une réduction donnée d'un microbe test le plus thermo-résistant ou le plus dangereux.

Les plus thermo-résistants :
Clostridium sporogenes
PA 3679 $D_{121} = 100$ s

Bacillus stearothermophilus
1518 $D_{121} = 408$ s

Le plus dangereux :
Clostridium botulinum (1 cm³ de culture contient 800 doses léthales pour l'homme)
$D_{121} = 12,5$ s

D_{121} temps qu'il faut pour réduire la population au 1/10 à la température de 121 °C.

Généralement on prend la réduction douzième du *Clostridium botulinum* (c'est-à-dire diminution de 10^{12} de la population en ce germe).

♦ Microbiological sterility

STERIPLAK [procédé] n.p.

Procédé italien de fabrication de lait UHT par chauffage indirect à travers un appareil à plaques.
♦ Steriplak process

STERITHERM n.p.

Procédé suédois de stérilisation UHT. Chauffage indirect à l'aide d'appareil à plaques munies de joints résistant aux hautes températures.
♦ Steritherm process

STÉROLS n.m.

Alcools contenant un noyau aromatique polycyclique d'une grande importance biologique car certains sont des précurseurs de la vitamine D (ergostérol, cholestérol, sitostérol).

Ex. : ergostérol, cholestérol, etc...
Le lait contient 0,1 g/l de cholestérol.
♦ Sterols

STIMULUS n.m.

Agent physique ou chimique qui provoque spécifiquement la réponse des récepteurs sensoriels externes ou internes. Terme utilisé en analyse sensorielle. Au pluriel on dit des stimuli
♦ Stimulus (pl stimuli)

STINE [procédé] n.p.

Procédé américain de fabrication de fromage type gruyère sans croûte mais paraffiné à affinage très rapide (1 mois).
♦ Stine process

STORE n.m.

Fines baguettes de bois sur lesquelles sont placées les moules, destinées à empêcher le caillé de coller aux tables et permettant un meilleur écoulement du sérum. Actuellement on utilise des stores métalliques ou plastiques.
♦ Mat or draining mat

STREPTOCOCCUS n.m.

Nom du genre attribué aux streptocoques.
♦ Streptococcus

STREPTOCOQUES n.m.

Germes appartenant à la famille des *Lactobacillaceae* (BERGEY). On compte de nombreuses espèces aérobies et anaérobies, très répandues dans les cavités naturelles de l'homme, dans le lait et les produits laitiers. Ils peuvent être saprophytes ou pathogènes. Germes gram positifs ne possédant ni catalase, ni cytochrome oxydase, se présentant sous forme de sphères plus ou moins ovoïdes surtout lorsqu'ils sont en chaînes. Les sphères (coques) sont groupées par deux (diplocoques) ou en chaînes plus ou moins longues (4 à 50 éléments). Suivant leur structure antigénique et leur fonction, on distingue .

- les streptocoques lactiques : Type N de LANCEFIELD et groupe viridens et les leuconostocs

- les streptocoques fécaux : Type D de LANCE-FIELS
- les streptocoques pathogènes appelés encore streptocoques de la mammite (A, B, C, etc...)
♦ Streptococcus

STREPTOCOQUES FÉCAUX n.m.

Appelés encore streptococci D. Ce sont des agents témoins de contamination fécale. On les divise en deux catégories :
- les entérocoques (voir ce mot)
- groupe arbitraire : comprenant *Streptococcus bovis et equinus*. Ce groupe ne tolère pas un traitement de 60 °C pendant 30 mn contrairement aux entérocoques.
♦ Faecal streptococci

STREPTOCOQUES LACTIQUES n.m.

Très importants, ils acidifient rapidement, mais faiblement le lait et peuvent jouer un rôle arômatisant (*Streptococcus diacetilactis et leuconostocs*). On différentie :
- les homofermentaires avec
  les streptococci N qui sont mésophiles : *lactis, cremoris - diacetilactis* avec
  le *Streptococcus thermophilus* du groupe viridens qui est thermophile et thermo-résistant
- les hétérofermentaires ou *Betacoccus* ou *Leuconostocs* (voir ce mot).
♦ Lactic streptococci

STREPTOCOQUES PATHOGÈNES n.m.

On les appelle encore streptocoques de la mammite, ils appartiennent aux groupes antigénéques[1] :
A : *Streptococcus pyogenes* (vache et homme surtout)
B : *Streptococcus agalactiae* (vache et homme rare)
C : *Streptococcus dysgalactiae* (vache, homme, autres animaux)
inconnu : *Streptococcus uberis*.
♦ Pathogenic streptococci

SUBLIMATION n.f.

C'est le passage direct d'un corps de l'état solide à l'état vapeur sans passer par l'état liquide.
Ex. : les cristaux d'iode chauffés se subliment.
♦ Sublimation

SUBLIMÉ [mercurique] n.m.

Voir MERCURIQUE (chlorure).
♦ Corrosive sublimate

SUCCÉDANÉ n.m.

Produit qui peut en remplacer un autre tout en jouant un rôle semblable.
Ex. : on appelle succédané de la présure, une enzyme coagulante qui remplace la présure de veau dans la fabrication fromagère.
On trouve aussi parfois le mot d'origine allemande «ersatz».
♦ Substitute

SUCRAGE n.m.

Opération que se rencontre dans la fabrication des laits concentrées sucrés. Elle se fait entre la pasteurisation du lait et sa concentration par addition d'un sirop stérile à environ 70 % de saccharose sans sucre interverti. Habituellement on ajoute une quantité de sucre voisine de 17 kg pour 100 l de lait de départ.
♦ Sugaring

SUCRE n.m.

Désigne un glucide. Mais souvent le mot sucre est employé pour désigner le saccharose.
♦ Sugar

SUCROGLYCÉRIDE n.m.

Mélange de sucre et de suif, utilisé dans l'alimentation animale en particulier dans les poudres réengraissées.
♦ Sucroglyceride

SUIFFAGE n.m.

Défaut des produits gras (beurre en particulier) qui apparait après conservation et qui est marqué par un goût de suif, une saveur huileuse et parfois par une coloration blanche du beurre. Il est dû à une oxydation de la matière grasse (surtout de l'acide oléique). Parfois appelé rancidité oxydative.
♦ Tallowiness or oiliness

SULFITES n.m.

Sels de l'acide sulfureux utilisés comme conservateurs autorisés sous les numéros E 220 à E 226.
♦ Sulphites or sulfites

SULFOCHROMIQUE [mélange] adj.

Solution très agressive utilisée pour le nettoyage de la vaisselle de laboratoire. On la prépare en dissolvant 90 g de bichromate de potassium dans 200 ml d'eau chaude. Après refroidissement, on rajoute 2 l d'acide sulfurique à 95 %. On agite pour dissoudre le précipité. La solution peut servir plusieurs fois, on la change quand elle vire au vert.
♦ Sulfochromic mixture

SULFURIQUE [acide] n.m.

Diacide de masse moléculaire 98 et de formule H_2SO_4. En solution il libère 2 ions H^+
$$H_2SO_4 \rightarrow 2 H^+ + SO_4^{--}$$
Très dangereux à l'état concentré. Il est utilisé pour le dosage de la matière grasse dans les méthodes Gerber et Van Gulick. Il donne des sulfates avec les bases :
Ex. : $K_2SO_4 - CaSO_4$

Dans le commerce, il porte les noms d'acide de GLOVER (s'il est à 78 %) et d'huile de vitriol ou vitriol (s'il est concentré).

♦ Sulphuric acid or sulfuric acid

SURFACTANTS n.m.

Terme d'origine anglais parfois rencontré comme synonyme de tensio-actifs (voir ce mot).

♦ Surfactants or surface active agents

«SURVIVOR CURVE» n.f.

Ou «courbe de survie». Courbe traduisant la 1ère loi de destruction thermique des microorganismes : pour une température léthale donnée, le nombre de microorganismes survivant décroit de façon exponentielle en fonction de la durée du traitement. En coordonnées semi-logarithmiques : abscisse : durée - ordonnée : log du nombre de microbes vivants, cette courbe est une droite. Elle est caractérisée par une grandeur D (appelée temps de réduction décimale) c'est le temps nécessaire pour réduire à une température donnée la population au 1/10. Pour les levures, moisissures, bactéries sous forme végétative dans le lait D_{65} # 35 s. Pour les spores de *Clostridium botulinum* D_{110} # 150 s.

♦ "Survivor curve"

«SVEZHEST» n.m.

Boisson bulgare préparée à partir d'un mélange de babeurre et de lait écrémé acidifié que l'on fermente avec des levures de boulangerie.

♦ "Svezhest"

SWIFT [test de] n.p.

Test destiné à apprécier la résistance à l'oxydation de la MG. On chauffe la MG à 98 °C pendant un temps défini et on mesure la quantité des radicaux peroxydes formés. Ce test est parfois appelé AOM (Active Oxygen Method).

♦ Swift test or Active oxygen method

SYMBIOSE n.f.

Croissance favorisée de deux ou plusieurs espèces microbiennes en présence : l'une produisant des facteurs de croissance pour l'autre (ou les autres).

Ex. :*Lactobacillus bulgaricus et Streptococcus thermophilus* vivent en symbiose dans le yaourt : le lactobacille libère à partir de la caséine la valine activateur du streptocoque.

♦ Symbiosis

SYNÉRÈSE n.f.

C'est la contraction spontanée des particules d'un gel avec expulsion progression du sérum. Voir ÉGOUTTAGE.

♦ Syneresis

SYPHOMYCÈTES n.m.

Voir MOISISSURE.

♦ Phycomycetes

SYSTÉMATIQUE n.f.

Nom parfois rencontré comme synonyme de taxonomie.

Ex. : la systématique microbienne.

♦ Systematics

TA n.m.
Voir ALCALIN (titre).
♦ Partial alkalinity

TABLARD n.m.
Planche sur laquelle reposent les fromages à
pâte pressée en cave d'affinage.
♦ Curing shelf (plur. shelves) or curing board

TABLARDS [rouge des] n.m.
Voir NITREUX - NITRATES.
♦ Reddish discolouration (defect due to nitrites)

TABLE de DRESSAGE n.f.
Table d'égouttage pour pâtes molles (camembert en particulier). Table simple ou double,
autrefois construite en bois mais maintenant
en béton, aluminium ou acier inox, creusée
dans le sens de la longueur de veinures destinées à entraîner le sérum. Elle est légèrement
inclinée dans le sens de la longueur.
♦ Draining table

TABLE d'ÉGOUTTAGE n.f.
Voir TABLE de dressage.
♦ Draining table

TAC n.m.
Voir ALCALIMÉTRIQUE (titre).
♦ Total alkalinity

TAILLE n.f.
Procédé de marquage du litrage apporté à la
fruitière par le producteur (primitivement le
fruitier faisant une encoche sur un morceau de
bois).
♦ "Taille"

TALON [d'un fromage] n.m.
Surface latérale verticale d'un fromage. Sert à
caractériser les pâtes cuites en particulier :
- talon droit : emmental (h = 13 à 25 cm)
- talon arrondi convexe : comté (h = 9 à 13 cm)
- talon creux concave : beaufort (h = 11 à 14
  cm)
♦ Hoop-side (cheese)

TANK n.m.
Réservoir fermé, réfrigéré ou non, de capacité
et de forme variées. Actuellement les tanks
de stockage sont équipés pour être nettoyés
automatiquement (inclus dans un circuit CIP
ou NEP).
♦ Tank or vat

TAPÈ n.f.
Ce terme désigne couramment le bouchon ou
dispositif permettant d'obturer l'évacuation
d'une cuve.
♦ Tap or bung

Tour de séchage

TARAG n.m.

Lait fermenté des steppes d'Asie Centrale s'apparentant au yoghourt préparé à partir de lait de vache, de yak, de brebis ou de chèvre.
♦ Tarag

TARHANA (ou kushuk) n.m.

Caillé lactique mélangé à de la farine de blé et à des herbes aromatisantes avant fermentation, produit en Turquie.
♦ Tarhana

TARHO n.m.

Sorte de lait fermenté (yaourt) fabriqué en Hongrie.
♦ Tarho

TARISSEMENT n.m.

Période pendant laquelle la femelle laitière ne produit plus de lait. Chez la vache, le tarissement est volontairement appliqué 7 à 8 semaines avant la parturition afin de permettre à l'animal de reconstituer ses réserves, et régénérer sa glande mammaire. Le lait de vache en cours de tarissement contient des substances antibactériennes différentes de celles du lait normal.
- Une substance inhibitrice thermorésistante (80°C - 10 mn)
- Une substance lytique dissolvant les cellules bactériennes dont les propriétés l'apparentent au lysozyme.
♦ Drying off

TARTINABILITÉ n.f.

«Néologisme» utilisé très couramment pour définir l'aptitude à l'étalement du beurre. Elle se mesure à l'aide d'un appareil appelé «extruder», ou étalomètre. Voir TEXTURE.
♦ Spreadability

TATTEMJOLK n.m.

Voir TYKMAELK.
♦ Tattemjolk

TAXONOMIE n.f.

Branche de la biologie qui a pour but la classification et la description des espèces de microorganismes. En remontant à partir de la base l'on trouve les termes suivants dans la classification :
1. Espèce : unité taxonomique notée par deux noms latins dont le premier qui est celui du genre commence par une majuscule et le second qui est un épithète est toujours écrit en minuscule.
    Ex. : *Lactobacillus bulgaricus - Aspergillus niger - Salmonella montevideo*
    Parfois cette espèce est divisée en variétés qui est notée alors par trois noms latins
    Ex. : *Streptococcus lactis maltigenes Streptococcus faecalis liquefaciens*

2. Genre : c'est un groupe d'espèces dont l'une est désignée comme espèce type. Le nom est le 1er mot de l'espèce.
    Ex. : *Lactobacillus, Micrococcus*
3. Famille : c'est un groupe de genres dont l'un est désigné comme genre-type. Le nom de la famille est alors le nom du genre type affecté du suffixe - aceae
    Ex. : *Lactobacillaceae* : genre - type *Lactobacillus*
    Pseudomonadaceae : genre - type *Pseudomonas*
    Parfois la famille est divisée en tribus dont le nom est alors le nom du genre affecté du suffixe - eae
    Ex. : *Salmonelleae - Streoptococceae*
4. Ordre : c'est un groupe de familles dont l'une est définie comme famille type. Le nom de l'ordre est alors celui de la famille type dont le suffixe - aeceae est remplacé par le suffixe - ales
    Ex. : *Pseudomonadales* - famille type *Pseudomonadaceae*
    Actinomycetales - famille type *Actinomycetaceae*
    Parfois l'ordre est divisé en sous ordres dont le nom est alors celui de la famille, le suffixe - aceae étant remplacé par le suffixe - ineae
    Ex. : *Pseudomonadineae*
5. Classe : c'est un groupe d'ordres :
    Ex. : *Schizomycetes - Microtatobiotes*

Ex. :
Espèce : *Pseudomonas aeruginosa*
Genre : *Pseudomonas*
Famille : *Pseudomonadaceae*
Sous-ordre : *Pseudomonadineae*
Ordre : *Pseudomonadales*
Classe : *Schizomycetes*

Espèce : *Lactobacillus bulgaricus*
Genre : *Lactobacillus*
Tribu : *Lactobacilléae*
Famille : *Lactobacillaceae*
Ordre : *Eubacteriales*
Classe : *Schizomycetes*
♦ Taxonomy

TBA [test] abv.

Réaction à l'acide thiobarbiturique pour déterminer les groupements aldéhydiques et cétoniques qui peuvent apparaître lors de l'oxydation des matières grasses. Sa sensibilité est insuffisante pour détecter le défaut de saveur avant qu'il ne devienne perceptible pour les sens.
♦ TBA test (thiobarbituric acid test)

TDT [Thermal Death Time] n.f.

Durée minimale pour assurer la destruction d'un microorganisme considéré, à une température léthale donnée. En faisant varier cette température léthale, on obtient une courbe notée courbe TDT. Si on opère en coordonnées semi-logarithmiques - abscisse : température en °C, ordonnée : logarithme de la durée, cette courbe TDT est une droite, elle est définie par deux grandeurs :

Z : élévation de température nécessaire pour réduire au 1/10 le temps d'application du traitement. Z # 5 °C pour levures, moisissures et bactéries sous forme végétative. Z # 10 °C pour spores de bactéries.

F : temps en mn nécessaire pour détruire le microbe considéré à 60 °C pour les formes végétatives, à 121 °C pour les spores.
♦ TDT (Thermal Death Time)

TEEPOL n.m.
Nom commercial d'un composé alkyl-arylsulfonate. Épreuve au teepol. Voir CMT.
♦ Teepol

TEICHERT [méthode] n. p.
Adaptation de la méthode acido-butyrométrique GERBER pour le dosage des matières grasses dans la poudre de lait entier et les caséines.
♦ Teichert method

TEMPS de DURCISSEMENT [t_d] n.m.
C'est le temps qui s'écoule entre la gélification apparente et le début du décaillage.
♦ Firming time

TEMPS de PRISE [t_p] n.m.
Ou durée de prise, c'est le temps qui s'écoule entre l'emprésurage et la gélification apparente du lait (apparition de flocons dans une couche mince de lait). Appelé aussi temps de coagulation.
♦ Setting time or coagulation time or clotting time or renneting time

TEMPS de TRANCHAGE [t_t] n.m.
Ou durée ou temps de caillage ; c'est le temps qui s'écoule depuis l'empresurage jusqu'au commencement du décaillage (tranchage du caillé) on a $t_t = t_p + t_d$ t_p : temps de prise, t_d : temps de durcissement
pour la présure on a $\dfrac{t_t}{t_p}$ voisin de 3 pour les
succédanés on a $\dfrac{t_t}{t_p}$ de l'ordre de 2,5 à 2.
♦ Renneting to cutting time or cutting time

TENSIO-ACTIF n.m.
Composé qui abaisse la tension superficielle du liquide auquel il est additionné. On dit aussi tensio-dépresseur.
Ex. : - l'alcool
       - les alkyl-aryl-sulfonates (Teepol) ou sulfonates d'alcool gras
       - l'albumine etc.
Ces corps entrent dans la composition des produits de nettoyage afin d'augmenter leur pouvoir mouillant vis-à-vis des surfaces à nettoyer.
♦ Surface active agent or surfactant

TENSION SUPERFICIELLE n.f.
On l'appelle aussi constante capillaire : c'est la force qui tend à réduire le volume d'une masse donnée de liquide. Elle s'oppose donc à l'étalement ou à la dispersion des liquides. Plus elle sera faible, plus le moussage sera abondant. Pour le lait, elle diminue lorsque la température s'élève ou lorsque le pH diminue. Elle s'exprime par le quotient : $\dfrac{F}{L}$.

F = forces en dynes
L = longueur en centimètres

On la mesure de différentes façons :
- par la hauteur de montée dans un tube capillaire (appareil de POCHON)
- à l'aide d'un compte-goutte approprié (Stalagmomètre de TRAUBE)
- à l'aide d'une balance de torsion (appareil de LECOMTE du NOUY)

Ex. : tension superficielle de l'eau à 20 °C au contact de l'air : 72 dynes/cm
tension superficielle du lait écrémé : 49 dynes/cm
tension superficielle de l'alcool : 22 dynes/cm.
♦ Surface tension or surface activity

TERRAMYCINE n.f.
Autre nom de l'Oxytétracycline (voir ce mot).
♦ Terramycin or oxytetracycline

TETRA BRIK [procédé] n.p.
Procédé suédois de conditionnement du lait, en particulier, à partir d'un rouleau de papier cartonné, paraffiné et doublé intérieurement d'une feuille de polyéthylène. La machine à conditionner forme en continu des parallépipèdes ou briques remplis et soudés.
♦ Tetra brik process

TETRA BRIK ASEPTIC n.p.
Procédé identique au précédent en ce qui concerne le principe, mais destiné dans ce cas à conditionner aseptiquement le lait UHT. Le papier est aseptisé en passant en continu dans un bain d'eau oxygénée.
♦ Tetra Brik aseptic process

TÉTRACOCCUS n.m.
Nom attribué à certaines bactéries coccoïdes (coques) formant un carré avec quatre coques.
Ex. : genre *Gaffkya*.
♦ Tetrococcus

TÉTRACYCLINES n.f.
Famille d'antibiotiques à large spectre d'activité. Thermolabiles.
♦ Tetracyclines

TEXTURATEUR (ou transmutateur) n.m.

Appareil utilisé pour réaliser l'inversion des phases lors de la fabrication du beurre selon les procédés ALFA et GOLDEN FLOW. Se compose de trois cylindres horizontaux superposés, à double enveloppe parcourue par un fluide réfrigérant. A l'intérieur de chaque cylindre, un tambour cannelé tourne à 70 - 80 tours/mn.
♦ **Texturizer (westfalia) or texturator (golden flow) or transmutator (alfa)**

TEXTURE n.f.

Signifie disposition des parties, quelle que soit leur taille, constituant un corps et lui conférant des caractères rhéologiques particuliers.
Ex. : la texture du beurre dépend de l'état cristallin de la matière grasse.
Cette notion est liée plus particulièrement à celle de consistance. Ainsi un beurre renfermant une multitude de cristaux fins offre une texture souple : il se «tartine» aisément. Un beurre renfermant de gros cristaux présente une texture plutôt ferme mais friable, cassante : il se «tartine» mal. L'excès de malaxage du beurre conduit à l'obtention d'une texture longue et collante. Les pâtes de différents types de fromages présentent des textures caractéristiques : la texture de la pâte d'un camembert ne ressemble pas à celle d'un gruyère. La pâte sèche d'un camembert dit «platreux» constitue un défaut de texture.
♦ **"Body" or texture**

TH [litre Hydrotimétrique] n.m.

Voir HYDROTIMÉTRIQUE.
♦ **TH**

THERMIQUES [effets] adj.

Dépendent du degré de chauffage et de sa durée :
- destruction des inhibiteurs naturels (agglutinines, lactoperoxydase) à partir de 80 °C - 30 secondes
- disparition de substances stimulantes naturelles (acides aminés - vitamines...) à partir de 120 °C - 10 mn. Réactions de Maillard, 120 °C - 15 mn.
- apparition de substances inhibitrices par suite de la décomposition de certains constituants du lait : la β lactoglobuline vers 80 - 90 °C libère des sulfures volatils
- apparition de substances stimulantes :
a) le lactose, aux températures de la stérilisation se décompose en acide formique
b) la caséine libère dans les mêmes conditions des peptides et des acides aminés.
♦ **Heating effects**

THERMISATION n.f.

Traitement thermique modéré (65 °C environ quelques secondes) appliqué au lait de fromagerie dans le but :
- de détruire la flore banale (coliforme en particulier) pour pouvoir ensemencer le lait au moyen de ferments sélectionnés
- d'augmenter le rendement fromager par la coagulation d'une partie des albumines.
♦ **Thermisation**

THERMOBACTERIUM n.m.

Dans la terminologie d'ORLA-JENSEN désigne les lactobacilles homofermentaires thermopiles :
Ex. : *Lactobacillus acidophilus - Lactobacillus bulgaricus - Lactobacillus helveticus - Lactobacillus lactis*
♦ **Thermobacterium**

THERMOLABILE adj.

Adjectif signifiant sensible à la chaleur, aux traitements thermiques.
Ex. : les vitamines et enzymes sont des substances généralement thermolabiles.
♦ **Thermolabile or heat sensitive**

THERMOPHILES [bactéries] adj.

Terme général désignant les bactéries dont la température optimale de développement se situe entre 45 et 60 °C. On distingue les thermophiles facultatifs qui se développent aussi à 30 °C et les thermophiles strictes. Bactéries banales rencontrées dans l'air, i'eau, les aliments, lait, fécès, sol, souvent responsables d'accidents de fabrication des conserves stockées à température élevée lorsqu'elles sont sporulées (c'est-à-dire thermorésistantes et thermophiles).
Ex. : *Bacilli : Bacillus coagulans, Bacillus stearothermophilus. Clostridia : Clostridium nigrificans, Clostridium thermoaceticum.*
♦ **Thermophilic bacteria**

THERMORÉSISTANT adj.

Résistant aux traitements thermiques. Terme désignant des bactéries qui résistent aux traitements thermiques habituels de la pasteurisation (30 mn à 63 °C), soit sous leur forme végétative, soit sous la forme sporulée. Les bactéries thermorésistantes ne sont pas obligatoirement sporulées, certaines résistent à 90 °C pendant une trentaine de secondes. La flore thermorésistante du lait est surtout constituée par des germes de pollution provenant d'un matériel mal nettoyé (microcoques principalement). La thermorésistance des germes dépend également des conditons du milieu et du mode de traitement :
- un milieu riche en matière grasse protège

davantage les germes contre l'action thermique
- une homogénéité thermique insuffisant (pas de turbulence ou pas d'agitation) augmente la résistance à la chaleur
- la présence d'amas microbiens élève la thermorésistance. Remarque : la thermorésistance due aux spores n'implique pas forcément la thermophilie.

♦ Heat resistant or thermoduric

THERMOSTABLE adj.

Adjectif signifiant insensible à la chaleur et aux traitements thermiques. Souvent employé comme synonyme de thermorésistant.
Ex. : la néomycine est un antibiotique thermostable.

♦ Heat resistant or heat stable

THERMOVAC [procédé] n.p.

Procédé utilisé pour la stérilisation par contact direct du lait dans une enceinte de vapeur chauffée à 145 - 150 °C.

♦ Thermovac process

THIAMINE n.f.

Voir VITAMINE B$_1$.

♦ Thiamine

THIOCARBAMATES n.m.

Pesticides fongicides que l'on rencontre en faible quantité dans le lait.
Ex. : le manèbe et le zinèbe.

♦ Thiocarbamates

THIXOTROPIE n.f.

Phénomène observé à propos de certains gels qui ont la propriété de se liquéfier avec une agitation et de se régénérer au repos.
Ex. : cas du lait concentré emprésuré à froid dont le gel se reforme dès que l'agitation cesse.

♦ Thixotropy

THOERNER [degré] n.p.

Symbole °Th. Grandeur qui mesure l'acidité d'un lait. C'est le nombre de 1/10 ml de Na OH N/10 nécessaires pour neutraliser en présence de phénolphtaléine 10 ml de lait.

$$1 °Th = 0,9 °D = 0,4 °SH$$

On trouve parfois l'orthographe Thörner.

♦ Thoerner degree

THOMPSON [méthode de] n.p.

Méthode de routine pour le dénombrement après culture des germes totaux du lait crû. A l'aide d'une anse calibrée (0,001 ml) dite anse de Burri, on inocule un milieu gélosé en boîte de Pétri.

♦ Thompson method

THRÉONINE n.f.

Acide aminé comportant un groupement alcool secondaire. Elle peut être, dans certains cas, estérifiée par l'acide phosphorique. Sa teneur est la plus importante dans la caséine.

♦ Threonine

THROMBÉLASTROGRAPHE n.m.

Appareil utilisé à l'origine pour l'étude de la coagulation du sang. Utilisé pour l'étude des propriétés mécaniques des caillés. L'appareil de Hellige se présente sous l'aspect d'un pendule de torsion dont le cylindre terminal plonge dans une petite cuve de mesure. Un petit miroir, solidaire, réfléchit le spot lumineux sur une bande de papier photographique. Le graphique obtenu à l'allure d'un diapason.

♦ Thrombelastograph

TIREUSE à LAIT n.f.

Ustensile à remplir les bidons de lait, constitué par un tuyau terminé par un bec tireur (clapet) à l'extrémité duquel le liquide s'écoule lorsque le bec est appuyé contre le fond du bidon : le clapet obsture l'ouverture lorsque le bec est soulevé.

♦ Milk churn filler

TOCOPHÉROL n.m.

Voir VITAMINE E.

♦ Tocopherol

TOFU n.m.

Lait caillé d'imitation à base de soja produit au Japon.

♦ Tofu

TOME n.f.

Désigne, dans de nombreuses fabrications de pâtes pressées (fermières en particulier), le gâteau de caillé
Ex. : cantal
On l'orthographie aussi «tomme».

♦ Curd piece

TONED MILK n.m.

Lait de bufflesse dilué d'eau pour abaisser sa teneur en matière grasse et additionné de poudre de lait écrémé de vache pour rétablir l'extrait sec dégraissé. C'est un lait rééquilibré produit surtout en Inde.

♦ Toned milk

TOPETTE n.f.

Grosse marmite qui servait à la pasteurisation du lait. «Pasteurisation à la topette» ce terme s'emploie surtout pour la fabrication des levains.

♦ Starter vessel or stater pan

TORSIOMÈTRE n.m.

Appareil conçu par BURNETT et SCOTT-BLAIR utilisé industriellement pour mesurer la fermeté des caillés de fromagerie et déterminer ainsi le moment du décaillage.

♦ Torsiometer

TORULA n.m.

Voir CANDIDA (levures).

♦ Torula

TORULOPSIS n.m.

Voir CANDIDA (levures)

♦ Torulopsis

TOURIE n.f.

Grande bouteille ou bonbonne entourée de paille ou d'osier servant au transport et stockage des acides.

Ex. : une tourie d'acide sulfurique.

♦ Carboy

TOURNAGE n.m.

Opération qui se déroule au moment de l'égouttage et qui a pour but de parfaire l'élimination du sérum. Elle consiste à faire tourner le moule, d'un coup sec, autour du fromage pour décolmater la perforation du moule. Cette opération se rencontre en fromagerie traditionnelle pâtes molles (Brie surtout).

♦ Hoop slewing or hoop swivelling

TOURNE [du lait] n.f.

Changement d'état physique et chimique des constituants du lait laissé à lui-même soit par acidification naturelle : c'est la tourne acide soit par coagulation puis solubilisation et putréfaction de la caséine par des enzymes protéolytiques : c'est la tourne protéolytique.

Ex. : plus le lait est sain et conservé dans de bonnes conditions moins il est sujet à la tourne, on dit aussi moins il tourne.

♦ Turning (of milk) or turning sour (of milk)

TOURNETTE n.f.

Dévidoir perforé tournant sur un pivot central qui servait autrefois à l'égouttage des caillés.

♦ Swivelling whey strainer

TOXI-INFECTION n.f.

Maladie due à la fois à la multiplication de germes infectieux et à l'action de leurs toxines.

Ex. : Salmonellose

♦ Toxi-infection

TOXINES n.f.

Substances toxiques pouvant être élaborées par certaines bactéries pathogènes (dites toxinogènes ou toxigènes). Ces poisons peuvent se rencontrer à l'état d'exotoxines c'est-à-dire libérées dans le milieu extérieur par les bactéries toxinogènes, ou bien à l'état d'endotoxines c'est-à-dire ne pouvant être libérées qu'après la lyse des cadavres des bactéries toxinogènes. Elles sont généralement thermostables et leur présence est redoutable puisqu'elles subsistent après la destruction des bactéries.

Ex. : les staphylotoxines = toxines des staphylocoques, toxines de *Clostridium perfringens, de Clostridium botulinum,* toxines de *Corynebacterium diphteriae...*

♦ Toxins

TRAÇADOU n.m.

Nom donné à un instrument de décaillage dans certaines fabrications traditionnelles (cantal). On trouve aussi le terme attrassadou.

♦ Tracadou or breaker

TRAITE n.f.

C'est l'extraction du lait de la mamelle d'une femelle laitière. On dit aussi mulsion. Elle doit être rapide, complète, indolore. Elle peut être manuelle, mais maintenant elle est le plus souvent mécanique à l'aide de machines à succion coupée ou de machines à succion et pression.

♦ Milking

TRANCHAGE n.m.

Opération rencontrée en fabrication fromagère qui consiste à découper le caillé suffisamment durci en éléments plus ou moins gros pour favoriser son égouttage. Le tranchage est d'autant plus poussé que le caillé est plus présuré.

♦ Cutting

TRANCHE-CAILLÉ n.m.

Outil de fromagerie manuel ou mécanique servant à découper le caillé pour accélérer l'égouttage.

♦ Breaker or curd-knife

TRANCHE-MAIN n.m.

Terme désignant le tranche-caillé dans les fruitières.

♦ Breaker or curd knife

TRANSFÉRASES n.f.

2ème classe d'enzymes qui catalysent les réactions de transfert de groupements ou radicaux. Dans le lait on trouve :

1. la ribonucléase
2. une glycosyltransférase spécifique du lait et du tissu mammaire
3. la rhodonase dont les propriétés sont mal connues.

♦ Transferases

TRANSFERRINE n.f.

Voir MÉTALLOPROTÉINE et LACTOTRANSFERRINE.

♦ Transferrin

TRENNEL n.f.

Sorte de huche destinée à recevoir les moules dans la fabrication artisanale ancienne du roquefort. Elle était munie au fond de rainures destinées à recevoir et à faire égoutter le petit lait qui sortait des moules.

♦ Trennel or draining trough or draining bin

TRIGLYCÉRIDES n.m.

Voir GLYCÉRIDES.

♦ Triglycerides

TRIMÉTHYLAMINE n.f.

Amine de formule $N(CH_3)_3$ responsable du goût de poisson rencontré dans le beurre et les produits laitiers. Provient de la dégradation de la choline des lecithines. Voir POISSON (goût de).

♦ Trimethylamine

TROMMSDORF [méthode] n.p.

Méthode de détermination volumétrique de la teneur en cellules du lait au moyen d'un tube spécial calibré après centrifugation d'un volume donné de lait (10 ml).
♦ Trommsdorf method

TRT [Thermal Reduction Time] n.f.

Durée minimale pour assurer une réduction donnée (diminution donnée de la population) d'un microorganisme considéré à une température léthale donnée. En faisant varier la température on obtient une courbe notée TRT qui, en coordonnées semi-logarithmiques (abcisse : température, ordonnée : log de la durée) est une droite. Remarque : on peut aussi définir une courbe TRT pour la réduction d'activité des enzymes.
♦ TRT (Thermal Reduction Time)

TRYPSINE n.f.

Enzyme protéolytique produite par le pancréas et dont le pH optimum d'action est basique.
♦ Trypsin

TRYPTOPHANE n.m.

Acide aminé neutre à noyau cyclique, précurseur de l'acide nicotinique (vitamine PP). L'α lactalbumine est riche en tryptophane (6 %).
♦ Tryptophan

TURBIDIMÉTRIE n.f.

Mesure photométrique de la turbidité d'un liquide contenant des particules en suspension.
Ex. : les globules gras dispersent la lumière lorsqu'un rayonnement quelle que soit sa longueur d'onde traverse une couche de lait. La perte d'énergie par diffusion est la cause de la turbidité. Ce principe permet de déterminer la concentration en matière grasse ou en protéines par la mesure de la lumière transmise (appareils Milko Tester et dosage des protéines au moyen du noir amido...).
♦ Turbidimetry

TURBIDOSTAT n.m.

Appareil de laboratoire permettant d'obtenir une croissance microbienne continue à taux de croissance maximum. La régulation se faisant par l'intermédiaire d'un turbidimètre.
♦ Turbidostat

TURGASEN [procédé] n.p.

Procédé de fabrication de margarine.
♦ Turgasen process

TYKMAELK, TATTEMJOLK n.m.

Lait concentré fermenté homogénéisé consommé en Scandinavie.
♦ Tykmaelk, Tattemjolk

TYNDALLISATION n.f.

Procédé de stérilisation des milieux fragiles consistant en une alternance de chauffages modérés (60 à 70°) et de refroidissements sur une période de 24 heures au minimum.
♦ Tyndallization

TYRAMINE n.f.

Amine toxique (?) provenant de la dégradation de la tyrosine.
♦ Tyramine

TYROSÉMIOPHILE n.m. ou f.

Collectionneur d'étiquettes de fromages.
♦ Tyrosemiophile

TYROSINE n.f.

Acide aminé à noyau phénolique, peu soluble. Elle peut être décarboxylée par certaines bactéries en tyramine.
♦ Tyrosin

TYROTHRICINE n.f.

Antibiotique actif surtout contre les bactéries gram +.
♦ Tyrothricin

Ustensiles de fromagerie

UHT [Ultra Haute Température] abv.

Technique de stérilisation du lait entre 140 et 150 °C pendant 1 à 5 secondes. Ce traitement rapide ne modifie guère plus les propriétés organoleptiques et biochimiques (vitamines en particulier) du lait que la technique de la pasteurisation. Ce traitement n'est possible qu'en flux continu soit par le procédé classique des échangeurs de température, soit par les procédés à contact direct avec la vapeur, soit par le procédé à friction ATAD. La stabilité du lait UHT est moins grande que celle du lait stérilisé classique et l'inactivation de la phosphatase n'est pas irréversible. Parmi les procédés de stérilisation UHT à contact direct du lait avec la vapeur, on distingue :
- procédés par injection de vapeur dans le lait ou upérisation
- procédés par pulvérisation de lait dans la vapeur.
♦ Ultra High Temperature Treatment or UHT

ULTRAFILTRATION n.f.

Technique de séparation non dénaturante des macromolécules en suspension dans un liquide, basée sur le principe de la dialyse. On utilise à cet effet des membranes à pores très petits, jouant le rôle de tamis moléculaires. L'ultrafiltration du lait conduit à la séparation d'un sérum (ultrafiltrat) exempt de matières azotées protéiques (rétentat). Cette technique est employée pour récupérer les protéines des lactosérums de fromagerie.
♦ Ultrafiltration

ULTRACENTRIFUGATION n.f.

Méthode physique de séparation non dénaturante des protéines sous l'influence de forces centrifuges très élevées (jusqu'à 300.000 fois l'accélération de la pesanteur).
♦ Ultracentrifugation

ULTRAMATIC [procédé] n.p.

Procédé anglais de stérilisation UHT par chauffage indirect à travers un appareil à plaques.
♦ Ultramatic process

ULTRA-SONS n.m.

Ce sont des vibrations acoustiques d'une fréquence supérieure à 16.000 hertz, inaudibles pour l'homme. Ses applications sont nombreuses. En particulier, les propriétés des ultrasons sont utilisées pour le dosage rapide de la matière grasse du lait et de l'extrait sec dégraissé

Ex. : l'appareil appelé darisonomètre.

De même les ultra-sons émis à travers un flux de liquide dans une canalisation permettent d'en calculer le débit. Leur effet bactéricide n'est pas total : certains germes tels que *Mycobacterium tuberculosis, Brucella* ne sont que partiellement détruits contrairement à *E. coli* et *Salmonella.*
♦ Ultra sonics

ULTRA-VIOLETS (ou U V) n.m.

Radiations électromagnétiques de longueur d'onde inférieure à 400 nm, faiblement pénétrantes. On parle parfois de «lumière noire». Sous certaines conditions, le rayonnement ultra-violet exerce une action :
- bactéricide
- oxydation des lipides et des vitamines
- de destruction de la vitamine B_2
- de transformation de stérols en vitamine D
- de catalyse de certaines réactions entre molécules azotées du lait (saveur solaire).

♦ U V irradiation

UNDAA n.m.

Lait fermenté acido-alcoolique consommé par les nomades des steppes d'Asie Centrale. On trouve aussi les termes de Umdaa et Khormog.

♦ Undaa

UNITÉ PRÉSURE n.f.

Selon Berridge, c'est la quantité d'enzyme contenue dans 1 ml de présure et qui coagule 10 ml de lait reconstitué (120 g de poudre $+ 1,11$ g de $CaCl_2$ complété à 1 l avec de l'eau) en 100 secondes à 30 °C. On a la relation :
$$UP = 0,0045 \times F$$
F = force de la présure selon Soxhlet

♦ Rennin unit (R U)

UNIVERSAL SYSTEM n.p.

Procédé américain de caséinerie en continu. Appelé encore procédé Spellacy.

♦ Universal system

UPÉRISATION n.f.

Ce mot est la contraction de ultra-pasteurisation. Procédé Suisse de stérilisation du lait selon la technique UHT consistant en une injection de vapeur dans le lait qui se trouve porté instantanément (ou presque) à 150 °C. Il est ensuite refroidi et débarassé de la vapeur d'eau dans une enceinte d'expansion sous vide.

♦ Uperisation or uperization

UPN [Utilisation Protidique Nette] n.f.

Grandeur qui, en nutrition, mesure l'efficacité protidique d'une ration.
$$UPN = V B \text{ (valeur biologique)} \times C U D \text{ azoté}$$
(coefficient d'utilisation digestive azotée).

♦ Net Protein Utilization (NPU)

URDA n.m.

Voir SKUTA.

♦ Urda

URÉE n.f.

Matière azotée non protéique (NPN) contenue dans le lait de vache à la dose moyenne de 0,25 g/l. Elle est employée dans l'alimentation des vaches comme «ersatz» de l'azote végétal.

♦ Urea

UTRECHT [anomalie d'] n.p.

Anomalie caractérisée par un excès de calcium ionisé dans certains laits : ce qui leur confère une instabilité au chauffage (floculation). On remédie à cette anomalie par l'adjonction au lait anormal de sels complexants du calcium. Ex. : citrate de sodium.

♦ Utrecht defect or Utrecht abnormality

Installation VTIS

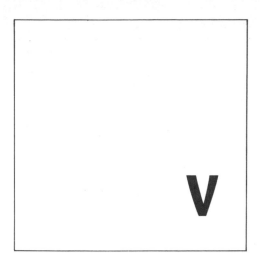

VACHERESSE n.f.
Nom parfois donné à la fruitière en Savoie.
♦ Vacheresse

VACRÉATION n.f.
Procédé néo-zélandais de désodorisation et dégazage des crèmes consistant en une injection
de vapeur dans la crème, suivie d'une détente
sous vide. La crème se trouve portée à 90 °C
puis passe dans une seconde chambre où le
vide atteint 30 cm de mercure (80 °C), ensuite
elle subit une distillation sous vide poussé (6 cm
de mercure). Les produits malodorants sont
entraînés par la vapeur.
♦ Vacreation

VACULATEUR n.m.
Chariot à beurre fermé dans lequel le beurre
est traité sous vide, utilisé dans l'installation
DDMM* de fabrication continue de beurre sous
vide.
* De Danske Mejeriers Maskinfabrik.
♦ Vaculator

VACUTHERM [procédé] n.p.
Voir VTIS.
♦ Vacutherm process

VAILLÈRE n.f.
Grand pot en terre ou grès dans lequel s'affi-
nent les Picodons (petits fromages de chèvre).
♦ Vaillere

VALEUR BIOLOGIQUE [V B] n.f.
Cette grandeur mesure, en nutrition, le pourcentage d'azote assimilé retenu par l'animal
ou l'homme pour couvrir ses besoins azotés.
La valeur biologique est aussi appelée coeff. de
rétention

$$VB\ app = \frac{N\ ingéré - N\ fécal - N\ urinaire}{N.\ ing. - N\ fécal} \times 100$$

♦ Biological value (B V)

VALINE n.f.
Acide aminé neutre.

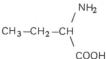

Stimulant de *Streptococcus thermophilus* en
particulier.
♦ Valine

VANASPATI n.m.
Subtitut d'origine indienne du ghee, composé
d'huile végétale hydrogénée. On trouve aussi
le terme venaspati.
♦ Vanaspati

VAN GULICK [méthode] n.p.

Adaptation de la méthode butyrométrique de GERBER pour le dosage de la matière grasse dans le fromage.

♦ Van Gulick method

VANILLINE n.f.

Aldéhyde phénolique présent dans les gousses de vanille mais pouvant être synthétisé artificiellement. Utilisée comme succédané de la vanille dans l'aromatisation du yaourt et des desserts gélifés mais interdite pour les crèmes glacées. Elle est utilisée comme traceur dans le beurre et butter-oil dénaturés.

♦ Vanillin

VARIANTS GÉNÉTIQUES [des protéines] n.m.

Ce terme désigne diverses formes génétiques d'une même protéine animale. Ces protéines sont très proches les unes des autres par leur composition, leur poids moléculaire et leurs propriétés. Leur synthèse est gouvernée par un gène particulier. Les principales protéines du lait se présentent sous 2, 3, 4 ou 5 formes génétiques : c'est le cas de β lactoglobuline, α latalbumine, caséines αs, β, K, γ. Les variants génétiques sont désignés par des lettres A, B, C...

♦ Genetic variants

VARIATIONS
[qualitatives et quantitatives] n.f.

Les principaux facteurs de variation sont :
- physiologiques : évolution au cours des cycles de la lactation (période colostrale - tarissement...)
- alimentaires : influence de la ration au point de vue énergétique et composition. Action spécifique de certains aliments
- climatiques : saison, température
- génétiques : race, individu, sélection
- zootechniques divers : conditions de logement, de soins, de traite, etc...

Les fluctuations sont également journalières. Elles affectent surtout la teneur en matière grasse (écarts pouvant aller de 5 à 20 % parfois).

♦ Variations or fluctuations or changes

VERDUNISATION n.f.

Désinfection de l'eau pour la rendre potable par l'adjonction de très fines particules d'antiseptique chloré (eau de javel) à la dose maximum de 0,1 mg de chlore libre/l. d'eau. Un traitement comportant une dose plus forte est une chloration.

♦ Chlorination

«VIBROFLUIDIZER» n.m.

Voir NIRO (procédé).

♦ "Vibrofluidizer"

VIILI n.m.

Voir VILIA.

♦ Viili

VILIA n.m.

Lait fermenté d'origine finlandaise. Les ferments utilisés sont : des streptocoques lactiques (*S. lactis* et *S. cremoris*) et des lactobacilles (*L. bulgaricus* et *L. helveticus*). On trouve aussi les noms de : Filia et Pitkapiima et viili.

♦ Vilia

VINYLE [chlorure de] n.m.

Composé éthylénique de formule
$$CH_2 = CH-Cl.$$
Il est facilement polymérisable pour donner du chlorure de polyvinyle qui est utilisé dans l'industrie des matières plastiques pour les emballages (PVC).

♦ Vinyl chloride

VIOLONCELLE n.m.

Nom donné à l'instrument utilisé pour le brassage du caillé dans la fabrication traditionnelle des pâtes cuites. Voir BRASSOIR.

♦ "Violoncello"

VIREU n.m.

Sorte d'éventail en paille de blé liée par de l'osier servant aux retournements des fromages du Loir et Cher.

♦ Vireu or straw mat

VIRIDANS adj.

Désigne un groupe de bactéries du genre *Streptococcus* généralement non pathogènes. Plutôt thermophiles, elles ne se développent pas à 10 °C. Elles coagulent le lait sans réduire le bleu de méthylène ; elles sont hémolytiques et donnent une zone caractéristique verdissante sur gélose au sang (hémolyse α ou γ). Principales espèces :

Streptococcus thermophilus
- *Streptococcus uberis.*

♦ Viridans

VIRULENCE n.f.

Aptitude propre à certains germes de se répandre dans l'hôte et de s'y multiplier malgré les défenses que celui-ci va leur opposer. Les germes virulents sont des germes infectieux (responsables d'infection).

♦ Virulence

VIRUS n.m.

Microorganismes infra-microscopiques (moins de 0,2 μ). Ce sont des parasites intracellulaires des êtres vivants.

Ex. : le virus aphteux responsable de la fièvre aphteuse.

Voir BACTÉRIOPHAGE.

♦ Virus

VISCOLISÉ [lait] adj.

Lait écrémé auquel on a rajouté de la crème homogénéisée.

♦ Viscolized milk or homogenized milk

VISCOSANT (agent) adj.

Substance qui, ajoutée à une denrée alimentaire liquide ou pâteuse, en augmente la viscosité. On trouve aussi le terme épaississant.

Ex. : les dextranes.

♦ **Thickening agent**

VISCOSITÉ n.f.

Grandeur physique intéressant la rhéologie qui traduit la résistance plus ou moins grande des fluides à l'écoulement (interactions, associations ou frottements moléculaires plus ou moins intenses). Elle varie en fonction de :
- la température (diminue quand la température augmente)
- la pression (dans un liquide newtonien, la vitesse d'écoulement est proportionnelle à la pression).

La viscosité se mesure par :
- le temps d'écoulement dans un capillaire (pipette d'OSTWALD)
- le temps de chute d'une petite bille dans une colonne (viscosimètre HOEPPLER)
- le couple résistant d'un cylindre en rotation (type COUETTE, Mc MICHAEL, BROOKFIELD).

On distingue plusieurs types de viscosité :
- la viscosité absolue ou dynamique (ρ) : elle s'exprime habituellement en Poises (Po) ou centipoises (cPo) mais l'unité légale est le Poiseuille (Pl).
- la viscosité cinématique (ν) : c'est la viscosité dynamique divisée par la densité ou masse volumique du fluide. Elle s'exprime habituellement en Stockes (St) ou centistockes (cSt) mais l'unité légale est le m^2/s. On trouve aussi parfois comme unité le degré Engler (°E).
- la viscosité relative qui est le rapport de la viscosité absolue de la solution sur la viscosité absolue du solvant (souvent l'eau).
- la viscosité spécifique qui est la viscosité relative diminuée d'une unité.
- la viscosité réduite qui est le rapport de la viscosité spécifique sur la concentration du soluté.
- la viscosité intrinsèque qui est la limite de la viscosité réduite quand la concentration du soluté tend vers 0. Remarque : on définit aussi parfois la fluidité (ϕ) qui est l'inverse de la viscosité dynamique. Elle s'exprime habituellement en rhe (inverse du poise).

Ex. : de viscosités absolues exprimées en centipoises.

Températures Produit	10 °C	20 °C	30 °C
Lait entier	2,8	2,2	1,65
Lait écrémé	2,5	1,9	1,35
Eau	1,3	1,006	0,80

(d'après ALAIS)

L'homogénéisation élève la viscosité du lait. Au début de l'action de la présure la viscosité du lait diminue avant de remonter au moment de la coagulation.

♦ **Viscosity**

VITAMINES n.f.

Ce sont des substances organiques indispensables aux animaux et aux êtres humains. Elles agissent comme régulateurs, à très faible dose, et leur absence ou insuffisance entraîne des troubles de l'organisme.

Les vitamines ont des structures chimiques très diverses ; aussi les classe-t-on simplement en deux catégories : les vitamines liposolubles et les vitamines hydrosolubles.

♦ **Vitamins**

1.   Vitamines LIPOSOLUBLES

Elles sont insolubles dans l'eau mais solubles dans l'éther, les huiles grasses, l'acétone, l'alcool.

♦ **fat-soluble vitamins**

VITAMINE A : encore appelée rétinol ou axérophtol. Formule brute : $C_{20}H_{29}OH$ ou encore sous forme d'ester d'acide gras

$$C_{20}H_{29}O\text{-}R$$

R = radical d'acide gras (acétate ou palmitate surtout). C'est la forme ester qui prédomine dans le lait (97 %). On connaît 6 isomères dont 2 ont une importance pratique :

Vitamine A trans : (toutes doubles liaisons en position trans)

Néovitamine A : (isomère 13 cis).

Activité vitaminique :
- vitamine A trans 100 %
- néovitamine A   75 %

Elle est extrêmement sensible à l'oxydation. Sa dégradation par l'oxygène de l'air est catalysée par la lumière (surtout les UV), les sels métalliques, les péroxydes et la chaleur en présence d'humidité. Ses précurseurs peuvent être les carotènes (β carotène). Sa carence entraîne des troubles visuels pouvant aller jusqu'à la cécité ou xérophtalmie. 1 unité internationale (UI) = 0,6 μg de β carotène ou 0,2 μg de vitamine A.

Sources : huiles de foie de poisson - lait et produits laitiers (surtout au printemps et l'été).

Besoins quotidiens de l'homme : 30 UI/kg de poids.

VITAMINE D : encore appelée antirachitique ou calciférol. De nature stéroïdique. On distingue plusieurs vitamines D :

D_2 = ergocalciférol qui provient de l'ergostérol

D_3 = cholécalciférol qui provient du cholestérol

D_1 = combinaison moléculaire de D_2 et de lumistérol (sans action vitaminique).

Ce sont les plus importantes. On connait aussi :

D_4 = dihydroergocalciférol

D_5 = Sitocalciférol provenant du sitostérol

D_6 = stigmacalciférol provenant du stigmastérol.

Elles sont sensibles à l'oxydation, à la lumière et à l'action des actions en solutions huileuses, à la chaleur. Sa carence entraîne des troubles de l'ossification (rachitisme). 1 UI = 0,025 μg de vitamine pure.

Sources : huiles de foie de poisson, graisses, lait, produits laitiers (surtout l'été), besoins quotidiens de l'homme : 400 à 500 UI . 1000 pour la femme enceinte. Le lait en contient en moyenne 15 à 20 UI. Cette teneur peut augmenter en fonction de la saison et de l'ensoleillement ; en effet les Ultra-Violets transforment les stérols (ergostérol) de la peau en vitamine D_2 et D_3.

VITAMINE E : ou tocophérol. L'α tocophérol de formule brute $C_{29}H_{50}O_2$ est la plus importante. On connaît aussi plusieurs autres tocophérols (α, β, γ, δ, ϵ). Sous la forme estérifiée d'acétate d'α tocophérol, il est plus stable à l'oxydation. Saponifié en milieu humide et en présence d'alcalis ou d'acides forts, il s'oxyde alors facilement en présence d'air et brunit. Il est stable à la chaleur mais sensible à la lumière. Il est utilisé comme antioxygène (conservateur). Sa carence entraîne des troubles sexuels et la paralysie des nouveaux nés, l'altération des muscles striés. 1UI = 1 mg d'acétate d'α tocophérol.

Sources : germes de céréales (5200 mg/kg de poids sec), graines oléagineuses et légumes à feuilles.

Besoins quotidiens : 30 UI mais double pour la femme enceinte. Dans le lait on le trouve sous forme d'α tocophérol au taux moyen de 0,75 à I mg/l. Il protège les lipides du lait contre l'oxydation. Sa teneur est influencée par l'alimentation, la race, la saison.

VITAMINE K : facteur antihémorragique ou phylloquinone. C'est une naphtoquinone. On distingue plusieurs vitamines K :
K_1 ou phylloquinone $C_{31}H_{46}O_2$
K_2 ou méthylsqualenylnaphtoquinone
K_3 ou ménadione (synthétique).
Elle est lentement attaquée par l'oxygène de l'air mais rapidement par la lumière et les alcalis. Elle est stable à la chaleur. Elle est insoluble dans l'eau. Sa carence provoque la diminution de prothrombine du sang ce qui entraîne des hémorragies.
Unité ALMQUIST : 4,2 μg de K_3
Unité DAM - GLAVIND : 0,04 μg de K_3
Sources :
K_1 = végétaux (feuilles d'épinard, de luzerne, de choux).
K_2 = synthétisée par les bactéries intestinales.
Besoins quotidiens de l'homme : 1 mg pour l'adulte, 2 mg pour le nourrisson, 2 à 5mg pour la femme enceinte. Dans le lait on trouve en moyenne 2000 Unités DAM - GLAVIND par litre.

VITAMINE F : on classe sous cette rubrique les acides gras insaturés linéaires. Ce sont surtout les acides en C_{18} : linoléique, linoléique et C_{20} : arachidonique. Leur carence entraîne des troubles cutanés et rénaux.
Sources : végétaux exclusivement ou presque. Faibles quantités dans le lait.
COENZYME Q (ou Ubiquinone) : rôle dans la chaîne respiratoire pour réactiver la cytochrome C réductase inactivée. Il est présent dans les mitochondries. Le beurre en contient 3 μ g/g.

2. Vitamines HYDROSOLUBLES
Elles sont solubles dans l'eau mais pratiquement insolubles dans l'éther, l'acétone, le benzène.
♦ Water soluble vitamins

VITAMINE B_1 ou thiamine (USA) ou aneurine (Europe). Elle possède un noyau thiazole et un noyau pyrimidique. Formule brute :
$$C_{12}H_{17}ON_4S.$$
Elle est stable à l'oxygène et à la chaleur (à l'abri de la lumière et de l'humidité). Par contre, en milieu neutre ou alcalin la molécule est dénaturée (forme fluorescente thiochrome). Sa carence entraîne des troubles nerveux et des œdèmes (c'est le béri-béri). UI = 3 μg de chlorhydrate de thiamine.
Sources : céréales (péricarpe et germe) - levures œufs - légumes. Dans le lait on la rencontre sous forme libre, phosphorylée, ou complexée avec les protéines. Teneur moyenne 0,44 mg/l. Besoins quotidiens : 1 à 1,2 mg. 2 mg pour la femme enceinte. Il faut un rapport de
$$\frac{B_1}{Glucides}$$
de 7 mg/kg.

VITAMINE B_2 ou riboflavine ou Lactoflavine. Elle présente un noyau isoalloxazine. Formule brute : $C_{17}H_2O_6N_4$. Elle est stable à la chaleur et à l'air, par contre facilement détruite en milieu alcalin. Très sensible à la lumière elle se décompose selon le pH en :
- lumichrome à pH acide : fluorescence bleue
- lumiflavine à pH alcalin : fluorescence verte.
Ces formes sont sans pouvoir vitaminique mais elles sont utilisées pour le dosage. Sa carence provoque l'arrêt de croissance. Pas d'UI mais Unité rat : 1 mg de B_2 correspond à 250 unités rat.
Unité SHERMAN - BOURQUIN : 1 mg de B_2 correspond à 50 unités S - B.
Sources : graines - céréales - lait - viande.
Besoins quotidiens : 1,5 à 3 mg.
Le lait en renferme 1,75 mg/l mais la teneur varie selon l'alimentation, la saison, la race des vaches, la période de lactation.
VITAMINE B_6 : pyridoxine (USA) - adermine (Europe). Elle se présente sous 3 formes :
- Pyridoxol ou pyridoxine $C_6H_{11}O_3N$ (fonction alcool en C_4)

- Pyridoxal $C_8H_9O_3N$ (fonction aldéhyde en C_4)
- Pyridoxamine $C_8H_{12}O_2N_2$ (fonction amine en C_4)

Elle est stable à la chaleur et à l'oxygène en milieu acide mais sensible en milieu basique. Sa carence provoque des dermatites graves (acrodynie) ou des troubles nerveux : on ne connaît pas d'UI.

Sources : levures - céréales - œufs - lait.

Besoins quotidiens : 1 à 2 mg pouvant aller jusqu'à 10 mg pour la femme enceinte. Le lait en contient peu : 0,5 mg/l (maximum au printemps ; minimum en hiver).

VITAMINE B_{12} ou cyanocobalamine. Formule brute $C_{63}H_{88}N_{14}PCo$. Relativement stable à la chaleur et à l'oxygène, elle est sensible à la lumière et aux ultra-violets. Les solutions alcalines sont instables. Sa carence provoque l'anémie de BIERMER et la pénurie de globules rouges, l'apparition de cellules géantes (anémie mégaloblastique).

Sources : végétaux - œufs - foie - lait - produits laitiers fermentés.

Besoins quotidiens : 3 μg. Le lait en renferme en moyenne 4 $\mu g/l$.

ACIDE PANTOTHENIQUE ou VITAMINE B_5

Formule brute : $C_9H_{17}O_5N$. Seules les formes dextrogyres ont une activité vitaminique. On le rencontre souvent sous forme de sels de sodium ou de potassium. Sensible à la chaleur en milieu aqueux, il présente une relative stabilité à l'oxygène à l'abri de l'humidité. Sa carence entraîne des altérations de la peau (achromatotrichie), des troubles digestifs et des lésions des capsules surrénales. On ne connaît pas d'UI mais

1 unité poulet = 14 μg d'acide pantothénique

1 unité croissance levure = 0,8 μg d'acide pantothénique.

Sources : levures - abats - œufs - légumineuses - lait.

Besoins quotidiens : 10 mg.

Le lait en renferme 3,4 mg/l.

VITAMINE PP ou VITAMINE B_3 ou Nicotinamide ou niacine ou vitamine anti-pellagreuse. Cette vitamine possède un noyau pyridinique. Elle se présente sous deux formes :
- acide nicotinique ou niacine : $C_6H_5O_2N$
- nicotinamide ou niacinamide : $C_6H_6ON_2$

Ces formes sont stables à l'oxygène de l'air, à la lumière et à la chaleur. En milieu acide ou alcalin l'amide est hydrolysée en acide. Sa carence provoque la pellagre ou maladie des 3 D (dermatites, troubles digestifs, démence et troubles nerveux).

Sources : levures - abats - céréales non décortiquées - poisson.

Besoins quotidiens : 12 à 20 mg.

Le lait en renferme moins de 1 mg/l sous la forme amide principalement (teneur plus élevée à la fin du printemps et début de l'été qu'en hiver).

BIOTINE ou VITAMINE H : noyaux accolés d'urée cyclisée et de thiophane. Il existe deux formes :
- biotine : $C_{10}H_{16}O_3N_2S$
- oxybiotine : $C_{10}H_{16}O_4N_2$.

Sa carence entraîne la paralysie de membres postérieurs, dermatites.

Sources : les mêmes que celles des vitamines B.

Remarque : le blanc d'œuf possède une substance antibiotine : l'avidine.

Besoins : 140 $\mu g/jour$.

En faible quantité dans le lait : 30 $\mu g/l$.

ACIDE FOLIQUE : Vitamine M (Monkey) ou acide ptéroylglutamique (PGA) : Formule brute : $C_{19}H_{19}O_6N_7$. Se rencontre sous une forme plus active : l'acide folinique. Stable entre pH 4 et 12, il est détruit par la chaleur à pH inférieur à 4. Il est sensible à la lumière. Sa carence entraîne des anémies (manque de globules blancs ou leucopénie).

Sources : légumes verts en feuilles - viande - abats - légumineuses.

Besoins : 1 à 2 mg/jour.

Le lait en contient peu : 2,8 $\mu g/l$.

ACIDE OROTIQUE confondu parfois avec la vitamine B_{13} C'est un facteur de croissance (pour poulets, rats...) Le lait en contient de 50 à 75 mg/l. Le colostrum est plus riche 4 à 5 fois la teneur trouvée pour le lait.

VITAMINE C ou acide ascorbique ou antiscorbutique. C'est la forme γ lactone de l'acide 2 céto - L - gulonique (apparenté aux sucres) : Se présente sous deux formes levogyres :
- acide ascorbique : $C_6H_8O_6$
- acide dehydroascorbique : $C_6H_6O_6$.

Elle est stable à l'air et à l'humidité. Les alcalis et les ions des métaux lourds agissent comme catalyseurs de son oxydation. Elle est sensible à la lumière surtout en présence de vitamine B_2. Sa carence provoque le scorbut, la fatigue généralisée, des hémorragies ginciviales, la faiblesse des cartilages.

Sources : fruits frais - légumes.

Besoins quotidiens : 70 à 100 mg.

Le lait frais en contient 20 mg/l. Sous forme d'acide ascorbique à la sortie du pis, elle s'oxyde de manière réversible en acide déhydroascorbique qui devient stable à la longue et d'une manière irréversible sous forme d'acide dicétogulonique non vitaminique. Le stockage du lait en tank réfrigéré pendant 36 heures détruit 50 à 75 % de la vitamine.

VITESSE DES RÉACTIONS n.f.

Les réactions chimiques sont accélérées par l'accroissement de la température. Certaines très lentes à la température ordinaire s'accomplissent rapidement dans les conditions du traitement thermique. VAN'HOFF indique dans une formule empirique que la vitesse de la réaction est multipliée par un facteur à peu près constant (a), lorsque la température augmente de 10° :

$$V_2 = V_1 \times a^{0,1\,(t_2 - t_1)}$$

a est appelé coefficient de température ou Q_{10}. Si a ou $Q_{10} = 2$ à 0° la vitesse de la réaction sera 2 fois plus rapide à 10°, 4 fois plus à 20° etc... Le coefficient de température ou Q_{10} diffère selon les types de réactions :
- 2 à 3 pour un grand nombre de réactions chimiques et enzymatiques
- 3 à 6 pour certaines réactions d'oxydation
- 5 à 10 pour la destruction des spores bactériennes
- 10 à 25 pour la destruction des bactéries.
Ces principes servent à tracer les diagrammes de destruction des bactéries, des spores, de l'inactivation des enzymes, réactions de Maillard, etc... afin d'adopter les combinaisons temps-température qui ménagent le mieux les constituants des produits soumis à l'action thermique.
Ex. : le procédé UHT est supérieur à la stérilisation classique car il ménage les constituants du lait tout en permettant d'obtenir un degré de stérilité compatible avec les impératifs de l'hygiène et de la commercialisation.
♦ **Velocity of reaction or rate of reaction**

VLA n.m.
Sorte de crème renversée (flan) produite et consommée en Hollande.
♦ **Vla**

VOGES-PROSKAUER [réaction de] n.p.
Réaction colorée permettant de mettre en évidence la présence d'acétoïne ou de diacétyle. A un volume de lait ou de yaourt on rajoute un volume de NaOH à 16 % et une pincée de créatine, si on obtient une coloration rouge on a une réaction positive.
♦ **Voges-Proskauer reaction**

VOGT [procédé] n.p.
Procédé de fabrication de crème glacée en continu.
♦ **Vogt process**

VOLATILISATION n.f.
Mot souvent employé comme synonyme de sublimation.
♦ **Volatilization**

VOLIGE n.f.
Nom parfois donné au racloir lamellaire servant à décoller le caillé de la paroi dans les cuves de caillage.
♦ **Squeegee**

«VOLUCOMPTEUR» n.m.
Débitmètre installé au quai de réception des laiteries servant à déterminer les volumes de lait réceptionnés. Les volucompteurs ont un affichage numérique et délivrent des tickets.
♦ **Volume meter or flowmeter**

VOTATEUR (ou votator) n.m.
- Cylindre à chemise refroidissante utilisée dans la fabrication de la crème plastique. Il sert au refroidissement et brassage de la crème à la sortie du concentrateur. Utilisée également en margarine.
- Cuiseur servant à la fabrication des fromages fondus composé de deux cylindres à double enveloppe servant l'un au chauffage, l'autre au refroidissement.
♦ **Votator**

VTIS [procédé] n.p. (abv.)
(Vacu Therm Instant Sterilizer). Procédé d'origine suédoise fondé sur le principe de l'upérisation. Utilisé pour la stérilisation du lait UHT.
♦ **VTIS process**

Procédé
pour pâte fraîche WESTFALIA

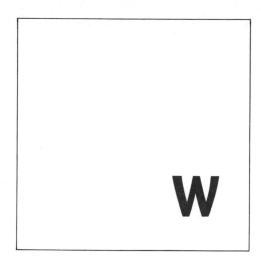

W

WALDHOF [procédé] n.p.
Procédé de valorisation du lactosérum par l'obtention de levure fourragère (*Torula utilis*).
♦ Waldhof process

WALLEOST n.m.
Fromage de sérum produit en Norvège.
♦ Walleost

WEBSTER [procédé] n.p.
Procédé anglais pour la stérilisation du lait en bouteilles de verre ou plastique. On opère au moyen d'un appareil à colonnes de pression d'eau. Une température de 110 °C est maintenue pendant 40 mn ce qui nécessite des laits de bonne qualité.
♦ Webster process

WEIBULL-STOLDT [méthode] n.p.
Méthode allemande pondérale (gravimétrique) de détermination de la matière grasse dans le lait et les produits laitiers après extraction par des solvants.
♦ Weibull-Stoldt method

WEIL-MALHERBE et BOUE [méthode] n.p.
Méthode colorimétrique de dosage de l'acide citrique dans les produits laitiers fondée sur son oxydation en pentabromacétone.
♦ Weil-Malherbe and Boue method

WERNER-SCHMIDT [méthode] n.p.
Méthode gravimétrique (pondérale) éthéro-chlorhydrique utilisée pour le dosage des matières grasses.
♦ Werner-Schmidt method

WERNERIZEUR (ou wernerizer) n.m.
Pétrin utilisé dans le remalaxage du beurre (beurre de mélange) ou de la margarine, pouvant travailler sous vide ou non.
♦ Wernerizer

WESTFALIA [procédé] n.p.
C'est un procédé allemand dynamique d'égouttage accéléré du caillé pour la fabrication des pâtes fraîches. La centrifugation du caillé permet la séparation continue du lactosérum dans une sorte d'écrémeuse.
♦ Wesfalia process

WESTPHAL [balance de] n.p.
Balance qui permettait de déterminer la densité d'un lait par la mesure de la perte de poids subie par un flotteur calibré plongé dans le lait.
♦ Westphal balance

WHEY BUTTER (mot anglais) (ou beurre de sérum) (mot français) n.m.
Beurre obtenu par barattage de la crème récupérée lors de l'écrémage du sérum de fromagerie. Parfois cette crème de sérum est mélangée à de la crème douce avant d'être barattée.
♦ Whey butter

WHEY CHEESE (mot anglais) (ou fromage de sérum) (mot français) n.m.

Sorte de fromage obtenu :
- soit par concentration (par évaporation sous faible vide ou par ébullition) de sérum de fromagerie. Ce type de fromage se rencontre dans les pays nordiques.

  Ex. : Mysost, Primost.
- soit par coagulation par la chaleur et par acidification des protéines du sérum (albumines en particulier). Ce type de fromage se rencontre dans les pays méditerranéens et aux USA.

  Ex. : Ricotta, Ziger.
♦ Whey cheese

«WHEY-PASTE» (mot anglais) (ou sirop de sérum (mot français) n.m.

Produit obtenu par concentration du sérum jusqu'à 65 % de matière sèche auquel on rajoute souvent du lactose ce qui permet une bonne conservation. Souvent ce sirop est mélangé à du son de blé et sert d'aliment pour bétail.
♦ Whey paste

«WHIPPED TOPPING» n.m.

Mot anglais désignant des crèmes fouettées d'imitation présentées en poudre ou aérosols, ou en gelée. Le composant essentiel est l'huile végétale à laquelle on ajoute du sucre, du caséinate de sodium et divers ingrédients.
♦ "Whipped topping"

WHITAKER [test de] n.p.

Test utilisé pour juger la stabilité de la crème douce stérilisée (type crème à café). La stabilité est exprimée en quantité de $CaCl_2$ nécessaire pour coaguler un mélange donné de café et de crème à 90 °C.
♦ Whitaker test

WHITESIDE [test] n.p.

Test rapide employé pour le dépistage des mammites au moyen de soude N. Test moins précis que le CMT.
♦ Whiteside test

WINGER [procédé] n.p.

Procédé américain de conservation du lait, de la crème et de la crème glacée par l'emploi d'eau oxygénée sur le produit chauffé.
♦ Winger process

WISER [procédé] n.p.

Procédé allemand utilisé pour la conservation du lait et des produits laitiers par adjonction d'oxygène à chaud à la sortie du pasteurisateur qui provoque un dégazage et lavage du lait.
♦ Wiser process

WMT [Wisconsin Mastitis Test] (abv.) n.m.

Variante du CMT mais le classement est effectué en notant la hauteur de retenue dans un capillaire pendant un temps donné. Il existe une corrélation entre cette hauteur et la teneur en cellules du lait testé.
♦ WMT (Wisconsin Mastitis Test)

WODE-BOBECK [indice de] n.p.

Indice permettant d'évaluer la consistance d'un beurre par sa résistance au découpage. Il s'exprime en hectogrammes.
♦ Wode-Bobeck index

Yaourts

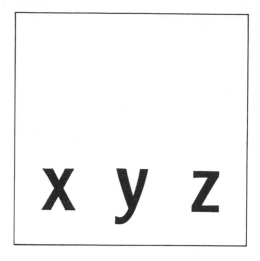

X y z

XANTHINE-OXYDASE n.f. (ou réductase aldéhydique)

C'est l'enzyme de SCHARDINGER qui catalyse des réactions d'oxydation variées ; par exemple l'oxydation de la xanthine en acide urique avec production d'eau oxygénée. On la met en évidence par la réduction du bleu de méthylène en présence d'aldéhyde (formol). Le lait n'en contient que de très faibles quantités. Ne pas confondre avec ce que l'on appelle la réductase du lait. Elle est détruire à 80 °C au bout de 10 mn. Associée à la membrane des globules gras, elle est activée par l'homogénéisation.

♦ Xanthine-Oxidase

XANTHOPHYLLE n.m.

Pigment végétal de couleur jaune, appartenant à la catégorie des caroténoïdes. Colorant autorisé sous le n° E 161.

♦ Xanthophyll

XÉROPHILE [germe] adj.

Adjectif définissant un germe aimant des endroits et milieux secs.

♦ Xerophilic bacteria

YAKULT n.m.

Boisson lactée fermentée (par *Lactobacillus casei*) consommée au Japon.

♦ Yakult

YAOURT (ou yoghourt) n.m.

D'origine bulgare, il s'agissait à l'origine d'un caillé fermenté préparé à partir de lait de chèvre, de brebis, de bufflesse ou de jument. Actuellement on le fabrique à partir de lait de vache. La fermentation du yaourt résulte de l'activité exclusive de deux ferments lactiques associés : *Lactobacillus bulgaricus* et *Streptococcus thermophilus*. La fermentation lactique s'effectue à 44-45 °C pendant 2 à 3 heures. L'acidité développée conduit à la coagulation du lait et cette acidité ne doit pas être inférieure à 80 °Dornic lors de la vente au consommateur. La fabrication du yaourt doit ménager un judicieux équilibre dans le développement des deux germes de façon à obtenir un produit suffisamment acide et aromatique. L'acidité est

surtout développée par l'activité de *Lactobacillus bulgaricus*, tandis que *Streptococcus thermophilus*, dont le développement est favorisé par l'action protéolytique (libération de valine) du lactobacille, aurait non seulement une activité acidifiante mais aussi arômatique par la production d'acétaldéhyde. Les yaourts gras sont préparés à partir de lait homogénéisé dont l'extrait sec est renforcé afin de leur conférer une consistance plus ferme (135 à 150 g/l). On fabrique plusieurs types de yaourts :
- yaourts au naturel, gras, maigres ou demi-gras
- yaourts brassés, naturels ou additionnés de pulpe de fruits
- yaourts sucrés ou parfumés au moyen d'extraits d'arômes naturels

Le conditionnement s'effectue en emballages perdus individuels de 12 cl ou bien en pot dit «familial» de plus grande contenance.
♦ Yogurt

YEUX [des fromages] n.m.
Voir OUVERTURE.
♦ "Eyes" or "holes"

YMER n.m.
Lait fermenté homogénéisé consommé au Danemark.
♦ Ymer

«YUZHNYI» n.m.
Sorte de yaourt à boire produit et consommé en Russie.
♦ "Yuzhnyi"

Z
Grandeur caractéristique de la 2ème loi de destruction thermique des germes. Voir TDT (Thermal Death Time).
♦ Z value

ZABADY n.m.
Sorte de yaourt fabriqué dans les pays de Moyen-Orient (Égypte) à partir de lait de bufflesse.
♦ Zabady

ZAP [méthode] n.p.
Modification de la méthode SBR dans laquelle on n'utilise pas d'éther.
♦ ZAP method

ZÉAXANTHÈNE n.m.
Composé caroténoïde se retrouvant en très faible quantité dans l'insaponifiable des matières grasses du lait.
♦ Zeaxanthin

ZEBDA n.m.
Nom donné au beurre frais fabriqué à partir du lait de chèvre par les peuplades nomades du Sud-Algérien.
♦ Zebda

ZÉOLEX n.m.
Agent anti-mottant, c'est un aluminosilicate de sodium servant d'enrobage pour les poudres de lait en vue d'accroître leur fluidité (facilité d'écoulement) en évitant l'agglutination.
♦ Zeolex

ZÉOLITHES n.f.
Échangeurs d'ions de nature très variable :
- terres naturelles (glauconies)
- matières organiques traitées (charbons sulfonés)
- produits synthétiques à base de silico-aluminates ou du groupe des résines

On distingue des zéolithes anoniques et cationiques. Elles sont utilisées pour adoucir l'eau. Remarque : on préfère réserver le terme «zéolithes» aux terres naturelles, les résines synthétiques portant le nom de «permutites».
♦ Zeolites

ZIMNE n.m.
Lait de brebis acidifié consistant, de longue conservation, d'origine yougoslave
♦ Zimne

ZINC n.m.
Métal que l'on rencontre dans le lait à la dose moyenne de 4,5 ppm et dont la plus grande partie se trouve associée aux micelles de caséine.
♦ Zinc

ZINCICA n.m.
Boisson populaire tchécoslovaque fabriquée à partir de lactosérum doux chauffé et fermenté provenant de la fabrication de fromages de brebis. On trouve aussi le terme Zincisa.
♦ Zincica

ZINÈBE n.m.
Pesticide à base de thiocarbamate de zinc utilisé comme fongicide.
♦ Zineb

ZIRAME n.m.
Pesticide à base de thiocarbamate de zinc utilisé comme fongicide.
♦ Ziram

ZIVDA n.m.
Lait fermenté (par *Streptococcus lactis*) produit et consommé en Israël. On trouve parfois le terme ZIVDAH.
♦ Zivda

Carte postale (début XXe siècle, Angleterre)

annexes

annexe I

adresses professionnelles

1. SERVICES OFFICIELS
2. ÉTABLISSEMENTS D'ENSEIGNEMENT
3. ÉTABLISSEMENTS DE RECHERCHE
4. ORGANISMES PROFESSIONNELS

1. SERVICES OFFICIELS

1.1 MINISTÈRE DE L'AGRICULTURE

**Direction de l'Aménagement Rural
et des Structures,**
78, rue de Varenne, 75007 PARIS,
Tél. 555.94.50.
**Direction des Industries Agricoles
et Alimentaires,**
78, rue de Varenne, 75007 PARIS,
tél. 555.94.50.
**Direction Générale de l'Enseignement
des Études et de la Recherche,**
78, rue de Varenne, 75007 PARIS,
Tél. 555.94.50.
● Service de l'Enseignement et de la Formation
Continue,
78, rue de Varenne, 75007 PAIRS,
Tél. 555.94.50.
**Direction de la Qualité (regroupant les Services
Vétérinaires, la Répression des Fraudes,
la Protection des Végétaux entre autres)**
● Service Vétérinaire de la Santé Animale,
5, rue Ernest Renan,
92130 ISSY-LES-MOULINEAUX,
Tél. 645.21.18.
● Laboratoire
43, rue Dantzig, 75015 PARIS
● Service de la Répression des Fraudes
et du Contrôle de la qualité,
44 Bd de Grenelle, 75015 PARIS,
Tél. 575.62.25.
Secrétariat aux Industries Agro-Alimentaires,
18, rue Vaneau, 75007 PARIS,
Tél. 556.80.00.

1.2 MINISTÈRE DU DÉVELOPPEMENT INDUSTRIEL ET SCIENTIFIQUE

101, rue de Grenelle, 75007 PARIS,
Tél. 555.93.00.
Secrétariat Général de l'Énergie,
99, rue de Grenelle, 75007 PARIS,
Tél. 555.93.00.
**Direction des Industries Chimiques,
Textiles et Diverses,**
66, rue de Bellechasse, 75007 PARIS,
Tél. 555.93.00.
Service des Instruments de Mesure,
96, rue de Varenne, 75007 PARIS,
Tél. 555.93.00.
Institut National de la Propriété Industrielle,
26 bis, rue Léningrad, 75008 PARIS
Tél. 387.56.00.
**Bureau des Fusions
et Regroupements d'Entreprises,**
101, rue de Grenelle, 75007 PARIS,
Tél. 555.93.00.

Délégation Générale à la Recherche Scientifique et Technique,
35, rue Saint Dominique, 75007 PARIS,
Tél. 551.74.30 et 551.89.10.

1.3 ADMINISTRATIONS DIVERSES

Assemblée Permanente des Présidents de Chambre d'Agriculture,
9, avenue George-V, 75008 PARIS,
Tél. 225.28.50.
Conseil d'État,
au Palais-Royal, 75001 PARIS,
Tél. 231.87.05.
Cour de Cassation
au Palais de Justice, bd du Palais, 75001 PARIS,
Tél. 326.16.50 et 326.20.80.
Cour des Comptes,
13, rue Cambon, 75001 PARIS,
Tél. 742.37.39.

2. ÉTABLISSEMENTS D'ENSEIGNEMENT

2.1 ÉTABLISSEMENTS PUBLICS DÉPENDANT DU MINISTÈRE DE L'AGRICULTURE

■ENSEIGNEMENT SUPÉRIEUR :
FORMATION D'INGÉNIEURS

Institut National Agronomique de Paris-Grignon (INA) avec Institut d'Études Supérieures d'Industries et d'Économies Laitière (IESIEL).
16, rue Claude Bernard, 75231 PARIS cédex 05,
Tél. 707.16.45.
**École Nationale Supérieure des Industries Agricoles et Alimentaires (ENSIA)
au CERDIA :**
1, avenue des Olympiades, 91305 MASSY,
Tél. 920.05.23.
au CNIAD :
105, rue de l'Université 59509 DOUAI,
Tél. (27) 87.03.60.

École Nationale Supérieure Agronomique de Montpellier (Viticulture et Oenologie),
9, place Viala, 34060 MONTPELLIER cédex,
Tél. 63.12.75.
École Nationale Supérieure Agronomique de Rennes (Industries Laitières et Halieutique),
65, rue de Saint-Brieuc, 35000 RENNES,
Tél. (99) 59.02.40.
École Nationale d'Ingénieurs des Techniques des Industries Agricoles et Alimentaires (ENITIAA),
La Géraudière, 44000 NANTES
Tél. 40.03.00.

École Nationale Supérieure d'Horticulture de Versailles,
4, rue Hardy, 78000 VERSAILLES,
Tél. 950.00.87.
École Nationale d'Ingénieurs des Travaux Agricoles de Bordeaux,
1, cours du Général de Gaulle,
33170 GRADIGNAN
Tél. 80.73.08 et 80.73.70 (Bordeaux)

École Nationale d'Ingénieurs des Travaux Agricoles de Dijon-Quétigny,
21000 DIJON,
Tél. 36.50.35.
Écoles Nationales Vétérinaires de :
ALFORT : 7, avenue du Général de Gaulle,
94700 MAISONS-ALFORT,
Tél. 368.30.40.
LYON : 2, quai Chauveau, 69337 LYON cédex 1,
Tél. 28.86.05.
TOULOUSE : 23, chemin des Capelles,
31076 TOULOUSE cedex,
Tél. 42.30.96.

**École Nationale Supérieure du Génie Rural,
des Eaux et des Forêts,**
19, aveune du Maine, 75015 PARIS,
Tél. 222.72.83.
**Centre National d'Études
d'Agronomie Tropicale,**
45 bis, avenue de la Belle-Gabrielle
94130 NOGENT-SUR-MARNE,
Tél. 873.55.01 et 55.02.
École Supérieure du Bois,
6, avenue de Saint-Mandé, 75012 PARIS,
Tél. 628.09.33.
Institut Agronomique Méditerranéen,
route de Mende, 34000 MONTPELLIER.
**École Nationale des Ingénieurs des Travaux
et des Techniques Sanitaires,**
1, quai Koch, 67000 STRASBOURG,
Tél. 35.56.67.
**École Nationale des Ingénieurs des Travaux
des Eaux et Forêts,**
les Barres, 45290 NOGENT-SUR-VERNISSON,
Tél. 95.60.20.

■ FORMATION DE TECHNICIENS
ET TECHNICIENS SUPÉRIEURS
DE LAITERIE

Écoles Nationales d'Industries Laitière (ENIL),
● 39800 POLIGNY
Tól. (84) 37.11.12. Dr. P. Tinguely
● 74800 LA ROCHE-SUR-FORON
Tél. (50) 03.01.03. Dr. J.C. Mouchot
● 17700 SURGÈRES,
Tél. (46) 07.20.23. Dr. J. Stien
● 25620 MAMIROLLE, Dr. J. Lablée
Tél. (81) 59.73.89 (techniciens seulement).
● 15000 AURILLAC, Dr. D. Marrie
Tél. (71) 48.37.74 (techniciens seulement).
CFPPA,
Lycée Agricole de St-Lô-Thère
50880 PONT-HÉBERT,
Tél. (33) 56.40.38.

**2.2 ÉTABLISSEMENTS PUBLICS DÉPENDANT
DU SECRÉTARIAT D'ÉTAT
AUX UNIVERSITÉS.**

■ ENSEIGNEMENT SUPÉRIEUR :
FORMATION D'INGÉNIEURS

**École Nationale Supérieure Agronomique
de Toulouse,**
145, av. de Muret, 31076 TOULOUSE cédex,
Tél. (16) 42.83.98.
**École Nationale Féminine d'Agronomie
de Toulouse,**
Domaine de Clairfond, 65, rue Lalanne,
31000 TOULOUSE,
Tél. (61) 42.10.24.

**École Nationale Supérieure Agronomique et des
Industries Alimentaires de Nancy (Brasserie et
Laiterie) (ENSAIA),**
30 bis, rue Sainte Catherine, 54000 NANCY,
Tél. (28) 24.28.53.
**École Nationale Supérieure de Meunerie
et des Industries Céréalières (ENSMIC),**
16, rue Nicolas-Fortin, 75013 PARIS,
Tél. 331.27.50 et 92.42.
**École Nationale Supérieure de Biologie
Appliquée à la Nutrition et à l'Alimentation
(ENSBANA),**
Campus Universitaire de Montmuzard,
21000 DIJON,
Tél. (80) 30.82.57.
**Institut Français du Froid Industriel
(Conservatoire des Arts et Métiers),**
292, rue Saint-Martin, 75004 PARIS,
Tél. 887.64.40.

■ PRÉPARATION DIPLOME DE MAITRISE
DES SCIENCES ET TECHNIQUES DES
INDUSTRIES ALIMENTAIRES.

**Université de Caen. Institut du Lait,
des Viandes et de la Nutrition (ILVENUC),**
14032 CAEN Cédex.
Université de Montpellier,
11, place Eugène Bataillon,
34060 MONTPELLIER Cédex,
Université de Compiègne
Centre Benjamin Franklin, boite postale 233
60200 COMPIÈGNE Cédex.

■ FORMATION DES TECHNICIENS
SUPÉRIEURS
● IUT d'Avignon,
33, rue Louis Pasteur, 84000 AVIGNON.
● IUT de Caen,
Bd du Maréchal Juin, 14032 CAEN Cédex.
● IUT de Dijon,
Bd du Docteur Petitjean, 21000 DIJON.
● IUT de la Rochelle,
Rue de Roux, boite postale 536,
17023 LA ROCHELLE.
● IUT de Lille,
59650 VILLENEUVE d'ASCQ.
● IUT de Montpellier,
Place Eugène Bataillon,
34060 MONTPELLIER.
● IUT de Nancy,
Le Montet, 54600 VILLERS-les-NANCY
● IUT de Quimper,
Rue de l'Université, 29000 QUIMPER
● IUT de Tours,
29, rue du Pont Volant, 37100 TOURS

2.3 ÉTABLISSEMENTS PRIVÉS D'ENSEIGNEMENT PROFESSIONNEL

■ ENSEIGNEMENT SUPÉRIEUR :
FORMATION D'INGÉNIEURS

École supérieure d'Agriculture d'Angers,
24, rue Auguste-Fonteneau,
49044 ANGERS Cédex,
Tél. (41) 88.25.86 et 42.33.87.
École Supérieure d'Agriculture de Purpan-Toulouse,
271, avenue de Grande-Bretagne,
31300 TOULOUSE,
Tél. 42.33.87.
École Supérieure d'Application des Corps Gras,
5, boulevard de Latour-Maubourg,
75007 PARIS,
Tél. 555.07.73.
(apportant aux diplômés de l'enseignement supérieur une formation spécialisée en un an).
École Technique de la Conserve,
44, rue d'Alésia, 75014 PARIS,
Tél. 331.03.00 et 331.66.51.
Institut Supérieur Agricole de Beauvais,
Rue de Crèvecœur, B.P. 313,
60026 BEAUVAIS,
Tél. 445.01.63.
Institut des Hautes Écoles de Droit Rural et d'Économie Agricole,
11, rue Ernest-Lacoste, 75005 PARIS,
Tél. 628.38.96.
Institut Supérieur d'Agriculture de Lille (ISA),
39 bis, rue du Port, 59000 LILLE,
Tél. (20) 54.59.52.
Institut Supérieur d'Agriculture Rhône-Alpes (ISARA),
31, place Bellecour, 69002 LYON,
Tél. 37.88.23.
École Supérieure d'Ingénieurs et de Techniciens pour l'Agriculture,
27100 LE VAUDREUIL

3. ÉTABLISSEMENTS DE RECHERCHE

3.1 ORGANISMES OFFICIELS DE RECHERCHE

3.1.1. MINISTÈRE DE L'AGRICULTURE

■ INSTITUT NATIONAL DE LA RECHERCHE AGRONOMIQUE
Services Centraux,
149, rue de Grenelle, 75007 PARIS,
Tél. 551.41.09.
Laboratoires Central de Recherches Vétérinaires.
● Services des Diagnostics,
22, rue Pierre Curie,
94700 MAISONS-ALFORT,
Tél. 368.15.91.

Centre national de Recherches Zootechniques,
Domaine de Vilvert, 78350 JOUY-EN-JOSAS,
Tél. 956.80.80.
● Station Centrale de Recherches Laitières et de Technologie des produits animaux.
● Service de Biochimie et de Nutrition.
● Station de Génétique Quantitative et Appliquée.
Centre de Recherches Agronomiques de l'Ouest,
École Nationale Supérieure Agronomique,
65, route de Saint-Brieuc, 35000 RENNES.
● Laboratoires de Recherches de Technologie Laitière
Tél. 59.00.67.
Station Expérimentale Laitière de Poligny,
39800 POLIGNY,
Tél. 89.

■ AUTRES ORGANISMES
Institut National Agronomique Paris-Grignon :
● Siège : 16, rue Claude-Bernard,
75231 PARIS Cédex,
Tél. 707.39.79.
● Centre de Grignon
78850 THIVERNAL-GRIGNON,
Tél. 461.45.10.
École Nationale Supérieure des Industries Agricoles et Alimentaires :
● Siège : ENSIA au CERDIA,
1, avenue des Olympiades, 91305 MASSY,
Tél. 920.05.23.
● Centre de Douai :
105, rue de l'Université, 59509 DOUAI,
Tél. 83.03.60.
École Nationale Vétérinaire d'Alfort :
Tél. 368.30.40.
● Laboratoire de Recherches de la chaire de Nutrition et d'Alimentation,

Institut de Recherches Fruitières Outre-mer (IFAC)
6, rue du Gal-Clergerie, 75016 PARIS,
Tél. 553.16.92.

3.2.4 INDUSTRIES DU LAIT

Direction des Services Vétérinaires,
anciennement Service Technique
Interprofessionnel du Lait (STIL),
44, Boulevard de Grenelle, 75015 PARIS,
Tél. 575.62.25.
Institut Technique de l'Élevage Bovin (ITEB),
149, rue de Bercy, 75579 PARIS Cédex 12,
Tél. 346.12.20.

3.2.5 CONSERVERIE

Centre Technique de conserves de Produits Agricoles
Services techniques :
71, avenue du Général-Leclerc 75014 PARIS,
Tél. 707.93.00
Services Administratifs :
3, rue Logelbach, 75017 PARIS,
Tél. 227.95.52.
Institut National de la Conserve et des Produits Alimentaires conservés, (Institut APPERT)
44, rue d'Alésia, 75014 PARIS,
Tél. 331.03.00
Centre Technique de la Salaison, de la Charcuterie et des Conserves de Viandes, (Institut de Recherches),
60, rue de Caumartin, 75009 PARIS
Tél. 874.33.05.

3.2.6 DIVERSES INDUSTRIES AGRICOLES ET ALIMENTAIRES

■ CONFISERIE - CHOCOLATERIE

Laboratoire du Centre de Formation Technique et de Perfectionnement des Unions Intersyndicales de Biscuiterie, Biscotterie, Desserts Ménagers, Aliments Diététiques et de Chocolaterie-Confiserie,
45 bis, avenue de la Belle-Gabrielle,
94130 NOGENT-SUR-MARNE,
Tél. 873.32.74 et 75.

■ VINAIGRERIE

Centre de Recherche de la Vinaigrerie (CERVIF),
La Boudronnée, 21000 DIJON.

■ ALIMENTATION ANIMALE

Institut Professionnel de Contrôle et de Recherche Scientifique des Industries de l'Alimentation Animale,
41 bis, boulevard de Latour-Maubourg,
75007 PARIS,
Tél. 705.99.93.

3.2.7 DIVERS

Société Scientifique d'Hygiène Alimentaire,
16, rue de l'Estrapade, 75005 PARIS,
Tél. 325.11.85
Institut Scientifique d'Hygiène et d'Alimentation (ISHA)
Rue du Chemin Blanc Champlan,
91160 LONGJUMEAU,
Tél. 448.52.10. Dr. F.-M. Luquet
Institut Pasteur
28, rue du Docteur Roux, 75015 PARIS,
Tél. 566.58.00.
Boulevard Point-Carré, 92 GARCHES,
Tél. 970.07.15.
20, boulevard Louis XIV, 59000 LILLE,
Tél. 53.15.27 et 53.94.54.
Institut National de l'Embouteillage et des Industries du Conditionnement,
7, rue la Boétie, 75008 PARIS,
Tél. 265.26.45.
Centre Nationale de l'Emballage et du Conditionnement, Laboratoire Général pour Emballages,
11 et 13, avenue Georges Politzer,
Zone industrielle, 78190 TRAPPES,
Tél. 051.10.09.
ASFILAB (Association Fiabilité Analytique)
2, rue Clotilde, 75005 PARIS.

3.3 INSTITUTS EUROPÉENS DE RECHERCHES LAITIÈRES

Grande-Bretagne
● National Institute for research in Dairying
SHINFIELD READING RG 2 9 AT
(Angleterre)
● Hannah Dairy Research Institute
AYR (Écosse).
Allemagne de l'Est :
● Institut für Lebensmittelhygiene,
Karl-Marx Univ.
701 LEIPZIG
Allemagne de l'Ouest :
● Bundesanstalt für Milchforschung, 1 - 27
Hermann Weigmann Strasse
KIEL 2300.
● Süddeutsche Versuchs - und Forschungsanstalt für Milchwirtschaft
WEIHENSTEPHAN
Autriche :
● Bundes - Lehr - und Versuchsanstalt für Milchwirtschaft
WOLFPASSING
Belgique :
● Rijkszuivelstation, Brusselsesteenweg 370,
9230 MELLE
● Station Laitière de l'État,
GEMBLOUX
Bulgarie :
● Institut de Recherche laitière,
VIDIN.

Danemark :
- Statens Forsøgsmejeri,
  3400 HILLERØD.

Espagne :
- Istituto Nacional de Investigaciones agrarias
  Avenida de puerta de Hierro MARID 20.
- Istituto Tecnico de Industrias lacteas,
  Casa de Campo, MADRID 11

Finlande :
- Institut d'État de Recherche Laitière
  (Valtion Maitotalouskoelaitos) JOKIOINEN

Hollande :
- Nederlands Inst. voor Zuivelonderzoek (Nizo)
  Kernhemseweg 2, 6710 BA EDE.

Irlande :
- An Foras Taluntois Dairy Research Centre,
  Moorepark, FERMOY, County Cork.

Italie :
- Istituto Sperimentale lattiero
  Caseario, LODI

Norvège :
- Meierinstitut Norges Landbrukshøgskole,
  1432 VOLLEBEKK

Pologne :
- Instytutu Przemyslu Mleczarskiego,
  Hoza 66-68, VARSOVIE

Suède :
- Livsmedelstekniska Forkningsinstitutet
  Tekniska Högskolan
  LUND-ALNARP

Suisse :
- Eidgenössische Milchwirtschaftliche
  Versuchsanstalt ou Station Fédérale de
  Recherche Laitière,
  CH 3097 LIEBEFELD BERNE

Tchécoslovaquie :
- Vyzkumny Ustav Mlekarensky, Jindrisska 5,
  110 000 PRAGUE 1

Union Soviétique :
- Moskovskii Tekhnologicheskii Institut
  Myasnoi i Molochnoi Promyshlennosti,
  Talalikhina 33, MOSCOU zh-29.
- Vsesoyuznyi Nauchnolssledovatel'skii
  Institut Molochnoï Promyshlennosti
  (VNIIPM), 35 Lusinovskaya,
  MOSCOU M 93.

4. ORGANISMES PROFESSIONNELS

4.1 GÉNÉRAUX

■ ORGANISMES INTERNATIONAUX

Organisation des Nations-Unies pour l'Alimentation et l'Agriculture (FAO),
Viale delle Terme di Caracalla, ROME,
Tél. 57.97.

Organisation Européenne de Coopération et de Développement Économique (OCDE) ou (OECE), Comité Ministériel de l'Agriculture et de l'Alimentation,
2, rue André-Pascal, 75016 PARIS,
Tél. 524.82.00

Commission Économique Européenne (CEE) : Direction Générale de l'Agriculture.

Commission Internationale des Industries Agricoles,
24, rue de Téhéran, 75008 PARIS,
Tél. 292.20.93.

Commission des Industries Agricoles et Alimentaires de l'Union des Industries de la Communauté Européenne (pour la coopération avec la CEE),
4, rue Ravenstein, B, 1000 BRUXELLES,
Tél. 513.45.61.

Bureau International de Chimie Analytique.

Union Internationale des Syndicats des Industries Alimentaires,
Hanchsvej 17, COPENHAGUE V,
Danemark.

■ ORGANISMES NATIONAUX

Association Nationale des Industries Agricoles et Alimentaires (ANIAA),
178, rue de Courcelles, 75017 PARIS
Tél. 267.03.01.

Association des Chimistes, Ingénieurs et Cadres des Industries Agricoles et Alimentaires (ACIA),
156, bd de Magenta, 75010 PARIS,
Tél. 878.26.56.

Centre National de la Coopération Agricole,
14, rue Armand-Moisant, 75015 PARIS,
Tél. 273.21.42.

ASFILAB
2, rue Clotilde, 75005 PARIS

Association pour la Promotion Industrie Agriculture (APRIA)
35, rue du Général-Foy, 75008 PARIS,
Tél. 292.19.24.

**Confédération Française de la
Coopération Agricole,**
18, rue des Pyramides, 75001 PARIS,
Tél. 073.20.71.

**Société pour la Promotion et l'Exportation
des Produits Agricoles et Alimentaires
(SOPEXA),**
43, 45, rue de Naples, 75008 PARIS,
Tél. 292.42.11.

**Fonds d'Orientation et de Régulation
des Marchés Agricoles (FORMA),**
2, rue Saint Charles 75740 PARIS Cédex 12,
Tél. 346.12.20.

4.2 INDUSTRIELS AUTRES QUE LAITIERS

**Syndicat des Producteurs de Matières
Premières Aromatiques pour les Industries
Alimentaires,**
2, rue de Penthièvre, 75008 PARIS,
Tél. 265.01.38.

**Fédération Nationale de L'Industrie
des Corps gras,**
10, rue de la Paix, 75002 PARIS,
Tél. 073.12.14.

**Association Nationale de la Meunerie
Française,**
66, rue La Boétie, 75008 PARIS,
Tél. 359.45.80.

**Comité Français de la Semoulerie
Industrielle,**
48, avenue Victor-Hugo, 75016 PARIS,
Tél. 553.43.30.

**Syndicat des Industriels Fabricants de
Pâtes Alimentaires de France,**
23, rue d'Artois, 75008 PARIS,
Tél. 225.51.66.

**Union des Syndicats des Industries
des Produits Amylacés et de leurs
dérivés,**
25, rue Louis-le-Grand, 75002 PARIS,
Tél. 073.78.81.

**Confédération Nationale de la Boulangerie
et Boulangerie-Patisserie Française,**
27, avenue d'Eylau, 75116 PARIS,
Tél. 727.07.86.

**Union Nationale des Groupements
des Distillateurs d'Alcool,**
2, rue de l'Oratoire, 75001 PARIS,
Tél. 260.34.85.

Comité Européen des Fabricants de Sucre,
45, avenue Montaigne, 75008 PARIS,
Tél. 359.76.07.

**Syndicat National des Fabricants de Sucre
de France,**
23, av. d'Iéna, 75783 PARIS Cédex 16.
Tél. 723.61.56.

Chambre Syndicale des Fabricants de Levure,
15, rue du Louvre, 75001 PARIS,
Tél. 508.54.82.

**Fédération Internationale des Industries
des Vins, Spiritueux, Eaux de Vie et
Liqueurs,**
103, boulevard Haussmann 75008 PARIS,
Tél. 266.38.12.

Office International du Vin,
11, rue Roquépine, 75008 PARIS,
Tél. 265.04.16.

Confédération Française de la Conserve,
3, rue de Logelbach, 75017 PARIS,
Tél. 227.95.52.

**Syndicat National des Industries
Alimentaires des Fruits à Cidre et Dérivés,**
8, avenue de l'Opéra, 75001 PARIS,
Tél. 260.60.50 ou 05.96.

**Fédération Nationale des Producteurs
de Fruits à Cidre,**
123, rue Saint-Lazare, 75009 PARIS,
Tél. 387.40.09.

Chambre Syndicale de la Malterie Française,
25, bd Malesherbes, 75008 PARIS,
Tél. 266.29.27.

**Union des Chambres Syndicales Nationales
des Chocolatiers, Confiseurs et Fabricants,
Détaillants de Chocolaterie et de
Confiserie,**
194, rue de Rivoli, 75001 PARIS,
Tél. 260.30.12.

**Syndicat National des Fabricants
de Vinaigre,**
8, rue de l'Isly, 75008 PARIS,
Tél. 522.28.15.

Association Européenne des Décaféineurs,
12, rue du Quatre-Septembre,
75002 PARIS,
Tél. 742.50.78.

**Fédération Nationale des Syndicats
de Torréfacteurs de Café,**
3, rue de Copenhague, 75008 PARIS,

**Syndicat National des Fabricants de
Bouillon et Potages,**
12, rue du Quatre-Septembre, 75002 PARIS,
Tél. 742.50.78.

**Syndicat National des Industriels de
l'Alimentation Animale (SNIA),**
41 bis, bd de Latour-Maubourg,
75007 PARIS,
Tél. 555.71.06.

**Association Professionnelle des
Fabricants de compléments pour
Alimentation Animale (AFCA),**
41 bis, boulevard de Latour-Maubourg,
75007 PARIS,
Tél. 705.38.47.

Institut International du Froid,
177, bd Malesherbes, 75017 PARIS,
Tél. 227.32.35.

Chambre Syndicale des Eaux Minérales,
10, rue Clément-Marot, 75008 PARIS,
Tél. 225.54.22.

Confédération Nationale de la Charcuterie
de France,
15, rue Jacques-Bingen, 75017 PARIS,
Tél. 924.52.22.

4.3 INDUSTRIELS LAITIERS
LAITERIE, BEURRERIE, FROMAGERIE

■ ORGANISMES INTERNATIONAUX

Fédération Internationale de Laiterie,
41, Square Vergote, 1040 BRUXELLES,
Tél. 733.98.88 et 89.
**Association de l'Industrie Laitière
de la Communauté Européenne,**
140, boulevard Haussmann, 75008 PARIS,
Tél. 227.12.51
**Section Spécialisée du lait et des Produits
Laitiers du COPA (Comité des Organisations
Professionnelles Agricoles de la CEE) ;
abréviation SECLAIT,**
15, rue Stevin, Bruxelles.
**Association des Fabricants de laits de
Conserve des pays de la CEE (ASFALEC),**
140, Bd Hausmann, 75008 PARIS,
Tél. 622.40.63.
**Association de l'Industrie de la Fonte
de Fromage de la CEE (ASSIFONTE),**
5300 BONN-BEUEL, 68 a, Rheinstrasse,
Tél. 46410.
**Union Européenne du Commerce Laitier
(UNECOLAIT),**
5300 BONN, 6 Baumschulallee,
Tél. 37354.

■ ORGANISMES NATIONAUX

Association Laitière Française
8, rue D. Casanova, 75002 PARIS,
Tél. 261.49.18.
**Service Central des Enquêtes et
Études Statistiques (SCEES),**
4, rue Saint Mandé, 75570 PARIS,
Tél. 344.46.33.
**Service Central des Enquêtes
et Études Statistiques,**
5, avenue Camimir-Périer, 75007 PARIS,
Tél. 705.99.09.
Société Interlait,
7, rue Scribe, 75009 PARIS,
Tél. 742.52.44.
Fédération Nationale des Producteurs de Lait,
149, rue de Bercy, 75012 PARIS,
Tél. 346.12.20.
**Fédération Nationale des Coopératives
Laitières,**
34, rue Godot de Mauroy, 75009 PARIS,
Tél. 742.24.31.

**Fédération Nationale de l'Industrie
Laitière,**
140, bd Haussmann, 75008 PARIS,
Tél. 227.96.60.
**Chambre Syndicale Nationale
des Entreprises pasteurisant et conditionnant
le lait de consommation,**
140, bd Haussmann, 75008 PARIS,
Tél. 227.96.60.
**Chambre Syndicale Nationale des
Fabricants de Laits Concentrés
et Poudres de Lait Infantiles Alimentaires,**
140, bd Haussmann, 75008 PARIS,
Tél. 764.15.43.
**Syndicat Professionnel des Producteurs
Auxiliaires de l'Industrie Laitière ,**
17, rue de Valois, 75001 PARIS,
Tél. 236.20.31.
**Chambre Syndicale des Industriels
Fondeurs de Fromages,**
140, bd Haussmann, 75008 PARIS,
Tél. 267.54.80.
**Syndicat National des Fabricants
de Produits Laitiers Frais,**
37, rue du Gal Foy, 75008 PARIS,
Tél. 293.45.39.
**Syndicat National des Fabricants
Fromages Frais,**
140, bd Haussmann, 75008 PARIS,
Tél. 227.96.60
Syndicat National des Fabricants de Yogourth,
1, rue Mondétour, 75001 PARIS,
Tél. 231.50.25.
**Comité Fédératif National de
Contrôle Laitier,**
16, rue Claude-Bernard, 75005 PARIS,
Tél. 535.02.42.
**Fédération Nationale des Détaillants
en Produits Laitiers,**
23, rue des Lavandières Ste Opport.,
75001 PARIS,
Tél. 231.43.79.
**Confédération Nationale des Syndicats
de Fabricants de Glaces, Sorbets de Crèmes
Glacées,**
64, rue de Caumartin, 75009 PARIS
Tél. 874.72.28.
**Syndicat National des Producteurs
de Caséines et Dérivés (SNPCD),**
34, rue Godot de Mauroy, 75009 PARIS,
Tél. 742.24.31.
**Institut Technique de l'Élevage Bovin
(ITEB),**
Maison Nationale des Éleveurs,
149, rue de Bercy, 75579 PARIS Cédex 12,
Tél. 346.12.20.
Syndicat National du lait de Consommation,
37, rue du Gal Foy - 75008 PARIS,
Tél. 293.45.39.

**Confédération Générale des Producteurs de Lait
de Brebis et des Industries de Roquefort,**
36, avenue de la République,
12103 MILLAU,
Tél. 60.02.32.

**Comité National des Appelations
d'Origine des Fromages,**
3, rue Barbet de Jouy, 75007 PARIS,

**Fédération Nationale du Commerce
des Produits Laitiers,**
302, rue de la Tour, 94150 RUNGIS,
Tél. 686.42.61.

**Fédération Nationale des Organismes
de Contrôle Laitier (FNOCL),**
149, rue de Bercy, 75012 PARIS,
Tél. 346.12.20.

**Centre National Interprofessionnel
de l'Économie Laitière (CNIEL),**
8, rue Danielle Casanova, 75002 PARIS,

**Syndicat National Interprofessionnel
des Fabricants Français de Fromage
tye Gouda, Edam, Mimolette,**
5, rue du Helder, 75009 PARIS,
Tél. 247.13.41

**Comité National de Propagande en Faveur
des Produits Laitiers,**
43, 45, rue de Naples, 75008 PARIS,
Tél. 292.42.11

Confédération Nationale Laitière,
7, rue Scribe, 75008 PARIS,
Tél. 742.24.31.

**Syndicat National des Affineurs
de Gruyère et Emmental,**
26, rue Proudhon, 25000 BESANÇON,
Tél. 83.51.73 - 83.51.74.

**Syndicat National des Importateurs Français
en Produits Laitiers et Avicoles,**
316, Rue de la Tour, 94150 RUNGIS,
Tél. 686.42.31.

4.4 Laboratoires interprofessionnels Laitiers *)

**Liste élargie aux Laboratoires ayant passé une
convention avec les Centres Interprofessionnels
Laitiers (mise à jour au 1.02.1980)**

● **AIN**
Laboratoire Régional de Contrôle du Lait,
«Les Soudanières», 01250 CEYSERIAT,
Tél. (74) 30.00.66.
M. MESSEIN, Directeur.

● **AISNE**
GILNA,
Avenue du Général de Gaulle, B.P. 20,
02260 LA CAPELLE,
Tél. (23) 97.22.02.
M. BRIDE, Directeur.

---

*) Il s'agit des laboratoires réunis au sein d'une
Commission des «Directeurs de Laboratoires
Interprofessionnels» du CNIEL
                                Source : CNIEL

● **ARDENNES**
CIAL,
Rue du Château, B.P. 5,
08340 VILLERS-SEMEUSE,
Tél. (24) 57.17.95.
M. GELU, Directeur.

● **CALVADOS**
LILCA,
Rue Fleming, Zone Industrielle,
14200 HEROUVILLE-ST-CLAIR,
Tél. (31) 93.14.81 - 93.16.71.
M. BAILLEUL, Directeur.

● **CANTAL**
LIAL - MC,
Rue de Salers, 15000 AURILLAC,
Tél. (71) 48.58.37,
M. RETIERE, Directeur.

● **CHARENTE MARITIME**
Laboratoire Central Interprofessionnel,
17700 SURGERES,
Tél. (46) 07.00.16,
M. PILLET, Directeur.

● **CHER**
**Laboratoire de l'Association
Interprofessionnelle Laitière du Cher,**
1, rue des Minimes, 18000 BOURGES,
Tél. (35) 70.12.37,
M. PLANQUE, Directeur.

● **COTE D'OR**
**Laboratoire Interprofessionnel
Laitier de Cote d'Or,**
Route de Quetigny - St Apollinaire,
21000 DIJON,
Tél. (80) 71.55.62,
M. PARIZE, Directeur.

● **DORDOGNE**
LIRLAQ,
«Le Cérans», 24100 BERGERAC,
Tél. (53) 57.39.34,
M. DUTILLOY, Directeur.

● **FINISTÈRE**
URCIL,
Zone Artisanale, 29270 CARHAIX,
Tél. (98(93.04.80 - 93.05.05,
M. MOISAN, Directeur.

● **GERS**
LIAL - SO,
Zone Industrielle Est - 32000 AUCH,
Tél. (62) 05.34.09,
M. FOUCHER, Directeur.

● **ILLE ET VILAINE**
CINTERLIV,
35410 CHATEAUGIRON,
Tél. (99) 00.41.48,
M. GERONDEAU, Directeur.

● **INDRE ET LOIRE**
LDAR - GIACP,
14, rue Étienne Pallu, 37000 TOURS,
Tél. (47) 05.72.68,
M. PUISAIS, Directeur.

- **JURA**
  Laboratoire Départemental d'Analyses Agricoles du Jura,
  B.P. 71, 39800 POLIGNY,
  Tél. (84) 37.12.63,
  M. AGNET, Directeur.
- **LOIR ET CHER**
  Laboratoire Départemental,
  7, rue Porte-Clos-Haut, 41000 BLOIS,
  Tél. (54) 78.03.84,
  M. ALTMEYER, Directeur.
- **LOIRET**
  GIELY,
  Ferme de Coulevreux, 45200 AMILLY,
  Tél. (38) 85.57.71,
  M. DUVAL, Directeur.
- **MAINE ET LOIRE,**
  UNILAB,
  Rue Clément Ader, Z.I. St Serge,
  49000 ANGERS,
  Tél. (41) 43.93.52,
  M. BROARDELLE, Directeur.
- **MANCHE**
  AGLAAM,
  Route de Bayeux, Z. Industrielle
  50000 ST LO,
  Tél. (33) 57.09.51,
  M. de GOUVILLE, Directeur.
- **HAUTE-MARNE**
  GIAL - 52,
  Maison de l'Agriculture,
  25, avenue de 109è R.I.
  52011 CHAUMONT,
  Tél. (25) 03.47.43,
  M. MOALIC.
- **MAYENNE**
  Laboratoire Interprofessionnel Mayenne-Lait,
  45, boulevard Lucien Daniel, 53000 LAVAL,
  Tél. (43) 53.24.08,
  M. TROADEC, Directeur.
- **MEUSE**
  Association de Gestion Régionale Interprofessionnelle des Laboratoires Laitiers,
  Verdun et Pixerécourt,
  place Vauban, 55100 VERDUN,
  Tél. (29) 86.27.83,
  Melle BONIN, Directrice.
- **MEURTHE ET MOSELLE**
  Domaine de Pixérécourt,
  59509 DOUAI,
  Tél. (83) 29.28.88,
  M. KITTLER, Directeur
- **NORD**
  Labo CILFA,
  13, rue de l'Université, 59509 DOUAI,
  Tél. (27) 88.56.44,
  M. QUINQUE, Directeur.
- **ORNE**
  CILO,
  44, 46, rue Ampère, 61000 ALENÇON,
  Tél. (33) 29.07.83,
  M. PASCAL, Directeur.

- **PUY DE DOME**
  Laboratoire d'Analyses Laitières du CILAL,
  St Cènes Champanelle, 63110 BEAUMONT,
  Tél. (73) 87.35.51,
  M. TRIN, Directeur.
- **BAS-RHIN**
  Laboratoire Interprofessionnel Laitier Uni-Analyse,
  Rue de Krautwiller, 67170 BRUMATH,
  Tél. (88) 51.08.82,
  M. BELLER, Directeur.
- **RHONE**
  GRACQ Lait,
  75, rue Deleuvre, 69241 LYON Cédex 01,
  Tél. (78) 29.80.78,
  M. JOSSERAND, Directeur.
- **HAUTE-SAONE**
  Laboratoire Interprofessionnel d'Analyses Laitières,
  Zone Artisanale, 70190 RIOZ,
  Tél. (84) 74.24.22,
  M. HENRY, Directeur.
- **SARTHE**
  GELDIS,
  «La Futaie», 72700 ROUILLON,
  Tél. (43) 24.73.31,
  M. VIDIS, Directeur.
- **SEINE-MARITIME**
  LABILAIT,
  313, rue des Champs,
  76230 BOIS-GUILLAUME,
  Tél. (35) 60.08.60,
  M. LAPIED, Directeur.
- **SOMME**
  LABO AILP,
  Chemin de Vignacourt, Zone Industrielle,
  80045 AMIENS Cédex,
  Tél. (22) 43.32.42,
  M. VAN BAAR, Directeur.
- **VIENNE**
  Laboratoire d'Analyse Agricoles de l'Institut d'Analyses et d'Essais du Centre Ouest,
  20, rue Guillaume le Troubadour,
  86034 POITIERS,
  Tél. (49) 88.49.29.
  Mme NORTZ, Directrice.
- **HAUTE-VIENNE**
  Laboratoire Départemental de la Haute-Vienne,
  rue d'Albret, 87000 LIMOGES,
  Tél. (55) 32.83.24 - 32.83.94,
  M. NICOLAS, Directeur.
- **VOSGES**
  Laboratoire du CILV,
  «La Colombière», 88015 ÉPINAL,
  Tél. (29) 82.20.51,
  M. GROLIER, Directeur.

annexe II

tables et formulaires

1. : UNITES de MESURE du SYSTEME INTERNATIONAL

A. – UNITES de BASE

GRANDEUR	UNITE	SYMBOLE
Longueur	mètre	m
Masse	kilogramme	kg
Temps	seconde	s
Intensité du courant électrique	ampère	A
Température	degré Kelvin	$^{\circ}$K
Intensité lumineuse	candela	cd

B. – UNITES SUPPLEMENTAIRES et DERIVEES

* Unités supplémentaires

GRANDEUR	UNITE	SYMBOLE
Angle plan	radian	rad
Angle solide	steradian	sr

* Unités dérivées

GRANDEUR	UNITE	SYMBOLE	EQUIVALENCE
- Surface	mètre carré	m^2	
- Volume	mètre cube	m^3	
- Fréquence	hertz	Hz	(s^{-1})
- Densité	kilogramme par mètre cube	kg/m^3	
- Vélocité ou vitesse	mètre par seconde	m/s	
- Vitesse angulaire	radian par seconde	rad/s	
- Accélération	mètre par seconde carrée	m/s^2	
- Accélération angulaire	radian par seconde carrée	rad/s^2	
- Force	newton	N	$(kg.m/s^2)$
- Pression	Pascal	Pa	(N/m^2)
- Viscosité cinématique	mètre carré par seconde	m^2/s	
- Viscosité dynamique	Poiseuille	Pl	$(N.s/m^2$ ou $Kg/ms)$
- Travail, énergie, quantité de chaleur	joule	J	(N.m)
- Puissance	watt	W	(J/s)
- Charge électrique, quantité d'électricité	coulomb	C	(A.s)
- Voltage, différence de potentiel, force électromotrice	volt	V	(W/A)
- Force du champ électrique	volt par mètre	V/m	
- Résistance électrique	ohm	Ω	(V/A)
- Capacité électrique	farad	F	(A.s/V)
- Flux magnétique	weber	Wb	(V.s)
- Inductance	henry	H	(V.s/A)
- Densité de flux magnétique	tesla	T	(Wb/m^2)
- Force du champ magnétique	ampère par mètre	A/m	
- Force magnétomotrice	ampère	A	
- Flux lumineux	lumen	l m	(cd. sr)
- Luminance	candela par mètre carré	cd/m^2	
- Eclairement	lux	l x	$(l m/m^2)$

2. : PREFIXE des MULTIPLES et SOUS MULTIPLES des UNITES

MULTIPLES			SOUS – MULTIPLES		
Facteur par lequel l'unité est multipliée	Prefixe	Symbole	Facteur par lequel l'unité est multipliée	Prefixe	Symbole
10^{18}	exa	E	10^{-1}	deci	d
10^{15}	peta	P	10^{-2}	centi	c
10^{12}	tera	T	10^{-3}	milli	m
10^{9}	giga	G	10^{-6}	micro	μ
10^{6}	mega	M	10^{-9}	nano	n
10^{3}	kilo	k	10^{-12}	pico	p
10^{2}	hecto	h	10^{-15}	femto	f
10	deca	da	10^{-18}	atto	a

3. : FORMULES de CONVERSION des ECHELLES THERMOMETRIQUES

Pour CONVERTIR des DEGRES		en DEGRES		EMPLOYER la FORMULE
Celsius	$(^\circ C)$	Réaumur	$(^\circ R)$	$R = \dfrac{4\,C}{5}$
Celsius	$(^\circ C)$	Fahrenheit	$(^\circ F)$	$F = \dfrac{9\,C}{5} + 32$
Réaumur	$(^\circ R)$	Fahrenheit	$(^\circ F)$	$F = \dfrac{9\,R}{4} + 32$
Réaumur	$(^\circ R)$	Celsius	$(^\circ C)$	$C = \dfrac{5\,R}{4}$
Fahrenheit	$(^\circ F)$	Celsius	$(^\circ C)$	$C = \dfrac{5\,(F-32)}{9}$
Fahrenheit	$(^\circ F)$	Réaumur	$(^\circ R)$	$R = \dfrac{4\,(F-32)}{9}$

4. : UNITES ANGLO–SAXONNES USUELLES et CONVERSION en UNITES FRANCAISES USUELLES

NOM de L'UNITE	ABREVIATION	GRANDEUR	VALEUR en UNITES FRANCAISES	PAYS d'EMPLOI
Barrel (US liquid)	bl	volume	119,241	U S A
Barrel (british dry)	bl	volume	115,621	G B
Barrel (US dry)	bl	volume	163,661	U S A
British thermal unit (mean)	Btu	énergie	351,98 cal	U S A et G B
Cubic foot	cu. ft.	volume	28,317 dm^3	U S A et G B
Cubic inch	cu. in.	volume	16,387 cm^3	U S A et G B
Foot	ft	longueur	0,3058 m	U S A et G B
Gallon (USA)	gal (USA)	volume	3,7854 l	U S A
Gallon (british ou GB)	gal (GB)	volume	4,5461 l	G B
Grain	gr	masse	0,0648 g	U S A et G B
Horsepower	hp	puissance	0,7457 kw	U S A et G B
Inch (pouce *)	in	longueur	2,5400 cm	U S A et G B
Mil	mil.	longueur	0,0254 mm	U S A
Ounce (fluid US)	fl oz (USA)	volume	29,573 cm^3	U S A
Ounce (british fluid)	fl oz (GB)	volume	28,412 cm^3	G B
Ounce (avoir du pois)	oz	masse	28,35 g.	U S A et G B
Ounce (apothecary)	oz. ap.	masse	31,103 g	U S A et G B
Ounce (troy)	oz. t.	masse	31,103 g	U S A et G B
Pound (avoir du pois)	lb	masse	453,6 g	U S A et G B
Pound (apothecary)	lb. ap.	masse	373,24 g	U S A et G B
Pound (troy)	lb. t.	masse	373,24 g	U S A et G B
Pound per cubic inch	lb./cu. in.	masse volumique	27,68 g/cm^3	U S A et G B
Pound per square foot	lb./sq. ft.	pression	0,000472 bar	U S A et G B
Pound per square inch	p.s.i.	pression	0,068 bar	U S A et G B
Square foot	sq. ft.	surface	0,0929 m^2	U S A et G B
Square inch	sq. in.	surface	6,451 cm^2	U S A et G B
Ton (long)	tn. l.	masse	1.016,05 kg	U S A et G B
Ton (short)	sh. tn.	masse	907,185 kg	U S A et G B
Yard	y d	longueur	0,914 m	U S A et G B

* Ne pas confondre avec le pouce français ou pouce de Paris, valant 2,707 cm.

L'abréviation G B signifie "Grande Bretagne"
L'abréviation U S A signifie "Etats-Unis"

5.:CORRESPONDANCE des DIFFERENTES ECHELLES AREOMETRIQUES

I. — Aréomètres pour liquides plus denses que l'eau

A. Tableau de conversion : DEGRES BAUME (rationnel) – DENSITES

Degrés Baumé	Densités	Degrés Baumé	Densités	Degrés Baumé	Densités
0 °B	1.000 0	24 °B	1.199 5	48 °B	1.498 3
1	1.007 0	25	1.209 5	49	1.514 1
2	1.014 1	26	1.219 7	50	1.530 1
3	1.021 2	27	1.230 1	51	1.546 5
4	1.028 5	28	1.240 7	52	1.563 3
5	1.035 9	29	1.251 5	53	1.580 4
6	1.043 4	30	1.262 4	54	1.597 9
7	1.051 0	31	1.373 6	55	1.615 8
8	1.058 7	32	1.284 9	56	1.634 1
9	1.066 5	33	1.296 4	57	1.652 8
10	1.074 5	34	1.308 2	58	1.671 9
11	1.082 5	35	1.320 2	59	1.691 5
12	1.090 7	36	1.332 4	60	1.711 6
13	1.099 0	37	1.344 8	61	1.732 1
14	1.107 4	38	1.357 4	62	1.753 2
15	1.116 0	39	1.370 3	63	1.774 7
16	1.124 7	40	1.383 4	64	1.796 8
17	1.133 5	41	1.396 8	65	1.819 5
18	1.142 5	42	1.410 5	66	1.842 7
19	1.151 6	43	1.424 4	67	1.866 5
20	1.160 9	44	1.438 6	68	1.891 0
21	1.170 3	45	1.453 1	69	1.916 1
22	1.179 9	46	1.467 9	70	1.941 9
23	1.189 6	47	1.482 9		

Densités calculées, avec le module 144,32, par la formule

$$D = \frac{144,32}{144,32 - n} \qquad \text{où} \quad \left\{ \begin{array}{l} D = \text{densité} \\ n = \text{degré Baumé} \end{array} \right.$$

B. Facteurs de conversion : DENSITES – UNITES AREOMETRIQUES

UNITES	T °C	CONVERSION	
BALLING	17,5	$D = \dfrac{200}{200 - n}$	$D = $ densité
BAUME (rationnel)	15	$D = \dfrac{144,32}{144,32 - n}$	$n = $ valeur en degré de l'échelle aréométrique
BAUME (NBS utilisé aux USA)	15,56 (60 °F)	$D = \dfrac{145}{145 - n}$	$T = $ température de
BAUME (ancienne échelle utilisée en Hollande)	12,5	$D = \dfrac{144}{144 - n}$	l'échelle
BAUME (Gerlach)	15	$D = \dfrac{146,78}{146,78 - n}$	
BECK	12,5	$D = \dfrac{170}{170 - n}$	
BRIX	15,625	$D = \dfrac{400}{400 - n}$	
TWADDELL	15,56 (60 °F)	$D = 1 + \dfrac{n}{200}$	

II. — Aréomètres pour liquides moins denses que l'eau

A. Tableau de conversion : DEGRES BAUME (rationnel) — DENSITES

Degrés Baumé	Densités	Degrés Baumé	Densités	Degrés Baumé	Densités
10 °B *	1.000 0	37 °B	0.842 4	64 °B	0.727 7
11	0.993 1	38	0.837 5	65	0.724 1
12	0.986 3	39	0.832 7	66	0.720 4
13	0.979 6	40	0.827 9	67	0.716 9
14	0.973 0	41	0.823 2	68	0.713 3
15	0.966 5	42	0.818 5	69	0.709 8
16	0.960 1	43	0.813 9	70	0.706 3
17	0.953 7	44	0.809 3	71	0.702 9
18	0.947 5	45	0.804 8	72	0.699 5
19	0.941 3	46	0.800 4	73	0.696 1
20	0.935 2	47	0.795 9	74	0.692 8
21	0.929 2	48	0.791 6	75	0.689 5
22	0.923 2	49	0.787 3	76	0.686 2
23	0.917 4	50	0.783 0	77	0.682 9
24	0.911 6	51	0.778 8	78	0.679 7
25	0.905 8	52	0.774 6	79	0.676 5
26	0.900 2	53	0.770 4	80	0.673 4
27	0.894 6	54	0.766 4	81	0.670 3
28	0.889 1	55	0.762 3	82	0.667 2
29	0.883 7	56	0.758 3	83	0.664 1
30	0.878 3	57	0.754 3	84	0.661 0
31	0.873 0	58	0.750 4	85	0.658 0
32	0.867 7	59	0.746 5	86	0.655 0
33	0.862 5	60	0.742 7	87	0.652 0
34	0.857 4	61	0.738 9	88	0.649 2
35	0.852 3	62	0.735 1	89	0.646 2
36	0.847 3	63	0.731 4	90	0.643 4

Densités calculées, avec le module 144,32, par la formule

$$D = \frac{144,32}{144,32 + n} \qquad \text{où} \quad \begin{cases} D = \text{densité} \\ n = \text{degré Baumé} - 10 \end{cases}$$

* 0 °B correspond à la densité d'une solution à 10% de chlorure de sodium (1.0745).

B. Facteurs de conversion : DENSITES — UNITES AREOMETRIQUES

UNITES		T °C	CONVERSION	
BALLING		17,5	$D = \dfrac{200}{200 + n}$	
BAUME	(rationnel)	15	$D = \dfrac{144,32}{144,32 + n*}$	D = densité
BAUME	(NBS)	15,56 (60 °F)	$D = \dfrac{140}{130 + n}$	n = valeur en degré de l'échelle aréométrique
BAUME	(ancienne échelle)	12,5	$D = \dfrac{144}{144 + n*}$	n* = valeur en degré de l'échelle aréométrique diminuée de 10 unités
BAUME	(Gerlach)	15	$D = \dfrac{146,78}{146,78 + n*}$	
BECK		12,5	$D = \dfrac{170}{170 + n}$	T = température de l'échelle en °C
BRIX		15,625	$D = \dfrac{400}{400 + n}$	

6. : TABLEAU DES SYMBOLES et des MASSES ATOMIQUES DES ELEMENTS NATURELS
(1961)

N O M	SYMBOLE	MASSE ATOMIQUE	NUMERO ATOMIQUE	VALENCE	ETAT *
Actinium	Ac	227,0	89		S
Aluminium.	Al	27,0	13	3	S
Americium.	Am	243	95	3, 4, 5, 6	. . .
Antimoine (Stibium)	Sb	121,8	51	3, 5	S
Argent.	Ag	107,9	47	1	S
Argon	A	39,9	18	0	G
Arsenic	As	74,9	33	3, 5	S
Astate	At	210,0	85	1, 3, 5, 7	. . .
Azote (Nitrogen).	N	14,0	7	3, 5	G
Baryum	Ba	137,3	56	2	S
Berkelium	Bk	249	97	3, 4	. . .
Béryllium (Glucinium)	Be	9,0	4	2	S
Bismuth.	Bi	209,0	83	3, 5	S
Bore	B	10,8	5	3	S
Brome.	Br	119,9	35	1, 3, 5, 7	L
Cadmium.	Cd	112,4	48	2	S
Calcium.	Ca	40,1	20	2	S
Californium	Cf	251	98	. . .	. . .
Carbone.	C	12,0	6	2, 4	S
Cérium	Ce	140,1	58	3, 4	S
Césium	Cs	132,9	55	1	t ° < 29 ° S
Chlore.	Cl	35.5	17	1, 3, 5, 7	G
Chrome	Cr	52,0	24	2, 3, 6	S
Cobalt.	Co	58,9	27	2, 3	S
Cuivre	Cu	63,5	29	1, 2	S
Curium	Cm	247	96	3	. . .
Dysprosium	Dy	162,5	66	3	S
Einsteinium	Es	254	99	. . .	. . .
Erbium	Er	167,3	68	3	S
Etain (Stanum)	Sn	118,7	50	2, 4	S
Europium	Eu	152,0	63	2, 3	S
Fer.	Fe	55,8	26	2, 3	S
Fermium	Fm	253	100	. . .	. . .
Fluor	F	19,0	9	1	G
Francium.	Fr	223,0	87	1	. . .
Gadolinium	Gd	157,3	64	3	S
Gallium.	Ga	69,7	31	2, 3	t ° < 30 ° : S
Germanium	Ge	72,6	32	4	S
Hafnium (ou Celtium)	Hf	178,5	72	4	S
Hélium	He	4,0	2	0	G
Holmium.	Ho	164,9	67	3	S
Hydrogène	H	1,0	1	1	G
Indium	In	114,8	49	3	S
Iode	I	126,9	53	1, 3, 5, 7	S
Iridium	Ir	192,2	77	3, 4	S
Krypton	Kr	83,8	36	0	G
Lanthane.	La	138,9	57	3	S
Lithium.	Li	6,9	3	1	S
Lutécium.	Lu	175	71	3	. . .
Magnésium.	Mg	24,3	12	2	S

NOM	SYMBOLE	MASSE ATOMIQUE	NUMERO ATOMIQUE	VALENCE	ETAT *
Manganèse	Mn	54,9	25	2, 3, 4, 6, 7	S
Mendelevium	Md	256	101	. . .	. . .
Mercure (Hydrargirum).	Hg	200,6	80	1, 2	L
Molybdène.	Mo	95,9	42	3, 4, 6	S
Néodymium	Nd	144,2	60	3	S
Néon.	Ne	20,2	10	0	G
Neptunium.	Np	237	93	4, 5, 6	. . .
Nickel.	Ni	58,7	28	2, 3	S
Niobium	Nb	92,9	41	3, 5	S
Nobelium.	No	254	102	. . .	. . .
Or (Aurum)	Au	197,0	79	1, 3	S
Osmium	Os	190,2	7,6	2, 3, 4, 8	S
Oxygène	O	16,0	8	2	G
Palladium.	Pd	106,4	46	2, 4, 6	S
Phosphore	P	31,0	15	3, 5	S
Platine.	Pt	195,1	78	2, 4	S
Plomb.	Pb	207,2	82	2, 4	S
Plutonium	Pu	242	94	3, 4, 5, 6	. . .
Polonium	Po	210	84	. . .	S
Potassium (Kalium)	K	39,1	19	1	S
Praséodymium	Pr	140,9	59	3	S
Prométhium	Pm	145	61	3	S
Protactinium	Pa	231	91	. . .	S
Radium	Ra	226	88	2	S
Radon	Rn	222	86	0	G
Rhénium	Re	186,2	75	. . .	S
Rhodium	Rh	102,9	45	3	S
Rubidium	Rb	85,5	37	1	t° < 39° : S
Ruthénium.	Ru	101,1	44	3, 4, 6, 8	S
Samarium	Sm	150,4	62	2, 3	S
Scandium.	Sc	45,0	21	3	S
Sélénium	Se	79,0	34	2, 4, 6	S
Silicium	Si	28,1	14	4	S
Sodium (Natrium)	Na	23,0	11	1	S
Soufre.	S	32,1	16	2, 4, 6	S
Strontium	Sr	87,6	38	2	S
Tantale	Ta	180,9	73	5	S
Technétium	Tc	99	43	6, 7	S
Tellure	Te	127,6	52	2, 4, 6	S
Terbium	Tb	158,9	65	3	S
Thallium	Tl	204,4	81	1, 3	S
Thorium	Th	232,0	90	4	S
Thulium	Tm	168,9	69	3	S
Titane.	Ti	47,9	22	3, 4	S
Tungstène (Wolfram)	W	183,9	74	6	S
Uranium	U	238,0	92	4, 6	S
Vanadium	V	50,9	23	3, 5	S
Xénon.	Xe	131,3	54	0	G
Ytterbium	Yb	173	70	2, 3	S
Yttrium.	Y	88,9	39	3	S
Zinc	Zn	65,4	30	2	S
Zirconium	Zr	91,2	40	4	S

*   S :   solide
    L :   liquide
    G :   gaz

7. : CLASSIFICATION PERIODIQUE des ELEMENTS

PERIODES	COUCHES	GROUPE 1 (I A)	GROUPE 2 (II A)	III A	IV A	V A	VI A	VII A	VIII	VIII	VIII	I B	II B	GROUPE 3 (III B)	GROUPE 4 (IV B)	GROUPE 5 (V B)	GROUPE 6 (VI B)	GROUPE 7 (VII B)	GROUPE 0
1	K	1 H																	2 He
2	L	3 Li	4 Be											5 B	6 C	7 N	8 O	9 F	10 Ne
3	M	11 Na	12 Mg											13 Al	14 Si	15 P	16 S	17 Cl	18 Ar
4	N	19 K	20 Ca	21 Sc	22 Ti	23 V	24 Cr	25 Mn	26 Fe	27 Co	28 Ni	29 Cu	30 Zn	31 Ga	32 Ge	33 As	34 Se	35 Br	36 Kr
5	O	37 Rb	38 Sr	39 Y	40 Zr	41 Nb	42 Mo	43 Tc	44 Ru	45 Rh	46 Pd	47 Ag	48 Cd	49 In	50 Sn	51 Sb	52 Te	53 I	54 Xe
6	P	55 Cs	56 Ba	57 La	72 Hf	73 Ta	74 W	75 Re	76 Os	77 Ir	78 Pt	79 Au	80 Hg	81 Tl	82 Pb	83 Bi	84 Po	85 At	86 Rn
7	Q	87 Fr	88 Ra	89 Ac	104 Ku														

LANTHANIDES

58 Ce	59 Pr	60 Nd	61 Pm	62 Sm	63 Eu	64 Gd	65 Tb	66 Dy	67 Ho	68 Er	69 Tm	70 Yb	71 Lu

URANIDES · CURIDES

90 Th	91 Pa	92 U	93 Np	94 Pu	95 Am	96 Cm	97 Bk	98 Cf	99 Es	100 Fm	101 Md	102 No	103 Lw

8. : FORMULES de QUELQUES COMPOSES UTILISES en CHIMIE LAITIERE ANALYTIQUE

Nom du COMPOSE CHIMIQUE	FORMULE	POIDS MOLECULAIRE	UTILISATION – ANALYSES
ACIDES :			
Acide acétique	$H\,CH_3CO_2$	60	Teneur en caséine, saccharose
" borique	$H\,BO_2$	43,8	Parfois pour dosage protéines phosphatase alcaline
" bromhydrique	$H\,Br$	80,9	
" chlorhydrique	$H\,Cl$	36,5	Chlorure - lactose - saccharose formol - phosphore - eau oxygénée - alcalinité des cendres
" fluorhydrique	$H\,F$	20	
" iodhydrique	$H\,I$	127,9	
" nitrique	$H\,NO_3$	63	Chlorures - lactose
" perchlorique	$H\,C10_4$	100,5	Phosphore
" phosphorique	$H_3\,PO_4$	98	
" sulfurique	$H_2\,SO_4$	98	Matière grasse - bichromate de potassium - lactose - ammoniac
BASES :			
Ammoniaque	$NH_4\,OH$	35	Lactose - matière grasse des laits secs - saccharose
Baryte	$Ba\,(OH)_2$ généralement $8\,H_2O$	171,5 315,5	Phosphatase alcaline
Chaux	$Ca\,(OH)_2$	74,1	
Magnésie (hydratée)	$Mg\,(OH)_2$	58,3	
Potasse	$K\,O\,H$	56	
Soude	$Na\,OH$	40	Acidité - lactose - ammoniac alcalinité des cendres
SELS :			
Acétate de zinc	$(CH_3COO)_2\,Zn$ (généralement $2\,H_2O$)	183 219	Chlorures - lactose - ammoniac saccharose
Carbonate de sodium	$Na_2\,CO_3$	106	
Bicarbonate de sodium (ou de soude)	$Na\,HCO_3$	84	
Chlorure de calcium	$Ca\,Cl_2$ (généralement $6\,H_2O$)	111 219	Alcalinité des cendres
Chlorure de potassium	$KC\,l$	75,5	Sodium, Potassium, Calcium
Chlorure de sodium	$Na\,Cl$	58,5	Sodium, Potassium, Calcium

Nom du COMPOSE CHIMIQUE	FORMULE	POIDS MOLECULAIRE	UTILISATION – ANALYSES
Ferrocyanure de potassium	$K_4 Fe (CN)_6$ (généralement 3 H_2O)	368,4 / 422,4	
Iodure de potassium	K I	166	Eau oxygénée
Lactate de lithium	$CH_3 CHOHCOOLi$	95,9	Lactates
Nitrate d'argent	$Ag NO_3$	169,9	Bichromate de potassium - Chlorures
o. Phosphate monopotassique	$K H_2 PO_4$	136	Phosphore
o. Phosphate dipotassique	$K_2 H PO_4$	174	
o. Phosphate monocalcique	$Ca (H_2 PO_4)_2$ (gén. 1 H_2O)	235 / 253	
o. Phosphate dicalcique	$Ca (HPO_4)$ (gén. 2 H_2O)	136 / 172	
o. Phosphate tricalcique	$Ca_3 (PO_4)_2$	310,2	
o. Phosphate monosodique	$Na H_2 PO_4$ (gén. 1 H_2O)	120 / 138	
o. Phosphate disodique	$Na_2 H PO_4$ (gén. 12 H_2O)	142 / 358,2	
o. Phosphate trisodique	$Na_3 PO_4$ (gén. 12 H_2O)	164 / 380	
Sélenite de sodium	$Na_2 Se O_3$	173	Catalyseur pour azote Kjeldahl
Sélenite mercurique	$Hg Se O_3$	327,6	” ”
Sulfate d'ammonium	$(NH_4)_2 SO_4$	132	Chlorures
Sulfate de cuivre (anhydre)	$Cu SO_4$	159,6	
Sulfate de cuivre cristallisé	$Cu SO_4, 5 H_2 O$	249,6	Azote total
Sulfate de fer (ferrique)	$Fe_2 (SO_4)_3$	400	Chlorures - lactose
Sulfate ferreux	$Fe SO_4$ (gén. 7 $H_2 O$)	152 / 278	
Sulfate de potassium	$K_2 SO_4$	174,3	Azote total
Sulfate de zinc	$SO_4 Zn$	161,4	Phosphatase alcaline
Thiocyanate de potassium ou sulfocyanure de potassium	KSCN	97,2	Chlorures
Permanganate de potassium	$K Mn O_4$	158	Dosage du bichromate, du lactose
Bichromate de potassium	$K_2 Cr_2 O_7$ (gén. 2 H_2O	294 / 330	Conservateur
Hypochlorite de sodium (eau de javel)	$Na C10$	74,5	Antiseptique
Hydrosulfite de Sodium	$Na_2 S_2 O_4$ (gén. 5 $H_2 O$)	174 / 210	
Thiosulfate de sodium ou hyposulfite de sodium	$Na_2 S_2 O_3$ (gén. 5 $H_2 O$)	168 / 248	
ALCOOLS :			
n – amylique	$CH_3 –(CH_2)_4 – OH$	88	Matière grasse
Ethylique (éthanol)	$C_2 H_5 OH$	46	Matière grasse éthéro ammoniacale
Méthylique (méthanol)	$CH_3 OH$	32	

Nom du COMPOSE CHIMIQUE	FORMULE	POIDS MOLECULAIRE	UTILISATION – ANALYSES
DIVERS :			
Eau	H_2O	18	Solvant
Eau oxygénée	H_2O_2	34	Antiseptique
Oxyde diéthylique ou éther éthylique ou éther sulfurique	$(C_2H_5)_2O$	74	Matière grasse éthéro ammoniacale
Formol (formaldehyde) ou aldehyde formique	HCHO	30	Antiseptique
Phénol (acide phénique)	C_6H_5OH	94	Dosage phosphatase
Alcool isoamylique	$CH_3 - CH - (CH_2)_2OH$ CH_3	88	Dosage matière grasse (GERBER)

9. : DONNEES sur QUELQUES SOLUTIONS CONCENTREES COMMERCIALES

NOM	FORMULE	DENSITÉ	RICHESSE	NORMALITÉ
Acide sulfurique	SO_4H_2	1,84	96 % SO_4H_2	36 N
Acide chlorhydrique	CIH	1,19	38 % CIH	12 N
Acide nitrique	NO_3H	1,38	62,4 % NO_3H	13 N
Acide acétique	CH_3CO_2H	1,05	42 % CH_3CO_2H	17,4 N
Acide phosphorique	PO_4H_3	1,71	85 % PO_4H_3	45 N
Acide perchlorique	CIO_4H	1,61	60 % CIO_4H	10 N
Soude	NaOH	1,33	30 % NaOH	10 N
Potasse	KOH	1,38	40 % KOH	8 N
Ammoniac	NH_4OH	0,90	26 % NH_3	15 N

10. : ALPHABET GREC

lettre grecque	nom grec	equivalent français
A α	Alpha	(a)
B β	Beta	(b)
Γ γ	Gamma	(g)
Δ δ	Delta	(d)
E ϵ	Epsilon	(e)
Z ζ	Zeta	(z)
H η	Eta	(é)
Θ θ	Theta	(th)
I ι	Iota	(i)
K κ	Kappa	(k)
Λ λ	Lambda	(l)
M μ	Mu	(m)
N ν	Nu	(n)
Ξ ζ	Xi	(ks)
O o	Omicron	(o) bref
Π π	Pi	(p)
P ρ	Rho	(r)
Σ σ	Sigma	(s)
T τ	Tau	(t)
Y υ	Upsilon	(u)
Φ φ	Phi	(f)
X χ	Khi	(k)
Ψ ψ	Psi	(ps)
Ω ω	Omega	(o) long

11. : IDENTIFICATION des ADDITIFS ALIMENTAIRES

A. – Colorants.		
COULEUR	NUMÉROTATION de la CEE	DÉNOMINATION USUELLE
I. - Matières colorantes pour la coloration dans la masse et en surface.		
Jaune	E 100	Curcumine
	E 101	Lactoflavine (Riboflavine)
	E 102	Tartrazine
	E 103	Chrysoines S., interdit au 1.10.76
	E 104	Jaune de quinoléine
	E 105	Jaune solide, interdit au 1.10.76
Orange	E 110	Jaune orangé S.
	E 111	Orange GGN, interdit au 1.10.76
Rouge	E 120	Cochenille, acide carminique
	E 121	Orseille, orcéine, interdit au 1.10.76
	E 122	Azorubine
	E 123	Amarante, interdit au 26.08.76
	E 124	Rouge cochenille A
	E 125	Ecarlate GN, interdit au 1.10.76
	E 126	Ponceau 6 R, interdit au 1.10.76
	E 127	Erythrosine.
Bleu	E 130	Bleu anthraquinonique (bleu solanthrène RS), interdit au 1.10.76
	E 131	Bleu patenté V
	E 132	Indigotine (carmin d'indigo)
Vert	E 140	Chlorophylles
	E 141	Complexes cuivriques des chlorophylles et des chlorophyllines
	E 142	Vert acide brillant BS (vert lissamine)
Brun	E 150	Caramel
Noir	E 151	Noir brillant BN
	E 152	Noir 7984, interdit au 1.10.76
	E 153	Carbo medicinalis vegetalis
Nuances diverses .	E 160	*Caroténoïdes :* a) Alpha, beta, gamma Carotène b) Bixine, Norbixine (Rocou Annato) c) Capsantéine, Capsorubine d) Lykopène e) Beta-apo 8' caroténale (C 30) f) Ester éthylique de l'acide beta-apo 8' caroténique (C 30)
	E 161	*Xanthophylles* a) Flavoxanthine b) Lutéine c) Kryptoxanthine d) Rubixanthine e) Violoxanthine f) Rhodoxanthine g) Cantaxanthine
	E 162	Rouge de betterave. Bétanine
	E 163	*Anthocyanes.*
II. - Matières colorantes pour la coloration en surface seulement		
	E 170	Carbonate de calcium
	E 171	Bioxyde de titane
	E 172	Oxydes et hydroxydes de fer
	E 173	Aluminium
	E 174	Argent
	E 175	Or.
III. - Matières colorantes pour certains usages seulement		
	E 180	Pigment Rubis (lithol-rubine BK) pour la coloration des croûtes de fromage.
	E 181	Terre d'ombre brûlée (pour la coloration des croûtes de fromage), interdit au 1.10.76).

B. – *Conservateurs.*	
NUMÉROTATION de la CEE	DÉNOMINATION

I. - Agents conservateurs.

E 200	Acide sorbique
E 201	Sorbate de sodium (sel de sodium de l'acide sorbique)
E 202	Sorbate de potassium (sel de potassium de l'acide sorbique)
E 203	Sorbate de calcium (sel de calcium de l'acide sorbique)
E 210	Acide benzoïque
E 211	Benzoate de sodium (sel de sodium de l'acide benzoïque)
E 212	Benzoate de potassium (sel de potassium de l'acide benzoïque)
E 213	Benzoate de calcium (sel de calcium de l'acide benzoïque)
E 214	p-hydroxybenzoate d'éthyle (ester éthylique de l'acide p-hydroxy benzoïque)
E 215	Dérivé sodique de l'ester éthylique de l'acide p-hydroxy benzoïque
E 216	p-hydroxybenzoate de propyle (ester propylique de l'acide p-hydroxy ben-zoïque)
E 217	Dérivé sodique de l'ester propylique de l'acide p-hydroxy benzoïque
E 218	p-hydroxybenzoate de méthyle (ester méthylique de l'acide p-hydroxy-benzoïque)
E 219	Dérivé sodique de l'ester méthylique de l'acide p-hydroxy benzoïque
E 220	Anhydride sulfureux
E 221	Sulfite de sodium
E 222	Sulfite acide de sodium (bisulfite de sodium)
E 223	Disulfite de sodium (pyrosulfite de sodium ou métabisulfite de sodium)
E 224	Disulfite de potassium (pyrosulfite de potassium ou métabisulfite de potas-sium)
E 226	Sulfite de calcium
E 227	Sulfite acide de calcium (bisulfite de calcium)
E 230	Diphényle
E 231	Orthophénylphénol
E 232	Orthophénylphénate de sodium
E 233	2-(4-thiazolyl) benzimidazole Thiabendazole
E 236	Acide formique
E 237	Formiate de sodium (sel de sodium de l'acide formique)
E 238	Formiate de calcium (sel de calcium de l'acide formique)
E 239	Hexaméthylène-tétramine
E 240	Acide borique
E 241	Tétraborate de sodium (borax).

II. - Substances destinées principalement à d'autres usages mais pouvant avoir un effet conservateur secondaire.

E 249	Nitrite de potassium
E 250	Nitrite de sodium
E 251	Nitrate de sodium
E 252	Nitrate de potassium
E 260	Acide acétique
E 261	Acétate de potassium
E 262	Diacétate de sodium
E 263	Acétate de calcium
E 270	Acide lactique
E 280	Acide propionique
E 281	Propionate de sodium (sel de sodium de l'acide propionique)
E 282	Propionate de calcium (sel de calcium de l'acide propionique)
E 283	Propionate de potassium (sel de potassium de l'acide propionique)
E 290	Anhydride carbonique.

C. – Antioxygènes.	
NUMÉROTATION de la CEE	DÉNOMINATION

I. - Agents antioxygènes.

E 300	Acide I-ascorbique
E 301	I-Ascorbate de sodium (sel de sodium de l'acide I-ascorbique)
E 302	I-Ascorbate de calcium (sel de calcium de l'acide I-ascorbique)
E 303	Acide diacétyl 5,6-l-ascorbique (diacétate d'ascorbyle)
E 304	Acide palmityl 6-l-ascorbique (palmitate d'ascorbyle)
E 306	Extraits d'origine naturelle riches en tocophérols
E 307	Alpha-tocophérol de synthèse
E 308	Gamma-tocophérol de synthèse
E 309	Delta-tocophérol de synthèse
E 310	Gallate de propyle
E 311	Gallate d'octyle
E 312	Gallate de dodécyle
E 320	Butylhydroxyanisol (BHA)
E 321	Butylhydroxy-toluène (BHT)

II. - Substances ayant une action antioxygène, mais également d'autres fonctions

E 220	Anydride sulfureux
E 221	Sulfite de sodium
E 222	Disulfite de sodium (pyrosulfite de sodium ou métabisulfite de sodium)
E 223	Sulfite acide de sodium (bisulfite de sodium)
E 224	Disulfite de potassium (pyrosulfite de potassium ou métabisulfite de potassium)
E 226	Sulfite de calcium
E 322	Lécithines.

III. - Substances pouvant renforcer l'action antioxygène d'autres substances

E 270	Acide lactique
E 325	Lactate de sodium (sel de sodium de l'acide lactique)
E 326	Lactate de potassium (sel de potassium de l'acide lactique)
E 327	Lactate de calcium (sels de calcium de l'acide lactique)
E 330	Acide citrique
E 331	Citrates de sodium (sels de sodium de l'acide citrique)
E 332	Citrates de potassium (sels de potassium de l'acide citrique)
E 333	Citrates de calcium (sels de calcium de l'acide citrique)
E 334	Acide tartrique
E 335	Tartrates de sodium (sels de sodium de l'acide tartrique)
E 336	Tartrates de potassium (sels de potassium de l'acide tartrique)
E 337	Tartrates double de sodium et potassium
E 338	Acide orthophosphorique
E 339	Orthophosphates de sodium (sels de sodium de l'acide orthophosphorique)
E 340	Orthophosphates de potassium (sels de potassium de l'acide orthophosphorique)
E 341	Orthophosphates de calcium (sels de calcium de l'acide orthophosphorique)
E 472 c	Ester citrique des mono et diglycérides d'acides gras alimentaires.

D. — *Agents émulsifiants, stabilisants, épaississants, gélifiants*	
NUMÉROTATION de la CEE	**DÉNOMINATION**
E 322	Lécithines
E 339	Orthophosphates de sodium (sels de sodium de l'acide orthophosphorique)
E 340	Orthophosphates de potassium (sels de potassium de l'acide orthophosphorique)
E 341	Orthophosphates de calcium (sels de calcium de l'acide orthophosphorique)
E 400	Acide alginique
E 401	Alginate de sodium
E 402	Alginate de potassium
E 403	Alginate d'ammonium
E 404	Alginate de calcium
E 405	Alginate de propylène-glycol (alginate de 1,2 propane-diol)
E 406	Agar-agar
E 407	Carraghen, carragénines, carraghénates, carragheenan
E 408	Furcelleran ou Furcellaran
E 410	Farine de graines de caroube
E 411	Farine de graines de tamarin
E 412	Farine de graines de guar
E 413	Gomme adragante, tragacanthe
E 414	Gomme arabique
E 420	Sorbitol
E 421	Mannitol
E 422	Glycérol
E 440	Pectines
E 450	Polyphosphates de sodium et de potassium : a) Diphosphates ; b) Triphosphates ; c) Polyphosphates linéaires (ne comportant pas plus de 8 p. 100 de composés cycliques).
E 460	Cellulose microcristalline
E 461	Méthylcellulose
E 462	Ethylcellulose
E 463	Hydroxypropylcellulose
E 464	Hydroxypropylméthylcellulose
E 465	Méthyléthylcellulose
E 466	Carboxyméthylcellulose (sels de sodium de l'éther carboxyméthylique de cellulose)
E 470	Sels de sodium, de potassium, de calcium des acides gras alimentaires, seuls ou en mélange, ces sels étant obtenus à partir soit de matières grasses comestibles, soit d'acides gras alimentaires distillés.
E 471	Mono et diglycérides d'acides gras alimentaires.
E 472	Esters : a) Acétique ; b) Lactique ; c) Citrique ; d) Tartrique ; e) Monoacétyl-tartrique et diacétyl-tartrique des mono et diclycérides d'acides gras alimentaires. f) Esters mixtes acétiques et tartriques des mono et diaglycérides d'acides gras.
E 473	Sucroesters, esters de saccharose et d'acides gras alimentaires
E 474	Sucroglycérides, mélange d'esters de saccharose et de mono et diglycérides d'acides gras alimentaires
E 475	Esters polyglycériques des acides gras alimentaires non polymérisés
E 477	Monoesters du propylène-glycol (1,2 propane-diol) et des acides gras alimentaires seuls ou en mélange avec diesters.
E 480	Acide stéaroyl-2-lactylique
E 481	Stéaroyl-2-lactyllactate de sodium
E 482	Stéaroyl-2-lactyllactate de calcium
E 483	Tartrate de stéaroyle

annexe III

bibliothèque de base

1. OUVRAGES EN LANGUE FRANÇAISE

J. ADRIAN : **Valeur Alimentaire du Lait**, 1973, La Maison Rustique, 26, rue Jacob, 75006 PARIS.

Ch. ALAIS : **Science du Lait**, 3e édition, 1974, SEPAIC, 42, rue du Louvre, 75001 PARIS.

ALF et Ministère de l'Agriculture : **Physionomie de la France Laitière**, 1975, Centre d'étude des Relations Extérieures, 2, bd Montmartre, 75009 PARIS.

P. ANDROUET : **Le Guide des Fromages**, 1971, Stock, PARIS.

APRIA : **Les Nouveaux Procédés Mécanisés et Continus dans l'Industrie Alimentaire**. Tome 1 : **Fromagerie**, 1971, APRIA, 35, rue du Général Foy, 75008 PARIS.

APRIA : **Les Lactosérums : Traitements et Utilisations**, 1973, APRIA, 35, rue du Général Foy, 75008 PARIS.

APRIA : **Les Lactosérums : une Richesse Alimentaire**, 1978, Colloque DGRST, APRIA, 35, rue du Général Foy, 75008 PARIS.

ATIL (Association des Techniciens en Industrie Laitière) : **Manuel de Technologie Laitière**, 1958, ATIL inc., St Hyacinthe, QUEBEC, Canada.

M. BEAU : **La Caséine**, 2ème édition, 1952. Dunod, 92, rue Bonaparte, 75006 PARIS.

J.F. BOUDIER : **Présure et succédanés de Présure**, 1974, APRIA, 35, rue du Général Foy, 75008 PARIS.

J.F. BOUDIER - F.M. LUQUET : **Utilisation des Lactosérums en Alimentation Humaine et Animale**, 1979, Synthèse bibliographique CDIUPA n°21, APRIA, 35, rue du Général Foy, 75008 PARIS.

G. BREART : **Le Fleuve Blanc**, 1954, Mazarine, PARIS.

J. CASALIS - E. MANN - M.E. SCHULZ : **Dictionnaire Laitier**, 1963, publié sous les auspices de la FIL par Volkswirtschattlicher Verlag GmbH, Schliessfach 1120, 8690 KEMPTEN RFA.

A. COGITORE : **Traité Pratique de Réglementation Laitière**, avec mise à jour permanente, Sapin d'Or, 6, rue Jean Vinot, B.P. 98, 88003 ÉPINAL.

CONSEIL NATIONAL du PATRONAT FRANÇAIS : **Les Monographies de la Production Française**, n° 29, « le lait et les produits laitiers », 1ère éd., 1968, Société Nouvelle Mercure, 4, place Franz Liszt, 75010 PARIS.

P. COQUIN : **Produit du Lait Aujourd'hui**, 1974, P. Coquin, 123, rue Bollée, 72000 LE MANS.

R.J. COURTINE, **Dictionnaire des Fromages**, 1972, Librairie Larousse, 17, rue de Montarnasse, 75006 PARIS.

R. DEHOVE : **La Réglementation des Produits Alimentaires**, 1964, Commerce Ed. 2, rue des petits Pères, 75002 PARIS.

W. DORNER - P. DEMONT - D. CHAVANNES : **Microbiologie Laitière**, 1951, Collection Agricole Suisse, Librairie Payot, 1, rue du Bourg, LAUSANNE, La Maison Rustique, 26, rue Jacob, 75006 PARIS.

A. ECK : **Le Lait et l'Industrie Laitière,** 1962, Collection «Que sais-je», des Presses Universitaires de France, 108, bd St-Germain, 75005 PARIS.

J.L. EVETTE : **La Fromagerie**, 1975, Presses Universitaires de France, 108, bd St-Germain, 75005 PARIS.

FAO : Publications de la FAO : **La Pasteurisation du Lait**, 1953 - **L'Hygiène du lait**, 1962 - **La Stérilisation du Lait**, 1965, A. Pedone, 13, rue Soufflot, 75005 PARIS.

A.M. GUERAULT : **Les Techniques Nouvelles dans l'Industrie Laitière**, 1960, SEPAIC, 42, rue du Louvre, 75001 PARIS.

A.M. GUERAULT : **La Fromagerie devant les Techniques Nouvelles**, 1966, SEPAIC, 42, rue du Louvre, 75001 PARIS.

HANSENS'S LABORATORIUM A/S : **Aspects Nouveaux dans la Production Fromagère Internationale**, 1974. Chr. Hansen's laboratorium A/S COPENHAGUE Danemark.

INRA : **Le Paiement du Lait en France**, 1970, 1972, Tome 1 : **Tableaux** - Tome 2 : **Synthèse**. Institut National de la Recherche Agronomique, 149, rue de Grenelle, 75007 PARIS.

ITEB : (parmi les nombreuses publications - brochures, livres - de l'ITEB on peut citer) : **Le Matériel de Réfrigération du Lait à la Ferme**, (brochures imprimées), Novembre 1974 - **Comment Éviter la Contamination du Lait par les Produits Antiparasitaires**, Septembre 1975 (brochures imprimées) - **La Qualité du Lait**, 1973, (livre) - **Caractéristique et Utilisation des Produits de Nettoyage**, Tomes 1, 2, 3, 4, 5 (fiches techniques), Technipel, 149, rue de Bercy, 75579 PARIS Cédex 12.

J. JACQUET - R. THEVENOT : **Le Lait et le Froid**, 1961, Librairie J. Ballière, 19, rue Hautefeuille, 75006 PARIS.

H. LAINET de LAUTY : **Fromages frais - Laits Fermentés**, 1966, La Maison Rustique, 26, rue Jacob, 75006 PARIS.

J.C. LEJAOUEN : **La Fabrication du Fromage de Chèvre Fermier**, 1974, ITOVIC, 149, rue de Bercy, 75549 PARIS cédex 12.

F.M. LUQUET - J.F. BOUDIER : **Lexique des Termes Utilisés en Industrie Laitière**, 1976, SCEFRAL, B.P. 205, 59503 DOUAI Cédex.

MINISTÈRE DE L'AGRIGULTURE : **Industrie Laitière en France, Collecte et Transformation**, 1975. Tome 1 : **Données Statistiques** - Tome 2 : **Atlas**. Tome 3 : **Répertoire Analytique des Usines**. Ministère de l'Agriculture, 78, rue de Varenne, 75007 PARIS.

MINISTÈRE DE L'AGRICULTURE : **Éléments de Calculs des Frais et Investissements dans les Industries Laitières**, 1975. Tome 1 et 2. Ministère de l'Agriculture, 3, rue Barbet de Jouy, 75007 PARIS.

MINISTÈRE DE L'AGRICULTURE : **Carte d'Identité des Produits Laitiers**, 1975, Ministère de l'Agriculture, s/DI Information, 78, rue de Varenne, 75007 PARIS.

G. ODET - O. CERF - J. CHEVILLOTTE - D. DOUARD - J.C. GILLIS - J. PIEN : **Le Conditionnement Aseptique du Lait UHT**, 1976, Association Laitière Française, 17, rue de Valois, 75001 PARIS.

F. PETILLOT : **Prévention et Lutte Contre les Pollutions et les Nuisances dans les Laiteries - Fromageries**, 1974, Ministère Qualité de la Vie, 14, bd du Général Leclerc, 92200 NEUILLY SUR SEINE.

D. PETRANSXIENNE - L. LAPIED : **La Qualité Bactériologique du lait**, 1962, Fédération Nationale des Producteurs de lait, 149, rue de Bercy, 75012 PARIS.

H. POINTURIER - J. ADDA : **Beurrerie Industrielle**, 1969, La Maison Rustique, 26, rue Jacob, 75006 PARIS.

G. RAY : **Technologie Laitière**, 2ème édition, 1951, Dunod, 92, rue Bonaparte, 75006 PARIS.

L. SERRES - S. AMARIGLIO - D. PETRANSXIENNE : **Méthodes d'Analyses**. Informations techniques des directions des services vétérinaires. Ministère de l'Agriculture, 3, rue Barbet de Jouy, 75007 PARIS.

SOPEXA : **Connaissance du Lait**, 1974, SOPEXA, 43-45, rue de Naples, 75008 PARIS.

G. THIEULIN - R. VUILLAUME : **Éléments Pratiques d'Analyse et d'Inspection du Lait,** 3ème édition, 1967, Le Lait, 48, rue du Président Wilson, 75016 PARIS.

R. VEISSEYRE : **Technologie du lait,** 3ème édition, 1975, La Maison Rustique, 26, rue Jacob, 75006 PARIS.

2. OUVRAGES EN PLUSIEURS LANGUES

Ouvrages publiés par ou sous l'égide de la **Fédération Internationale de Laiterie**, 41, Square Vergote, 1040 BRUXELLES, Belgique.

CONGRÈS INTERNATIONAUX de LAITERIE

XIIIè Congrès (4 volumes), 1953,
LA HAYE
XIVè Congrès (5 volumes - 14 tomes),
1956, ROME,
XVè Congrès (5 volumes), 1959,
LONDRES,
XVIè Congrès (4 volumes), 1962,
COPENHAGUE,
XVIIè Congrès (6 volumes), 1966,
MUNICH,
XVIIIè Congrès (2 volumes), 1970,
SYDNEY,
XIXè Congrès (2 volumes), 1974,
NEW-DELHI,
XXè Congrès (1 volume), 1978,
PARIS.

DOCUMENTS NUMÉROTÉS FIL-IDF

(Actuellement 125 documents ont été publiés, chacun traitant d'un sujet bien précis).
Exemples :
Document n° 72 (1973), **L'automation dans l'Industrie Laitière.**
Document n° 82 (1974), **La lipolyse dans le lait refroidi en vrac.**
Document n° 85 (1975), **Proceeding of Seminar on mastitis control.**
Document n° 90 (1976), **L'eau et les eaux résiduaires en industrie laitière.**
Document n° 92 (1976), **Technical Guide for the packaging of milk and milk products.**
Document n° 97 (1977), **L'amertume dans des fromages.**
Document n° 102 (1977), **Energy conservation in the dairy industry.**
Document n° 107 (1978), **Proceedings of the IDF Seminar on new dairy foods.**
Document n° 113 (1979), **Chemical residues in milk and milk products.**
Document n° 118 (1980), **Flavour impairment of milk and milk products due to lipolysis.**

3. OUVRAGES EN LANGUE ÉTRANGÈRE

Americain Public Health Association : **Standard methods for the examination of Dairy Products**, 12 th ed. 1967, American Public Health Association Inc. NEW-YORK USA.

W.S. ARBUCKLE : **Ice cream**, 1963, The Avi Publishing Company Inc., WESTPORT, Connecticut USA.

W.S. ARBUCKLE : **Ice cream, Service Handbook**, 1976, The AVI Publishing Company Inc., WESTPORT, Connecticut USA.

W.S. ARBUCKLE : **Ice cream**, 3rd ed., 1977, the Avi Publishing Company Inc., WESTPORT Connecticut, USA.

H.V. ATHERTON - J.A. NEWLANDER : **Chemistry and testing of dairy Products**, 4th ed. 1977, The Avi Publishing Company Inc., WESTPORT, Connecticut, USA.

Australian Society of Dairy technology : **Dairy Factory Test Manual**, 1966, Ramsay, Ware Publishing Phy. Ltd. 552-556 Victoria Street, North MELBOURNE, Australie.

Australian Society of Dairy Technology : **Casein Manual**, 1972, Ramsay, Ware Publishing Phy, 552-556, Victoria Street, North MELBOURNE, Australie.

M.F. BRINK and D. KRITCHEVSKY : **Dairy Lipids and Lipid Metabolism**, 1968, The Avi Publishing Company Inc., WESTPORT, Connecticut, USA.

J.G. DAVIS : **Milk Testing**, 2nd ed., 1959, Dairy Industries Ltd, LONDON EC 4, Angleterre.

J.G. DAVIS : **A Dictionary of Dairying**, 2 nd ed, 1963, Léonard Hill Ltd, 229-243 Shepherds Bush Road, Hammersmith, LONDON W.6, Angleterre.

J.G. DAVIS : **Cheese**, 1965, Vol. 1 : **Basic Technology**, Vol. 2 : **Bibliography**, Vol. 3 : **Annoted Bibliography with subject index.** J. & A. Churchill Ltd. 104, Gloucester Place, LONDON W.1, Angleterre.

E.M. FOSTER - E. NELSON - M.L. SPECK - R.N. DOETSCH - J.C. OLSON : **Dairy Microbiology**, 1957, Prentice Hall, Englewoods Cliffs, NEW JERSEY USA.

M.T. GILLIES : **Food Technology Review, n° 15, Dehydration of natural and simulated dairy Products**, 1974, Noyes Data Corporation Park Ridge, NEW JERSEY, USA.

M.T. GILLIES : **Food Technology Review, n° 19, Whey Processing and Utilization**, 1974, Noyes Data Corporation, Park ridge NEW JERSEY, USA.

C.W. HALL - T.I. HEDRICK : **Drying of Milk and Milk Products**, 2nd ed. 1971, The Avi Publishing Company Inc., WESTPORT Connecticut, USA.

C.W. HALL - G.M. TROUT : **Milk Pasteurization,** 1968, The Avi Publishing Company Inc., WESTPORT Connecticut, USA.

W.J. HARPER - C.W. HALL : **Dairy Technology and engineering,** 1976, WESTPORT, Connecticut USA.

W.C. HARBEY - H. HILL : **Milk Production and Control,** 4th ed, 1967, Lewis and Co. Ltd. LONDON, Angleterre.

J.L. HENDERSON : **The Fluid Milk Industry,** 3rd ed. 1971, The Avi Publishing Company Inc., WESTPORT, Connecticut, USA.

O.F. HUNZIKER : **Condensed Milk and Milk Powder,** 7th ed, 1949, Édité à compte d'auteur, LA GRANGE, Illinois, USA.

K.A. HYDE - J. ROTHWELL : **Ice Cream,** 1973, Churchill Lingstone, EDIMBOURG, Ecosse.

G.S. INICHOW : **Biochemie der Milch und der Milchprodukte,** 1959, VEB Verlag Technik, BERLIN.

R. JENNESS - S. PATTON : **Principles of Dairy Chemistry,** 1959, John Wiley and Sons Inc. NEW-YORK, USA.

H.R. JONES : **Pollution Control in the Dairy Industry,** 1974. Noyes Data Corporation, Park ridge, NEW JERSEY, USA.

H.F. JUDKINS - H.A. KEENER : **Milk production and Processing,** 1960, John Wiley and Sons Ltd CHICHESTER, Angleterre.

P. KASTLI : **Milchkunde und Milchhygiene,** Vol. 1 : **Wesen und Eigenschaften der Milch,** 1972 - Vol. 2 : **Milchfehler,** 1974. Buchverlag Verbandsdruckerei, BERNE, Suisse.

M. KIRCHGESSNER - H. FRIESECKE, **Nutrition and the Composition of Milk,** 1967, Crosby Lockwood and Son Ldt, LONDON SW 7, Angleterre.

F.V. KOSIKOWSKI : **Cheese and Fermented Milk Foods,** 1966, Cornell University, Ithaca NEW YORK, USA.

H. KUNATH : **Mikrobiologie der Milch,** 1977, VEB Fachbuchverlag, LEIPZIG, RDA.

J.A. KURMAN - J.L. RASIC : **Yoghurt,** 1978, Les auteurs, distribué par Technical Dairy Publishing House DK 2720 VANLOSE, Danemark.

L.M. LAMBERT : **Modern Dairy Products,** 1970, Food Trade Press Ltd, 7, Garrick Street LONDON WC2, Angleterre.

F.H. McDOWALL : **The Buttermaker's Manual,** (2 volumes), 1953, Wellington University Press, WELLINGTON, N.Z.

H.A. Mc KENZIE : **Milk Proteins : Chemistry Molecular Biology,** Vol. 1, 1970, Vol. 2, 1971, Academic Press NEW-YORK 10.003 USA.

H. MAIR-WALBURG : **Handbuch der Käse, Käse der Welt von A-Z,** Volkswirtschaftlicher Verlag, Gmbh, KEMPTEN, Allemagne de l'Ouest.

P. MANZARI : **Manuale di Microbiologia del Latte,** 2ème Ed. 1965. Luigi Pozzi, ROME, Italie.

A. MEYER : **Processed Cheese Manufacture,** 1973, Food Trade Press Ltd, 7, Garrick Street, LONDON WC 2, Angleterre.

W. MOHR - K. KOENEN : **Die Butter,** 1958, Th. Mann, HILDESHEIM, Allemagne de l'Ouest.

E. MUNDINGER : **ABC des Molkereilaboratoriums,** 2 Auflage (2è ed.), 1957, Springer - Verlag OHG, BERLIN/GÖTTINGEN/HEIDELBERG, Allemagne de l'Ouest.

J.A. NELSON - G.M. TROUT : **Judging Dairy Products** 4th ed., 1964, the Avi Publishing Company inc. WESTPORT Connecticut, USA.

E. RENNER : **Milch und Milchprodukte in der Ernährung des Menschen,** 1974, Volkswirtschaflicher Verlag GmbH KEMPTEN, Allemagne de l'Ouest.

G. ROEDER : **Grundzüge der Milchwirstschaft und des Molkereiwesens,** 1954, Verlag Paul Parey, HAMBOURG, Allemagne de l'Ouest.

G. ROSSI : **Manuale di tecnologia casearia,** 2ème ed., 1977, Edagricole, BOLOGNA, Italie.

M.E. SCHWARTZ : **Food Technology Review,** n° 7, **Cheese Making Technology,** 1973, Noyes Data Corporation, Park ridge, NEW JERSEY 07656, USA.

Society of Dairy Technology : **In Place Cleaning of Dairy Equipment,** 1959, Society of Dairy Technology, 17, Devonshire Street, LONDON W1N, Angleterre.

Society of Dairy Technology : **Ultra-High-Temperature Processing of Dairy Products,** 1980, Society of Dairy Technology, 17, Devonshire Street, LONDON EC4, Angleterre.

G. SYKES : **Disinfection and Sterilization : Theory and Practice,** 2nd ed, 1967, E. and F.N. Spon Ltd, LONDON EC4, Angleterre.

A. TOPEL : **Chemie und Physik der Milch,** VEB Fachbuchverlag, LEIPZIG, R.D.A.

D.K. TRESSLER - W.J. SULTAN : **Food Products Formulary Series,** vol. 2 : **Cereals, Baked Goods, Dairy and Egg Products,** 1975. The Avi Publishing Company Inc., WESTPORT Connecticut, USA.

G.D. TURNBOW - P.H. TRACY - L.A. RAFFETTO : **The Ice Cream Industry,** 2ème ed., 1949, John Wiley and sons Inc., NEW-YORK, USA.

B.H. WEBB - E.O. WHITTIER : **Byproducts From Milk,** 2nd ed., 1970, The Avi Publishing Company Inc., WESTPORT Connecticut, USA.

B.H. WEBB - A.J. JOHNSON : **Fundamentals of Dairy Chemistry,** 1965, The Avi Publishing Company, Inc., WESTPORT Connecticut, USA.

G. WILCOX : **Food Processing Review, n° 18, «Milk Cream and Butter Technology»,** 1971, Noyes Data Corporation, Park ridge, NEW JERSEY 07656, USA.

G.H. WILSTER : **Practical Cheesemaking,** 8ème ed., 1955, OSC Cooperative Association Oregon state college Corvallis, OREGON, USA.

4. REVUES ET JOURNAUX FRANÇAIS

Bulletin Bibliographique du CDIUPA
Centre de Documentation Internationale des Industries Utilisatrices de produits agricoles. CERDIA,
91305 MASSY,
(mensuel).

Bulletin mensuel du CNCE, Marché Mondial des produits laitiers
Centre National du Commerce Extérieur,
10, rue d'Iéna, 75016 PARIS
(mensuel).

Bulletin signalétique MNE
Maison Nationale des Éleveurs Service Documentation,
149, rue de Bercy, 75579 PARIS Cédex 12
(mensuel).

Chèvre (la)
14, rue E. Pallu, 37000 TOURS,
(bimestriel).

Crémerie Française (la)
Société d'Édition des Produits Laitiers et Avicoles,
19, bd Sébastopol, 75001 PARIS,
(trimestriel).

Élevage (revue de l'),
14, rue Notre-Dame de la Victoire,
75002 PARIS,
(mensuel).

Glacier français (le),
64, rue Caumartin, 75009 PARIS,

IAA (revue des),
Association des Chimistes,
156, boulevard Magenta, 75010 PARIS
(mensuel).

Lait (le)
48, avenue du Président Wilson,
75016 PARIS,
(bimestriel).

Lait Statistiques,
Ministère de l'Agriculture,
78, rue de Varennes, 75007 PARIS,
(mensuel).

PLM l'éleveur de bovins,
35, rue Carnot, 35000 RENNES,
(mensuel).

Revue des ENIL,
ENIL - B.P. 91, 39800 POLIGNY,
(mensuel).

Revue Laitière Française,
17, rue de Valois, 75001 PARIS,
(mensuel).

Technicien du lait (le),
14, rue de la Somme, 94230 CACHAN,
(mensuel).

Technique Laitière (la),
8, rue de Port-Mahon, 75002 PARIS,
(bimensuel).

5. REVUES ET JOURNAUX INTERNATIONAUX

American Dairy Review,
Watt Publishing Co.,
Mt Morris Illinois 61954 USA,
(mensuel).

Australian Journal of Dairy Technology,
Australian Society of Dairy Technology
Inc. Box 20,
Highett, VICTORIA 3190 Australie,
(trimestriel).

Belgique Laitière,
Office Nationale du Lait et de ses dérivés,
Rue Froissart 95-99,
1040 BRUXELLES Belgique,
(bimestriel)

Boletim do Leite a seus derivados
Editora : Otto Frensel,
Frei Caneca, 111/Sobrado ZC 14,
20000 RIO DE JANEIRO RJ Brésil,
(mensuel).

Cultured Dairy Products Journal,
American Culturel Dairy
Products Institute,
1105, Barr Building, 910, 17th Street N.W.
WASHINGTON, D.C. 200006 USA,
(trimestriel).

Dairy and Ice-Cream Fied,
Magazines for industry, Inc.
777 Third Avenue,
NEW YORK, N.Y. 10017 USA,
(mensuel).

Dairy Industries
United Trade Press Ltd,
42/43 Gerrard Street,
LONDON, W1V7 LP G.B.
(mensuel).

Dairy Science Abstracts
Commonwealth Agricultural Bureaux,
Farnham Royan,
SLOUGH SL2 3BN, BUCKS G.B.,
(mensuel).

Deutsche Milchwirtschaft
Zentralverband Deutscher Molkereifach-
leute & Milchwirtschaftler und Verlag
Th. Mann OHG,
32 HILDESHEIM, Allemagne de l'Ouest,
(hebdomadaire).

Deutsche Molkerei-Zeitung,
1, Postschliessfach 1120,
8960 KEMPTEN (ALLGAU)
Allemagne de l'Ouest,
(hebdomadaire).

Ice-Cream and Frozen Confectionery,
Ice-cream Alliance Ltd,
90-94, Gray's inn Road,
LONDON, WC1X8 AH G.B.
(mensuel).

Indian Journal of Dairy Science,
Indian Dairy Science Association,
W-111 A, Greater Kailash,
NEW DELHI - 48 Inde,
(trimestriel).

Industria del latte (l')
Associazione Italiana per il progresso dell'
Industria del latte
Corso Mazzini 67, 20075 LODI (Milano)
Italie,
(trimestriel).

Industria Lechera,
Centro de la Industria Lechera,
Medrano, 281,
BUENOS-AIRES, Argentine,
(bimestriel).

Industrias Lacteas,
Carlos Tort International Inc.
4753 Broadway, CHICAGO Illinois
60640 USA,
(bimestriel).

Japanese Journal of Dairy Science,
Japanese Dairy Science Association c/o
Faculty of Agriculture,
Tohoku University 1-1, Amamiyamachi,
Tsutsumidori, SENDAI, Japon,
(bimestriel).

Journal of Dairy Research,
Cambridge University Press
Bentley House, 200 Euston Road,
LONDON, NW1 2 DB G.B.
(3 numéros par an).

Journal of Dairy Science,
American Dairy Science Association
113 N. Neil Street,
CHAMPAIGN Illinois 61820 USA,
(mensuel).

Journal of Food protection (anciennement :
Journal of Milk and Food Technology).
International Association of Milk Food
and Environmental,
Sanitarians Inc. P.O. Box 701,
AMES IOWA 50010 USA,
(mensuel).

Journal of The Society of Dairy Technology,
172, A. Ealing Road,
WEMBLEY, Middlesex G.B.
(trimestriel).

Kieler Milchwirtschaftliche Forschungsberichte,
Verlag Th. Mann OHG, Hagentorwall 6-7,
32 HILDESHEIM, Allemagne de l'Ouest,
(trimestriel).

Maelkeritidende,
Vindegade, 74, 5000 ODENSE Danemark
(hebdomadaire).

Meieriposten,
Norske Meierifolks Landsforening
GRENSEN 3 VII OSLO, Norvège,
(hebdomadaire).

Milchwissenschaft,
Volkswirtschaftlicher Verlag GmbH,
D-8960 KEMPTEN, Allemagne de l'Ouest,
(mensuel).

Milk Industry,
20, Eastbourne Terrace,
LONDON, WZ 6 LE, G.B.
(mensuel).

Modern Dairy,
Maccan Publishing Co
Gardenvale 800, QUEBEC, Canada,
(9 numéros par an).

Molkerei-Zeitung,
Heinrichs Verlag KG, 32,
HILDESHEIM Postfach 8851
Allemagne de l'Ouest,
(hebdomadaire).

Molochnaya Promyshlennost,
il, Kuibysheva 3/8 Pomeshchenie 86,
MOSKVAK-12, URSS,
(mensuel).

Mondo del Latte,
Associazione Italiano Lattiero-Casearia,
Via Boncompagni, 16, ROME, Italie,
(mensuel).

Netherlands Milk and Dairy Journal,
Pudoc, Marijkweg 15-17, P.O. Box 4,
WAGENINGEN, Pays-Bas,
(trimestriel).

**New Zealand Journal of Dairy Science
and Technology**
N.Z. Society of Dairy,
Science & Technology P.O. Box 459,
HAMILTON, Nouvelle-Zélande,
(trimestriel).

Nordeuropaeisk Mejeritidsskrift,
P.O. Box 1648, Jyllingevej 39,
DK - 2720 VANLOSE, Danemark,
(mensuel).

Österreichische Milchwirtschaft,
Österreichischer Agrarverlag,
Wipplingstrasse, 30, 1014 WIEN, Autriche
(hebdomadaire).

Québec Laitier et Alimentaire,
Association des Technologistes Agricoles
Inc.
B.P. 308, St-Hyacinthe, QUÉBEC, Canada,
(mensuel).

Revista Espanola de Lecheria
Comité Nacional Lechero,
Huertas, 26, MADRID, Espagne,
(trimestriel).

Schweizerische Milchzeitung - Le Laitier Romand
Kühn & Co,
8201 SCHAFFHAUSEN, Suisse,
(bi-hebdomadaire).

Scienza e Tecnica Lattiero-Casearia
Associazione Italiana Tecnica del Latte
Via Torelli, 17, PARMA, Italie,
(bimestriel).

South African of Dairy Technology
South African Society of Dairy Technology
P.O. Box 265, PRETORIA,
Union Sud-Africaine,
(trimestriel).

Svenska Mejeritidningen,
Muskötgatan 23,
Box 12037, 25012 HELSINGBORG, Suède
(hebdomadaire).

Via Lactea,
Castello 107 - 7°, A,
MADRID - 6, Espagne.
(mensuel).

Une servante et une laitière à Odense
(XIXe siècle, Danmark)

annexe IV

index anglais

a

ABNORMAL MILK
Anormal [lait]

ABOMASUM
Abomasum ou Caillette

ABSORBANCE
Absorbance

ABSORPTION
Absorption

ABSORPTIVE POWER
Absorbant [pouvoir]
ou absorptivité

ABSORPTIVITY
Absorbant [pouvoir]
ou absorptivité

ACARICIDE
Acaricides

ACCREDITED MILK
Haute qualité [lait de]

ACETALDEHYDE
Éthanal ou acétaldéhyde

ACETIC ACID
Acétique [acide]

ACETOIN
Acétoïne

ACHROMOBACTER
Achromobacter

ACHROMOBACTERIACEAE
Achromobacteriaceae

ACID
Acide

ACID-CONSUMING [BACTERIA]
Acidovore [flore]

ACID CURD
Caillé lactique

ACID DEGREE VALUE (ADV)
Acidité [degré d']

ACID-EATING [BACTERIA]
Acidovore [flore]

ACID NUMBER
Acide [indice d']

ACIDE VALUE
Acide [indice d']

ACIDIFICATION
Acidification

ACIDIFICATION CURVE
Courbe d'acidification

ACIDIMETER
Acidimètre

ACIDITY
Acidité

ACIDOPHILIC [BACTERIA]
Acidophile [flore]

ACIDULATED
Acidulé

ACIDULOUS
Acidulé

ACIDURIC
Acidurique

ACIDURIC [BACTERIA]
Acidophile [flore]

ACINUS
Acinus

ACKERMANN CALCULATOR
Ackermann [calculateur d']

ACTINISATION
Actinisation

ACTIVATED SLUDGE
Boues activées

ACTIVE OXYGEN METHOD
Swift [test de]

ADAM-MEILLÈRE METHOD
Adam-Meillère [methode]

ADAMS [METHOD]
Adams [méthode d']

ADDITIVE
Adjuvant

ADERMINE
Adermine

ADI [ACCEPTABLE DAILY INTAKE]
DJA [dose journalière admissible]

ADRENALIN
Adrénaline

ADSORPTION
Adsorption

ADULTERATED
Fraudé [lait]

ADULTÉRATION
Adultération ou fraude

ADULTERATION OF MILK WITH WATER
Mouillage du lait

AEROBACTER
Aérobacter

AEROBIC
Aérobie

AEROBIOSIS
Aérobiose

AEROMONAS
Aéromonas

AEROSOL
Aérosol

AFLATOXIN
Aflatoxine

AFNOR
AFNOR

AFTER TASTE
Arrière-goût

AGAR-AGAR
Agar-Agar

AGEING
Affinage

AGEUSIA
Agueusie

AGEUSTIA
Agueusie

AGGLOMERATION PROCESS
Agglomération [procédé]

AGGLUTINATION
Agglutination

AGGLUTININS
Agglutinines
ou euglobulines

AIRAG
Aïrag

AIR CONDITIONING
Climatisation

AIR INLETS
Larmiers

AISY
Aisy

AISYLIERE
Aisylière

ALACTASIS
Alactasie

ALANINE
Alanine

ALBUMIN
Albumine

ALBUMIN RICH MILK
Albumineux [lait]

ALBUMINOUS MILK
Albumineux [lait]

ALCALIGENES
Alcaligènes

ALCOHOL
Alcool

ALDEHYDE
Aldéhyde

ALDEHYDRASE
Aldéhydrase

ALDOSE
Aldose

ALDRIN
Aldrine

ALPHA PROCESS
Alfa [procédé]

ALGINATES
Alginates

ALIPHATIC [COMPOUND]
Aliphatique

ALKALINE [COMPOUND]
Alcalin [composé]

ALKALINITY
Alcalinité

ALKANNINE
Alcannine

ALLERGEN
Allergène

ALLERGY
Allergie

ALLOLACTOSE
Allolactose

ALLOTROPHIC [SUBSTANCE]
Allotrophique

ALMASILIUM
Almasilium

AMIDO BLACK
Noir amido

AMINE
Amine

AMINO-ACID
Amino-acide ou acide aminé

α-AMINOBUTYRIC ACID
α-Aminobutyrique [acide]

AMMONIA
Ammoniac

AMPHOTERIC
Amphotère

AMPHOTERIC COMPOUND
Ampholite

AMYLASE
Amylase

ANABIOSIS
Anabiose

ANABOLISM
Anabolisme

ANAEROBIC
Anaérobie

ANAEROBIOSIS
Anaérobiose

ANALYTICAL CONSTANT
Constante analytique

ANAPHYLAXIS
Anaphylaxie

ANEURIN
Aneurine

ANHYDRIDE
Anhydride [d'acide]

ANION
Anion

ANIONIC [DETERGENT]
Anionique [détergent]

ANNATTO
Annatto ou Rocou

ANOREXIGEN
Anorexiant

ANOSMIA
Anosmie

ANOSPHRASIA
Anosmie

**ANTHOCYAN
[ANTHOCYANIN]**
Anthocyane

ANTHRAX
Anthrax

ANTIBIOSIS
Antibiose

ANTIBIOTICS
Antibiotiques

ANTIBODY
Anticorps

ANTIBULKING AGENT
Antimottant

ANTICAKING AGENT
Antimottant

ANTIFOAMING AGENT
Spumifuge

ANTIGEN
Antigène

ANTIOXIDANT
Antioxydant
ou antioxygène

ANTIOXYGEN
Antioxygène

ANTISEPTICS
Antiseptique

APOENZYME
Apoenzyme

«APPELATION OF ORIGIN»
Appelation [d'origine]

APPETABILITY
Appétabilité

ARALAC
Aralac

ARBET
Arbet

ARCS PROCESS
ARCS [système]

AREOMETER
Aréomètre

ARIZONA
Arizona

ARMAILLI
Armailli

AROMA
Arôme

AROMATIC
Aromatique

ASCHAFFENBURG TEST
Aschaffenburg [test d']

ASCOMYCETE
Ascomycète

ASCORBATES
Ascorbates

ASCORBIC ACID
Ascorbique [acide]

ASEPSIS
Asepsie

ASEPTJOMATIC PROCESS
Aseptjomatic [procédé]

ASH
Cendres [du lait],
Minérales [matières]

ASPARTIC ACID
Aspartique [acide]

ASPERGILLUS [GENUS]
Aspergillus [genre]

ASTRINGENCY
Astringence

ATAD PROCESS
ATAD

ATHUS-ROTOSAN PROCESS
Athus-Rotosan [système]

ATOMIC ABSORPTION
SPECTROMETRY (AAS)
Absorption atomique
[spectrométrie d']

ATOMIZATION
Atomisation

ATTRASSADOU
Attrassadou

ATWATER [FACTOR]
Atwater [coefficient d']

AUREOMYCIN
Auréomycine

AUTOCLAVE
Autoclave

AUTOCLAVING
Autoclavage

AUTOLYSIS
Autolyse ou autophagie

AUTOMATION
Automatisation

AUTOTROPHIC [BACTERIA]
Autotrophe

AUTOXIDATION
Auto-oxydation

AUXOTROPHIC [BACTERIA]
Auxotrophe

AVAILABLE ALKALINITY
Alcalinité [caustique]

AVAILABLE CHLORINE
DEGREE
Chlorométrique [degré]

AVITAMINOSIS
Avitaminose

AVOSET PROCESS
Avoset [procédé]

AXEROPHTOL
Axérophtol

AZOBURIN
Azoburine

b

BABCOK METHOD
Babcok [méthode]

BACH PROCESS
Bach [procédé]

BACILLUS
Bacille ou bacillus

BACITRACIN
Bacitracine

BACTERIAL (OR CELL)
COUNT
Numération

BACTERICIDAL [ACTION]
Bactéricide [action]

BACTERICIDE
Bactéricide

BACTERIOLOGY
Bactériologie

BACTERIOPHAGE
[OR PHAGE]
Bactériophages ou phages

BACTERIOSTATIC [ACTION]
Bactériostatique [action]

BACTERIUM (pl. BACTERIA)
[Bactérie]

BACTOFUGATION
Bactofugation

BACTOMETER
Bactomètre

«BAD QUARTER»
Mammite

BALANCE TANK (OR VAT)
Bac tampon

[CURD] BALL
Pain

BALL BED DRIER
Séchoir à billes

BARA
Bara

BASE
Base

BASICITY
Basicité

BASTE
Baste

BATCH
Batch

BDI [METHOD]
BDI [méthode]

BEADED CURD
Perlé [caillé]

BECOMING REDDISH
Blondin

BEDSTRAW
Chardonnette

BEESTINGS
Colostrum

BEL [PROCESS]
Bel [procédé]

BELLOCK [PROCESS]
Bellock [procédé]

BENZOATES
Benzoates

BERGE [PROCESS]
Berge [procédé]

BERGEY
Bergey

BERRIDGE
Berridge

BERTHE
Berthe

BERTRAND [METHOD]
Bertrand [méthode]

BETABACTERIUM
Botabacterium

BETACOCCUS
Betacoccus

BETAINE
Bétaïne

BETANINE
Bétanine

BHC [BENZENE
HEXACHLORIDE]
HCH [hexachlorocyclohexane]

BICOLOURATION OR
BICOLOURING
Bicoloration

BIFFE
Biffe

BIFIDUS
Bifidus [Lactobacillus]

BIOCATALYST
Biocatalyseur

BIOCHEMISTRY
Biochimie

BIODEGRADABLE
Biodégradable

«BIOKYS»
«Biokys»

BIOLOGICAL FILTERS
Bactériens [lits]

BIOLOGICAL VALUE (BV)
Valeur biologique (VB)
BIOLOGY
Biologie
BIORISATION
Biorisation
BIOS
Bios
BIOSYN [PROCESS]
Biosyn [procédé]
BIOSYNTHESIS
Biosynthèse
BIOTIN
Biotine
BIROUS
Birous
BIRS [PROCESS]
Birs [procédé]
BITTERNESS
Amertume
«BITTY CREAM»
Coagulation douce
BIXIN
Bixine ou rocou
BLACK SPOT OF MUCOR MOULD
Poil de chat
BLAW KNOX PROCESS
Blaw Knox [procédé]
BLEACHING WATER
Javel [eau de]
BLENDING
Blending
BLIND CHEESE
Aveugle [fromage]
BLISTER OR BLISTERPACK
Blister
BLOATING [CAN]
Flochage
[CURD] BLOCK
Pain
BLOOD PLASMA
Plasma sanguin
BLOWHOLE
Cuite
BLOWING
Gonflement
BLUE MOLD DEFECT
Bleu [accident du]
BLUE-VEINED CHEESE
Pâte persillée
BMR [BRABANT MASTITIS REACTION]
BMR
BOARDING
Planchage

«BROKEN CREAM»
Coagulation douce
BROMELIN
Bromélaïne
BRONOPOL
Bronopol
BROUSSE
Brousse
BROWNING
Brunissement
BROWNISH LUMPS
«Boutons»
BRUCELLA
Brucella
BRUSHING
Brossage
BUCKET
Baquette
BUDDE [PROCESS]
Budde [procédé]
BUFFER TANK [OR VAT]
Bac tampon
BUFFLOVAK [PROCESS]
Bufflovak [procédé]
BULGING [CAN]
Flochage
BULGING RIM
Rognures
BUNDLE
Liasse
BUNG
Tape
BURFI
Burfi
BURNING ON [OF MILK]
Gratinage
BURNT [CURD]
Brûlé [fromage]
BURNT FLAVOUR
Cuit [goût de]
BURON
Buron
BURRI [LOOP] OR [SMEAR]
Burri [anse de]
BUTTER
Beurre
BUTTER MAKING
Butyrification
BUTTERINE
Butterine
BUTTERMILK
Babeurre ou gape
BUTTER MILK CURD
Bara

BOD : BIOCHEMICAL OXYGEN DEMAND
DBO
BODROST
Bodrost
«BODY»
Cœur ou texture
BOILER
Bouilleur
BOILING POINT
Point d'ébullition
BONDE
Bonde
BORATES
Borates
BORDEN FLAKE FILM DRYING [PROCESS]
Borden flake film drying [procédé]
BOTULISM
Botulisme
BOURGNE
Bourgne
BOUSA
Bousa
«BOUTONNIERE» [BUTTONHOLE] TEST
Boutonnière [test de la]
BOXING
Emboîtage
[QUALITY] BRAND
Label
«BRANO MLYAKO»
«Brano Mlyako»
BREAKER
Traçadou, tranche-caillé, ménove, tranche-main, freniale
BREED METHOD
Breed [méthode de]
BREEDS
Races
BREGOTT
Bregott
«BRETZES»
Bretzes
BRIK
Brik ou brique
BRINE
Saumure
BRINING
Saumurage
BRITTLE [BUTTER]
Grumeleux [beurre]
BROCCIO
Broccio

BUTTER MILK DRAINAGE
Délaitage

BUTTER OIL
Butter oil

BUTTER REGENERATION
Régénération du beurre

BUTTER WASHING
Lavage du beurre

BUTTER WORKING
Malaxage

BUTTER YIELD
Rendement beurrier

«BUTTONS» IN CONDENSED MILK
«Boutons»

BUTYLATED HYDROXY - ANISOLE - BUTYLATED HYDROXYTOLUENE
BHA - BHT

BUTYLENE GLYCOL
Butylène glycol

BUTYRIC ACID
Butyrique [acide]

BUTYRIC ACID FERMENTATION
Butyrique [fermentation]

BUTYROMETER
Butyromètre

BY-PRODUCTS
Sous-produits

C

CABBAGE SHAPED EYES
«Coquille de noix» [yeux en]

CAFFUT
Caffut

CAILLERE
Caillère

CALCIFEROL
Calciférol

CALCIUM
Calcium

CALCIUM CHLORIDE
Chlorure de calcium

CALCIUM HARDNESS (GP)
TH calcique

CALICO
Calicot [à beurre]

CALICO BANDAGE
Étamine

CALIQUA/SIREB [PROCESS]
Caliqua/Sireb [procédé]

CALO-PULSOR
Calo-pulseur

CAMATIC [PROCESS]
Camatic [système]

«CAMP-FACTOR»
«Camp-factor»

CAN TIPPING
Dépotage

[CHEESE] CANCER
Chancre

CANCOILLOTE
Cancoillotte

CANDE PROCESS
Cande [système]

CANDIDA
Candida

CAPILLARITY
Capillarité

CAPILLARY CONSTANT
Constante capillaire

CAPRIC ACID
Caprique [acide]

CAPROIC ACID
Caproïque [acide]

CAPRYLIC ACID
Caprylique [acide]

CAPSANTEIN
Capsantéine
ou capsorubine

CAPSANTHIN
Capsantéine
ou capsorubine

CAPSORUBIN
Capsorubine

CAPSULE
Capsule

CARBAMATES
Carbamates

CARBERRY [PROCESS]
Carberry [procédé]

CARBO MEDICINALIS VEGETALIS
Carbo medicinalis vegetalis

CARBOHYDRATES
Carbohydrates ou hydrates
de carbone, glucides

CARBON
Carbone

CARBON DIOXIDE
Carbonique [gaz]

CARBONATE
Carbonate

CARBONIC ACID
Carbonique [acide]

CARBOXYLESTERASE
Estérase
ou carboxylestérase

CARBOXYMETHYL-CELLULOSE (CMC)
Carboxyméthylcellulose

CARBOY
Tourie

CAROB-BEAN
Caroube

CAROTENES
Carotènes

CAROTENOIDS
Caroténoïdes

CARRAGEENAN
Carraghénates
ou carraghéen

CASEIN
Caséine

α **CASEIN**
Caséine α

β **CASEIN**
Caséine β

γ **CASEIN**
Caséine γ

CASEIN CURD
Caillade
ou caillebotte

CASEIN RICH MILK
Caséineux [lait]

CASEINATES
Caséinates

CASEINO-GLYCOPEPTIDE
Caséino-glycopeptide
ou caséinopeptide

CASEINOUS
Caséineux [lait]

CASEOUS
Caséeux

CATABOLISM
Catabolisme

CATALASE
Catalase

CATALASE TESTER
Catalasimètre

CATALASIMETER
Catalasimètre

CATALYST
Catalyseur

CATECHIN
Catéchine

CATHAROMETER
Catharomètre

CATION
Cation

CATIONIC [AGENT]
Cationique

CAUSTIC ALKALINITY
Alcalinité [caustique]

CAUSTIC SODA
Soude

CAYOLAR
Cayolar

CELL
Cellule

CELL COUNT OR COUNTING OR ENUMERATION
Numération

CENTRIFUGAL [FORCE]
Centrifuge [force]

CENTRIFUGATION
Centrifugation

CENTRIFUGE
Centrifugeur ou centrifugeuse

CENTRIFUGE MILK SEPARATOR
Écrémeuse

CENTRI-WHEY [PROCESS]
Centri-whey [procédé]

CEPHALIN
Céphaline

CHAILLEE
Chaillée

«CHALKY» CHEESE
«Cœur dur» [fromage à]

CHANGES
Variations

«CHECKS»
«Becs»

CHEESE
Fromage

CHEESE BASKET
Coffin ou coffineau

CHEESE BASKET OR CRATE OR CASE
Cageot ou cagette

CHEESE BORER
Sonde [à fromage]

CHEESE DRAINING MAT
Natte

CHEESE [MILK POWDER] DUST
Fines

CHEESE GRATE OR MAT OR TRAY
Claie

CHEESE LOAF
Meule

CHEESE MAKING CHALET
Arbet ou buron ou cayolar

CHEESE MITE
Artison ou ciron ou escussou ou mite

CHEESE RIND WASHING
Sauçage

CHEESE TRIER
Sonde [à fromage]

CHEESE WHEEL
Meule ou roue

CHEESE WITH A FLAT HOOP-SIDE
«Col-droit» [fromage à]

CHEESE WITH MANY PINHOLES
Mille trous

CHEESE WITH PICKS AND CHECKS
Chailleux [fromage]

CHEESE WITH SURFACE MOULD
Fleurie [croûte]

CHEESE WITH UNEVEN HOOP-SIDES
Détalonné [fromage]

CHEESE YIELD
Rendement fromager

CHELATING AGENTS
Chélates

CHELATING POWER
Séquestrant [pouvoir]

CHELATION
Chélation

CHEMICAL DEFECATION
Défécation chimique [des eaux usées]

CHEMOLITOTROPHS
Chimilithotrophes

CHEMOORGANOTROPHS
Chimioorganotrophes

CHEMOSTAT
Chemostat

CHERRY BURREL [PROCESS]
Cherry Burrel [procédé]

CHHACH
Chhach

«CHILL IN THE UDDER»
Mammite

CHILLER
«Chiller»

CHLORAMPHENICOL
Chloramphénicol

CHLORDANE
Chlordane

CHLORIDE
Chlorure

CHLORIDE LACTOSE NUMBER
Koestler [nombre de]

CHLORINATED COMPOUNDS
Chlorés [composés]

CHLORINATION
Verdunisation

CHLORINE
Chlore

CHLORINE COMPOUNDS
Chlorés [composés]

CHLORINE STRENGTH
Chlorométrique [degré]

CHLOROPHYLLS
Chlorophylles

CHLOROPICRIN
Chloropicrine ou microlysine

CHLORTETRACYCLINE
Chlortétracycline

CHOLESTEROL
Cholestérol

CHOLINE
Choline

«CHORT CHIA» HOOP
«La Chort chia»

CHROMATOGRAPHY
Chromatographie

CHROMOBACTERIUM
Chromobacterium

CHROMOGENIC
Chromogène

CHRONO-MESO-STENO-PASTEURIZATION
Chrono-méso-sténopasteurisation

[BUTTER] CHURN
Baratte «Churn»

CHURNING
Barattage

CHYMOSIN
Chymosine ou rennine

CIP [CLEANING IN PLACE]
CIP

CISTERN
Citerne

CITRATES
Citrates

CITRIC ACID
Citrique [acide]

CITROBACTER [GENUS]
Citrobacter [genre]

CLADOSPORIUM
Clasdosporium

CLARIFICATION
Clarification

CLARIFICATION OF MILK
Épuration physique du lait

CLARIFIXATOR
Clarifixateur

CLEANING
Nettoyage

« CLICHES »
« Cliches »

CLOACA [GENUS]
Cloaca [genre]

CLONE
Clône [bactérien]

CLOSTRIDIUM
Clostridium

CLOT-ON-BOILING TEST
Ébullition [épreuve de]

CLOTTING
Caillage ou coagulation,
ou mise en caille

CLOTTING TIME
Temps de prise

CLUMPING
Clumping

CLUSTERING
Agglutination ou clustering

CMT [CALIFORNIA
MASTITIS TEST]
CMT

COACERVATION
Coacervation

COAGULABILITY
Coagulabilité

COAGULASE
Coagulase

COAGULATION
Coagulation

COAGULATION TIME
Temps de prise

COAGULUM
Caillé coagulum

COB TEST
Ébullition [épreuve de]

COCCUS
Coque

COCHINEAL
Cochenille

COD : CHEMICAL OXYGEN
DEMAND
DCO

CODEX
Codex

COENZYME
Coenzyme

COFFEE CREAM
Fleurette

COFFIN
Coffin ou coffineau

COLIFORMS
Coliformes

COLIMETRY
Colimétrie

COLLOIDAL
Colloïdal

COLOSTRUM
Colostrum

COLOURED MILK
Coloré [lait]

COMBIGENIAL [PROCESS]
Combigénial [procédé]

COMPLECTOR [PROCESS]
Complector [procédé]

COMPLEMENTATION
Complémentation

COMPLEXING AGENT
Complexant

CONCENTRATE
[MEMBRANE PROCESS]
Rétentat

CONCENTRATION
Concentration

CONDENSER
Condensateur
ou condenseur

CONDENSER DISCHARGE
WATER
Eaux de vache

CONDITIONING
Conditionnement
[du lait liquide]

CONIDIA
Conidie

CONSISTENCY
Consistance

CONSISTOMETER
Consistomètre

CONSTITUTIVE ENZYME
Constitutive [enzyme]

CONTAGIOUS DISEASE
Épizootie

CONTAMINATION
Contamination

CONTAMINATION OF MILK
Pollution du lait

« CONTICAS ACID » [PROCESS]
Conticas acide [procédé]

CONTINUOUS BUTTER
MAKING
Butyrateur

COOKED [SCALDED] CHEESE
Pâte cuite [fromage à]

COOKED FLAVOUR
Cuit [goût de]

COOKING
Chauffage

COOLING
Réfrégération

COPRECIPITATE
Co-précipité

CORE
Cœur

CORROSION
Corrosion

CORROSIVE SUBLIMATE
Sublimé [mercurique]

CORVICIDES
Corvicides

CORYNEBACTERIUM
Corynebacterium

COUNTER WEIGHT PRESS
Enrochoir

« COW WATER »
Eaux de vache

COXIELLA BURNETI
Coxiella Burneti

CRACK
Crevasse, gerçure
ou lainure

CREAM
Crème

CREAM COOLING OR
CHILLING
Refroidissement des crèmes

CREAM LAYER
Ligne de crème

CREAM LINE
Ligne de crème

CREAM PLUG [DEFECT]
Ligne de crème

CREAM SEPARATION
Écrémage

CREAM WASHING
Lavage des crèmes

CREAMERY PACKAGE
[PROCESS]
Creamery package [procédé]

CREAMING
Crémage ou écrémage

CREATINE
Créatine

CREEPING STEAM
Fluante [vapeur]

CRINKLED NUTSHELL EYES
Déchiqués [yeux],
éraillés [yeux]

CRINKLY RIND
Peau [grosse], piauleux

CRISMER VALUE
Crismer [indice]

CRITICAL TEMPERATURE
OF DISSOLUTION
Crismer [indice]

CRUDE RENNET EXTRACT
Présure naturelle

CRUMBLING
Émiettage

CRUMBLY [BUTTER]
Grumeleux [beurre]

CRYOHYDRATE
Eutectique

CRYOLAC NUMBER
Cryolac [indice]

CRYOPHILIC BACTERIA
Cryophile

CRYOSCOPY
Cryoscopie

CRYOVAC
Cryovac

CRYPTOCOCCACEAE
Cryptococcaceae

CRYSTALLIZATION
Cristallisation

CULTIVATION
Culture

CULTURE
Culture ou ferment

CULTURED BUTTERMILK
Ribot [lait]

CURCUMIN
Curcumine

CURD
Caillé ou coagulum

CURD CUTTING
Rompage

CURD DRAINER
Fromager

CURD FEATHERS
«Chapeaux»

CURD KNIFE
Tranche-caillé, ménove,
ou tranche-main

CURD LADLE
Poche, saucerette

CURD LUMPS
Lèches

CURD MILL
Brise-tome, Friseuse

CURD MILLING MACHINE
Friseuse, brise-tome

CURD PIECE
Tome

CURD REMNANTS or «STREBLE»
Recherchon

CURD SCOOP
Poche, Saucerette

CURD STIRRER
Espatule

CURD STRINGS ADHERING TO THE HOOP
Lèches

CURDLING TUB
Bassine, baste, caillère ou seille, gerle

CURDLING VAT
Gerle

CURING
Affinage ou maturation

CURING BOARD
Tablard

CURING ROOM
Cave d'affinage ou haloir

CURING SHELF (pl. SHELVES)
Tablard

CUTTING
Découpage ou tranchage

[CURD] CUTTING
Décaillage

CUTTING TIME
Temps de tranchage

CYANOBALAMIN
Cyanobalamine

CYCLONE
Cyclone

CYSTEINE
Cystéine

CYSTINE
Cystine

CYTOCHROMEOXIDASE
Cytochrome-oxydase

d

D$_\theta$ VALUE
D$_\theta$

DAHI
Dahi

DAIRY [BUTTER, CHEESE]
Laitier [beurre ou fromage]

DAIRY ORGANISMS OR DAIRY CORPORATIONS
Organismes laitiers

DAMPER
Registre

DASI «FREE FALLING FILM» SYSTEM
DASI «Free falling film»

DDT [DICHLORDIPHENYL-TRICHLOROETHANE]
DDT

DEACIDIFICATION
Désacidification ou neutralisation [des produits laitiers]

DEAMINATION
Désamination

«DECALOTTAGE»
Décalottage

DECARBOXYLATION
Décarboxylation

DEFECATION
Défécation [du lait]

DEFOAMING AGENT
Spumifuge

DEHENE
Dehene

DEHYDRATION
Dessication

DELIQUESCENCE
Déliquescence

DEMINERALIZATION
Déminéralisation

DENATURATION
Dénaturation [des protéines]

DENIER [PROCESS]
Dénier [procédé]

DENSIMETER
Densimètre

DENSITY
Densité

DENSITY OF MILK POWDER
Densité des poudres de lait

DEODORIZATION
Désodorisation

DEODORIZER
Dégazeur

DESCALING AGENT
Détartrant

DESICCATION
Dessiccation

DESICCATOR
Exsiccateur ou dessiccateur

DESMOLASE
Desmolase

DESMOLYSIS
Desmolyse

DETERGENT
Détersif ou détergent

DETSKII
Detskii

DEUTEROMYCETES
Deutéromycetes

DEXTRO-ROTATORY OR DEXTROROTARY
Dextrogyre

DEXTROSE
Dextrose

DGI [PROCESS]
DGI [procédé]

DIACETYL
Diacétyle

DIALYSIS
Dialyse

DIASTASE
Diastase
DIAUXY
Diauxie
DIELDRIN
Dieldrine
DIELECTRIC CONSTANT
Diélectrique [constante]
DIETETICS
Diététique
DIGESTIBILITY
Digestibilité
DIGESTION COEFFICIENT
CUD
DIGESTIVE UTILIZATION COEFFICIENT
CUD [coefficient
d'utilisation digestive]
DILUENT
Diluant
DIPLOCOCCINE
Diplococcine
DIPPED CURD
Gâteau
DIPPER
Attrassadou
«DIPS»
«Dips»
DISH
Capsule
DISINFECTANT
Désinfectant
DISINFECTION
Désinfection
DISPERSIBILITY
[MILK POWDER]
Dispersibilité
[des poudres de lait]
DISPERSION
Dispersion
DJEBEN
Djeben
DNA
[DEOXYRIBONUCLEIC ACID]
ADN
[acide désoxy-
ribonucléïque]
DORNIC DEGREE
Dornic [degree]
DOUGH
Dough
TO DRAIN
Crouver
DRAINAGE
Égouttage
DRAINED CURD
Gâteau

DRAINER
Égouttoir
DRAINING MAT
Store
DRAINING TABLE
Table de dressage
ou table d'égouttage
**DRAINING TROUGH
OR DRAINING BIN**
Trennel
DRIED MILK
Sec [lait]
DRUM
Estagnon
DRY MATTER
Extrait sec [ES]
DRY MILK
Sec [lait]
DRY PERIOD
Période sèche
DRYING
Dessiccation
DRYING OF MILK
Séchage du lait
DRYING OFF
Tarissement
DRYING OVEN
Étuve [en chimie]
DUKAT
Dukat
DULCE DE LECHE
Dulce de lèche
DUPOUY TEST
Dupouy [réaction de]
DYES
Indicateurs [chimiques]

-----

e

EFFLUENT
Effluents
EH
Eh
ELECTRICAL CONDUCTIVITY
Conductivité électrique
ELECTRODIALYSIS
Électrodyalyse
ELECTROLYSIS
Électrolyse
ELECTRON
Électron

ELECTROPHORESIS
Électrophorèse
ELECTROPURE [PROCESS]
Électropure [procédé]
**EMULSIFIERS
OR EMULSIFYING AGENTS**
Émulsifiants ou émulsifs
ou émulsionnants
EMULSION
Émulsion
EMUNCTORY
Émonctoire
ENDOENZYME
Endoenzyme ou enzyme
endocellulaire
ENDOMYCETACEAE
Endomycetaceae
ENDOPEPTIDASE
Endopeptidase
ou protéinase
ENDOTHIA PARASITICA
Endothia parasitica
ENDOTOXIN
Endotoxine
ENDRIN
Endrine
ENROCHOIR
Enrochoir
ENTEROBACTER
Enterobacter
ENTEROBACTERIA
Entérobactéries
ENTEROCOCCUS
Entérocoque
ou enterococcus
ENZYMATIC PHASE
Phase primaire
[de l'action présure]
ENZYME
Enzyme
[ou diastase]
EPIDEMIC
Épizootie
EPIZOOTY
Épizootie
EQUINON
Équinon
ERADICATION
Éradication
ERGOSTEROL
Ergostérol
ERIWANI
Eriwani
ERYTHROMYCIN
Érythromycine
ERYTHROSIN
Érythrosine

ESCHERICHIA COLI
Escherichia coli

ESCUSSOU
Escussou

ESPATULE
Espatule

ESSENTIAL FATTY ACIDS [EFA]
Essentiels [acides gras]

ESTERASE
Estérase ou carboxylestérase

ESTERS
Esters

ETHANAL
Éthanal ou acétaldéhyde

EUTECTIC MIXTURE
Eutectique

EVAPORATOR
Évaporateur

EXOENZYME
Exoenzyme ou enzyme exocellulaire

EXOPEPTIDASE
Exopeptidase ou peptidase

EXOTOXIN
Exotoxine

EXTRUDER
Extrudeuse

EXTRUSION
Extrusion

EXUDATION
Exsudation

«EYES»
Yeux [des fromages]

EYES IN CHEESE
Ouverture des fromages

EYRAN
Eyran

---

f

F VALUE
F_{60} ou F_{121}

FACTORY [BUTTER, CHEESE]
Laitier [beurre ou fromage]

FAECAL STREPTOCOCCI
Streptocoques fécaux

FAECES
Fèces

FAISETTE
Faisette

FAISSELLE
Faisselle

FAITIÈRE
Faitière

FARM BUTTER, FARM CHEESE
Fermier [beurre, fromage]

FASCIOLICIDES
Fasciolicides

FAT
Matières grasses

FAT BREAKDOWN OR FAT SPLITTING
Lipolyse

FAT GLOBULE MEMBRANE
Membrane des globules gras

FAT GLOBULES
Globules gras

FAT SOLUBLE VITAMINES
Vitamines liposolubles

FATTY ACID
Acide gras

FDA
FDA

FEATHERING
Floculation

«FELON QUARTER»
Mammite

FERMENTATION
Fermentation

FERMENTATION TEST
Lactofermentation

FEURCHOLLE
Feurcholle

FFA VALUE
Acide [indice d']

FILIA
Filia

FILLED MILK
Filled milk

FILTRATION [MILK]
Filtration du lait

FINES
Fines

FIRM CHEESE
Pâte ferme

FIRMING TIME
Temps de durcissement

FISHY FLAVOUR OR FISHY TAINT
Poisson [goût de]

FLACCIDITY [DEGREE]
Flaccidité [degré de]

FLAKY [CURD]
Séraceux

FLAMING
Flambage

FLANGE OF CROWNCORK
Jupe

FLAT BOWL
Jatte

FLAVOBACTERIUM
Flavobacterium

FLAVOR OR FLAVOUR
Arôme ou flaveur

FLAVORING [AMER] OU FLAVOURING [GB]
Aromatique

FLAVORING AGENT OR FLAVOURING AGENT
Aromate

FLAVOUR ENHANCER OR INTENSIFIER
Éblouisseur

FLEECY RIND
Peau [grosse]

FLEISCHMANN FORMULA
Fleischmann [formule]

FLEXIBLE METAL STRIP
Baguette

FLOCCULATION
Floculation

FLOTOST
Flotost

FLOWMETER
Volucompteur

FLUCTUATIONS
Variations

FLUIDITY
Fluidité

FLUIDIZATION
Fluidisation [séchage par]

FLUORESCENCE
Fluorescence

FOAMING
Moussage

«FOAM SPRAY DRYING PROCESS»
«Foam spray drying process»

FOLLOWER
Foncet, planchot ou plancheau

FOOD ADDITIVE
Additif alimentaire

FOREWARMING
Préchauffage

FORM
Moule à fromage ou quinon

FORMALDEHYDE
Formol
FORMALIN
Formol
FORM FOR WHITE CHEESE
Faisette ou faiselle,
feurcholle
FORMSEAL
Formseal
FREE FLOWING AGENT
Antimottant
FREEZE DRYING OR CRYODESICCATION
« Freeze-drying »,
lyophilisation
FREEZE SCRAPING
Cryodécapage
FREEZING
Congélation
FREEZING POINT
Point de congélation
FRENIALE
Freniale
FRESH CHEESE
Pâte fraîche
FRICTION STERILIZER
Stérilisation ultra-flash
FRISEUSE
Friseuse
FRITZ [PROCESS]
Fritz [procédé]
FRUCTOSE
Fructose ou levulose
FRULATI
Frulati
FUCOSE
Fucose
FUMIGATING
Fumigation
FUMIGATION
Fumigation
FUNGIC OR FUNGAL
Fongique
FUNGICIDE
Fongicide
FUNGI CULTURE
Levain fongique
FUNGI IMPERFECTI
Fungi imperfecti
FUSARIUM
Fusarium

g

« G FACTOR »
Coefficient G
GALACTANS
Galactanes
GALACTIN
Prolactine
GALACTOSE
Galactose
β **GALACTOSIDASE**
Galactosidase (β)
GALACTOTIMETER
Galactotimètre
GALALITH
Galalithe
GALLATES
Gallates
GAPE
Gape
GARGET
Mammite
GAS
Gaz du lait
GAS-LIQUID CHROMATOGRAPHY (GLC)
Chromatographie en phase
gazeuse (CPG)
GASTRO-ENTERITIS
Gastro-entérite
GEL
Gel
GEL FORMATION
Gélification
GELATIN
Gélatine
GELIFICATION
Gélification
GELLING AGENT
Épaississant ou gélifiant
GENERATION TIME
Génération [temps de]
GENETIC VARIANTS
Variants génétiques
[des protéines]
GENOTYPE
Génotype
GEOTRICHUM CANDIDUM
Geotrichum candidum

GERBER [METHOD]
Gerber [méthode]
GERLE
Gerle
GERM
Germe
GERMICIDE
Germicide
GHEE
Ghee
GHOL
Ghol
GIODDU
Gioddu
GJETOST
Gjetost
«GLANZLOCH»
«Glanzloch»
«GLASSY» CURD GRAIN
Coiffé [grain de caillé]
GLOBULIN
Globuline
GLOTTE
Glotte
GLUCOSE
Glucose
GLUCOSIDES
Glucosides
GLYCERIDES
Glycérides
GLYCERINE
Glycérol ou glycérine
GLYCEROL
Glycérol ou glycérine
GLYCOMACROPEPTIDE
Caséino-glycopeptide
ou caséinopeptide
GOAT FARM DAIRY
Chèvrerie
GOLDEN FLOW [PROCESS]
Golden flow [procédé]
«GOLDEN NUMBER»
Nombre d'or
GOLDING METHOD
Golding [méthode de]
GOVER [PROCESS]
Gover [procédé]
GRÄDDFIL
Gräddfil
GRAM EQUIVALENT
Équivalent gramme
GRAM STAIN
Gram [coloration]
GRANULATOR
Granulateur

GRAS LIST
GRAS ou liste GRAS

GRAU [METHOD]
Grau [méthode]

GRAVES-STAMBAUGH [PROCESS]
Graves-Stambaugh [procédé]

GRAVIMETRY
Gravimétrie

GRAVITY
Gravité

GRAY
Gray

GREY ROT
Pourriture grise

GRIESS METHOD
Griess ou Griess-Ilosvay [méthode de]

TO GRIND
Crisser

GRITS
Fines ou mouture

GROATS
Mouture

GROWTH CURVE
Courbe de croissance

GROWTH FACTOR
Facteur de croissance

GUM
Gomme

GYNOLACTOSE
Gynolactose

h

HAEMOLYSIS
Hémolyse

HALOPHILE OR HALOPHILIC BACTERIA
Halophile [flore]

HALOTOLERANT
Halotolérant [Microorganisme]

HAMMERSCHMIDT [METHOD]
Hammerschmidt [méthode]

HANUS [METHOD]
Hanus [méthode]

HARD CHEESE
Dure [pâte]

HARDENING [FAT]
Hydrogénation

HARDNESS INDEX
Hydrotimétrique [titre]

HARLAND-ASHWORTH TEST
Harland-Ashworth [test de]

HARPER [MÉTHOD]
Harper [méthode]

HATMAKER [PROCESS]
Hatmaker [procédé]

HCB [HEXACHLOROBENZOL OR HEXACHLOROBENZÈNE]
HCB [hexachlorobenzène]

HCT PROCESS
HCT [système]

HEAT EXCHANGER
Échangeur thermique

HEAT RESISTANT
Thermorésistant ou thermostable

HEAT SENSITIVE
Thermolabile

HEAT STABILITY
Stabilité à la chaleur

HEAT STABLE
Thermostable

HEATING
Chauffage

HEATING EFFECTS
Thermiques [effects]

HEHNER NUMBER
Hehner [indice de]

HEISS [METHOD]
Heiss [méthode]

HEPTACHLOR
Heptachlore

HERBICIDES
Herbicides

HETEROFERMENTATIVE [PROCESS]
Hétérofermentaire [processus]

HETEROPROTEINS
Hétéroprotéines

HETEROSIDES
Hétérosides

HETEROTROPHIC
Hétérotrophe

HEXOSE
Hexose

«HIGH HEAT» MILK POWDER
High heat [poudre]

«HIGH QUALITY» MILK
Haute qualité [lait de]

HISTAMINE
Histamine

HISTIDINE
Histidine

HLYNKA [METHOD]
Hlynka [méthode de]

HOFIUS [PROCESS]
Hofius [procédé]

HOLDER
Chambreur

«HOLDER PROCESS»
« Holder process »

HOLDING
Chambrage

HOLDING BACK OF MILK
Rétention lactée

«HOLES»
Yeux [des fromages]

HOLEYNESS
Ouverture des fromages

HOLOPROTEINS
Holoprotéines

HOLOSIDES
Holosides

HOMOFERMENTATION
Homofermentaire [processus]

HOMOFERMENTATIVE [PROCESS]
Homofermentaire [processus]

HOMOGENIZATION
Fixation du lait ou homogénéisation

HOMOGENIZED [MILK]
Micronisé ou viscolisé [lait]

HOOP
Équinon ou moule à fromage

HOOP-SIDE [CHEESE]
Talon [d'un fromage]

HOOP SLEWING OR HOOP SWIVELLING
Tournage

HOOPS MADE WITH WOODEN STRAPS
« Cliches »

HORMONE
Hormone

HORTVET APPARATUS
Hortvet [appareil de]

HOT AIR STERILIZER
Four Pasteur

HOTIS TEST
Hotis [test]

HOYBERG [METHOD]
Hoyberg [méthode]

HTST [HIGH TEMPERATURE SHORT TIME]
HTST

HÜBL NUMBER
Hübl [indice de]

HUMANIZATION OF MILK
Humanisation ou maternisation
du lait

HUMIDITY
Humidité

HUTIN-STENNE [PROCESS]
Hutin-Stenne [procédé]

HYDROCHLORIC ACID
Chlorhydrique [acide]

HYDROCOLLOID
Hydrocolloïde

HYDROGEN PEROXIDE
Oxygénée [eau]

HYDROLASES
Hydrolases

HYDROLOCK
Hydrolock

HYDROLYSIS
Hydrolyse

HYDROMETER
Aréomètre, densimètre
ou hydromètre

HYDROPEROXIDE
Hydroperoxyde

HYDROPHILIC
Hydrophile

HYDROPHOBIC
Hydrophobe

HYDROSTATIC STERILIZER
Stérilisateur hydrostatique

HYDROXYACIDS
Hydroxy-acides

HYDROXYMETHYLFURFU-RAL
Hydroxyméthylfurfural

HYGIENE
Hygiène

HYGROMETER
Psychromètre

HYGROMETRY
Hygrométrie
[degré hygrométrique]

HYPOCHLORITES
Hypochlorites

i

ICE CREAM
Ice cream

«ICELINE»
Formol

IDF [INTERNATIONAL DAIRY FEDERATION]
FIL/IDF

ILL-SMELLING CHEESE
Punais [fromage]

IMMUNITY
Immunité

IMMUNOGLOBULINS
Immunoglobulines
ou globulines immunes

IMMUNOLOGY
Immunologie

INCUBATION
Incubation

INCUBATOR
Étuve [en microbiologie]
ou incubateur

INDICATORS
Indicateurs [chimiques]

INDOLE
Indole

INDOLE PRODUCING BACTERIA
Indologènes [bactéries]

INDUCTIVE ENZYMES
Inductibles [enzymes]

INDUSTRIAL STERILITY
Stérilité industrielle

INFECTION
Infection

INFRA-RED
Infra-rouge

INHIBINS
Inhibines

INHIBITOR
Inhibiteur

INHIBITORY SUBSTANCE
Inhibiteur

INOCULATION
Ensemencement
ou inoculation

INOCULUM
Inoculum ou inoculat

INOSITOL
Inositol

INSECTICIDES
Insecticides

INSOLUBLE ACIDS VALUE
Acides insolubles totaux
[indice]

INSOLUBLE VOLATILE ACIDS VALUE
Acide gras volatils insolubles
[indice d']

INSTANT
Instant [poudre]

INSTANT MILK POWDER
Instantanée [poudre]

INSTANTANIZATION
Instantanéisation
ou instantanisation

«INSTANTIZER»
«Instantizer»

INTOXICATION
Intoxication

INTOXINATION
Intoxination

INTRAMAMMARY PRESSURE
Pression intramammaire

INVERTING
Retournement

IODINE NUMBER
Iode [indice d']

IODINE VALUE
Iode [indice d']

IODOPHORS
Iodophores

ION
Ion

ION EXCHANGER
Échangeur d'ions

IONIC DISSOCIATION
Dissociation ionique

IONIZING [EFFECTS]
Ionisants [effets]

IPM-3 PROCESS
IPM-3 [procédé]

IRON REMOVAL
Déferrisation de l'eau

IRRADIATION
Irradiation

ISOELECTRIC POINT
Isoélectrique [point]

ISOLATION
Isolement
[microbiologique]

ISOMER
Isomère

ISOMERASES
Isomérases

ISOTONIC [SOLUTIONS]
Isotoniques [solutions]

ISSOGLIO TEST
Issoglio [test d']

j

JAR
Jarre

JASSERIE
Jasserie

JELLIFYING AGENT
Gélifiant

«JET CLEANERS»
«Jet cleaners»

«JOMIL»
«Jomil»

JONCHÉE
Jonchée [bretonne]

JUB-JUB
Jub-Jub

JUGURTHI
Jugurthi [Lactobacillus]

JUST HATMAKER [PROCESS]
Just Hatmaker [procédé]

k

KAJMAK
Kajmak

KAMINSKY INDEX
Kaminsky [indice de]

KARABESCH
Karabesch

KARL FISCHER [METHOD]
Fischer [méthode de Karl]

KARMDINSKA
Karmdinska

KASCHK
Kaschk ou kachk

«KÄSEFERTIGER»
«Käsefertiger»

KATABOLISM
Catabolisme

KATCHA
Katcha

KATYK
Katyk

KAVKAZ
Kavkaz

KEFIR
Kéfir

KEILLING - SALUBRA [PROCESS]
Keilling - Salubra [procédé]

KERR TEST
Kerr [test de]

KETONE
Cétone

KETONIC RANCIDITY
Rancidité cétonique

KETOSE
Cétose

KHATER
Khater

KHOA-KHEER
Khoa-Kheer

KIRSCHNER VALUE OR NUMBER
Kirschner [indice de]

KISH
Kish ou Kishk

KJELDAHL [METHOD]
Kjeldahl [méthode]

KLEBSIELLA
Klebsiella

KLILA
Klila

KLUYVER [METHOD]
Kluyver [méthode]

KNEADING TROUGH
Maie

KOESTLER NUMBER
Koestler [nombre de]

KOETTSTÖRFER NUMBER
Koettstörfer [indice de]

KOFRANYI [METHOD]
Kofranyi [méthode]

KOHLER [METHOD]
Kohler [méthode]

KOHMAN [METHOD]
Kolman [méthode]

«KOMBINATOR»
«Kombinator»

KORUMBURRA [PROCESS]
Korumburra [procédé]

KOUMISS OR KUMIS
Koumiss ou Kumis

KOUROUNGA
Kourounga

KRAFT [PROCESS]
Kraft [procédé]

KRAUSE [PROCESS]
Krause [procédé]

KREIS TEST
Kreis [test de]

KRIEG [PROCESS]
Krieg [procédé]

KRUISHEER - DEN HERDER INDEX
Kruisheer - den Herder [indice de]

KUBAN
Kuban

«KURT»
«Kurt»

KURUT
Kurut

KUSHUK
Kushuk

l

LABAN
Laban ou Labban

LABELLING MACHINE
Étiqueteuse

α-LACTALBUMIN
Lactalbumine (α)

LACTASE
Lactase

LACTASE DEFICIENCY
Alactasie

LACTATES
Lactates

LACTATION
Lactation

LACTENINS
Inhibines ou lacténines

LACTIC ACID
Lactique [acide]

LACTIC ACID BACTERIA OR FLORA
Bactéries lactiques ou flore lactique

LACTIC CHEESE
Pâte fraîche

LACTIC STREPTOCOCCI
Streptocoques lactiques

LACTOBACILLACEAE
Lactobacillaceae

LACTOBACILLI
Lactobacilles

LACTOBACILLUS
Lactobacillus

LACTOFERMENTATION
Lactofermentation

LACTOFERRIN
Lactoferrine
LACTOFLAVIN
Lactoflavine
LACTOGENESIS
Lactogénèse
β-LACTOGLOBULIN
Lactoglobuline (β)
LACTOLLIN
Lactolline
LACTOMETER
Lactodensimètre ou
pèse-lait
LACTONES
Lactones
LACTOPEROXIDASE
Lactoperoxydase
LACTOPROTEINS
Lactoprotéines
LACTOSE
Lactose
LACTOSE REMOVAL
Délactosage
LACTOSE - SYNTHETASE
Lactose-synthétase
LACTULOSE
Lactulose
**LAEVO-ROTARY (L +)
OR LAEVO-ROTATORY**
Lévogyre [substance]
**[AERATED] LAGOON
SYSTEM OR [SLUDGE]
LAGOON SYSTEM**
Lagunage
LAGUILHARRE [PROCESS]
Laguilharre [procédé]
LAKTOFIL
Laktofil
LAMINATING
Lamellation
LAMPITT [METHOD]
Lampitt [méthode]
LANCEFIELD ANTIGEN
Lancefield [antigène de]
LANDAT [METHOD]
Landat [méthode]
**LANE AND EYNON
[METHOD]**
Lane et Eynon
[méthode de]
LANITAL
Lanital
**LARGE AND FLAT LADLE
OR DIPPER**
Écrémette
LARGE DIPPER
Brasse

LASSI
Lassi
**LAYERED [CURD OR
BODY]**
Feuilleté [caillé]
LAYERING
Clivage
**LAYING OF WEIGHTED
BOARD**
Plaquage
LEA NUMBER
Lea
[indice de]
LEAD
Plomb
LEBEN
Leben
LEBER [METHOD]
Leber [méthode]
LECITHINS
Lécithines
**LEFFMANN - BEAM
INDEX**
Leffmann - Beam
[indice de]
LEUCINE
Leucine
LEUCOCYTES
Leucocytes ou globules
blancs
LEUCONOSTOCS
Leuconostocs
LEVER PRESS
Enrochoir
**LEVULOSE
OR LAEVULOSE**
Fructose ou levulose
LIGASE
Ligase
LIGHT CREAM
Fleurette
LINDANE
Lindane
LINER
Manchon - trayeur
LINOLEIC ACID
Linoléique [acide]
LINOLENIC ACID
Linolénique [acide]
LINZ [PROCESS]
Linz [procédé]
LIPASE
Lipase
LIPIDS
Lipides
LIPOLYSIS
Lipolyse

LIPOLYSIS INDEX
Lipolyse [indice de]
LIPOLYZED CHEESE
Saponifié [fromage]
**LIQUID
CHROMATOGRAPHY**
Chromatographie en phase
liquide (CPL)
**LOFTUS - HILLS AND THIEL
TEST**
Loftus - Hills et Thiel [test de]
LOOSENESS [DEGREE]
Flaccidité [degré de]
LOUTZE
Loutze
**«LOW HEAT»
[MILK POWER]**
Low heat [poudre]
**LTLT («LOW TEMPERATURE
LONG TIME»)**
LTLT
LUMICHROME
Lumichrome
LUMINESCENCE
Luminescence
LUTEIN
Lutéine
LUTEOTROPHIN
Prolactine
LYASE
Lyase
LYOPHILIZATION
Lyophilisation
ou cryodessiccation
«LYRE»
Lyre
LYSINE
Lysine
LYSIS
Lyse
LYSOZYME
Lysozyme
LYUBITELSKII
Lyubitelskii

m

MACROELEMENTS
Macroéléments [du lait]

MAIE
Maie

MAILLARD REACTIONS
Maillard [réactions de]

MAJOR ELEMENTS
Majeurs [éléments]

MALAI
Malai

MALATHION
Malathion

MALTY [FLAVOUR]
Maltée [saveur]

MAMMARY GLAND
Glande mammaire

MAMMOTROPIN
Prolactine

MANEB
Manèbe

MANGANESE
Manganèsé

MANOURI
Manouri

MANURING
Épandage

MARCAIRES
Marcaires

MARGARINE
Margarine

**MARIER AND BOULET
[METHOD]**
Marier et Boulet [méthode]

MASLEE
Maslee

MAST
Mast ou mass

MASTITIS
Mammite ou mastite

MAT
Store

[CHEESE] MAT
Natte

MATURATION
Affinage

MATURING
Maturation

MAWA
Mawa

MAYA
Maya

MAZUN
Mazun

MECHANIZATION
Mécanisation

MECHNIKOV
Mechnikov

**MEDIUM
(pl : MEDIA)**
Milieu de culture

**«MEDIUM-HEAT»
MILK POWDER**
«Médium-heat» [poudre]

MELANOÏDINS
Mélanoïdines

MELESHINE [PROCESS]
Meleshine [procédé]

MELLORINE
Mellorine

MELTING
Fonte

**MEMBRANE FOR
SEPARATION PROCESS**
Membrane [de filtration]

MENADIONE
Ménadione

MENOVE
Menove

MERCURIC CHLORIDE
Mercurique [chlorure]

MERGUE
Mergue

MESSMÖR
Messmör

METABOLISM
Métabolisme

METALLOPROTEIN
Métalloprotéine

**METALLOPROTEINS
[IN MILK]**
Métalloprotéines
[dans le lait]

METALS [DISSOLUTION OF]
Métaux [solubilisation des]

METHIONAL
Méthional

METHIONINE
Méthionine

METHYLENE BLUE
Méthylène [bleu de]

METHYLKETONES
Méthylcétones

METTON
Metton

MICELLE
Micelle

MICIURATA
Miciurata

MICROBE
Microbe

**MICROBIOLOGICAL
STABILITY**
Stabilité microbiologique

**MICROBIOLOGICAL
STERILITY**
Stérilité microbiologique

MICROBIOLOGY
Microbiologie

MICROCOCCI
Microcoques

MICROCOCCUS
Micrococcus

MICROENCAPSULATION
Coacervation
ou microencapsulation

MICROFLORA
Microflore

MICROLYSIN
Chloropicrine
ou microlysine

MICROORGANISM
Germe micro-organisme

MICROWAVES
Micro-ondes

MIGNAUT
Mignaut

**MIGNOT - PLUMEY
[PROCESS]**
Mignot - Plumey
[procédé]

MILK
Lait

**MILK BALANCE OR MILK
WEIGHING MACHINE**
Pèse-lait

MILK CAN
Berthe, boïlle

MILK CHURN FILLER
Tireuse à lait

MILK CHURN SET
Poterie

MILK COLLECTION
Collecte du lait
ou ramassage du lait

**MILK COLLECTION DENSITY
(rate) (l/km)**
Densité de ramassage

MILK DRAININGS
«Égouttures»

MILK DRYING
Séchage du lait

TO MILK OUT
Reblocher

MILK PAN
Bassine

MILK PIPELINE
Lactoduc ou pipe-lait

MILK POWDER
Poudre de lait sec
[lait]

MILK PRODUCTION
Quantité de lait

MILK PRODUCTION DENSITY
(rate) (hl/km^2)
Densité laitière

MILK ROOM
«Chambre à lait»

MILK SKIN
Peau [du lait]

MILK SOLIDS
Extrait sec (ES)

MILK STERILIZATION
Stérilisation du lait

MILK STONE
Pierre [du lait]

MILK STONE REMOVER
Détartrant

MILK STRAINER
Couloir ou passe-lait

MILK WITH COLOUR FAULT
Coloré [lait]

MILK YIELD
Quantité de lait

MILKING
Mulsion ou traite

MILKING BUCKET
Pot trayeur

MILLING
Émiettage

MILTONE
Miltone

MINARINE
Minarine

MINERAL ELEMENTS
Minéraux [éléments]

MINERALS
Minérales [matières]

MINOR ELEMENTS
Mineurs [éléments]

MINOR PROTEINS
Protéines mineures

MITZITHRA
Mitzithra

MIX
Mix [des crèmes glacées]

MIXABILITY
Miscibilité

MIXED CURD [ACID AND RENNET CURD]
Caillé de type mixte

«MLADOST»
«Mladost»

MMV [PROCESS]
MMV [procédé Mocquot, Maubois, Vassal]

MOISTURE
Humidité

MOISTURE TESTER OR METER
Humicromètre
ou humidimètre

MOJONNIER [METHOD]
Mojonnier [méthode]

MOLD CULTURE
Levain fongique

MOLECULE
Molécule

MONILIA
Monilia

MORINAGA [PROCESS]
Morinaga [procédé]

MOSKOVSKII
Moskovski

«MOUISADOU»
«Mouisadou»

MOULD
Moule à fromage ou quinon

MOULD SCRAPING
Revirage

MOULDS (GB)
OR MOLDS (AMER)
Moisissures

MOULDING-BLOCK
Multimoule

MOULDING TABLE
«Chèvre à caillé»

MOURTA
Mourta

MUCOR MIEHEI
Mucor miehei

MUCOR MUCEDO
Mucor mucedo

MUCOR PUSILLUS
Mucor pusillus

MULLER AND HAYES [PROCESS]
Muller et Hayes
[procédé]

MULTIMOULD
Multimoule

MURAITCU
Muraitcu

MURAMIDASE
Lysozyme ou muramidase

MURIATIC ACID
Muriatique [acide]

MUSADOUR
Musadour

MUTAROTATION
Mutarotation

MUTATION
Mutation

MYCOBACTERIUM TUBERCULOSIS
Mycobacterium tuberculosis

MYCOTOXIN
Mycotoxine

MYSOST
Mysost

n

NAJA
Naja

NATURAL INOCULATION WITH MOULDS
Greffage

NEEDLES
Birous

NEOMYCIN
Néomycine

NEPHELOMETER
Néphélomètre

NET PROTEIN UTILIZATION OR NPU
UPN [utilisation protidique
nette]

NEUCHATEL PACKING FORM
Bonde

NEUTRAL STATE
Neutralité

NEUTRALITY
Neutralité

NEUTRALIZATION
Neutralisation
[des produits laitiers]

NEW-WAY [PROCESS]
New-Way [procédé]

NIACIN
Niacine ou nicotinamide
PP [vitamine]

NICOMA [PROCESS]
Nicoma [procédé]

NICOTINAMIDE
Niacine ou nicotinamide
PP [vitamine]

NICOTINIC ACID
Niacine ou nicotinamide

NIRO [PROCESS]
Niro [procédé]

NISIN
Nisine

NISINASE
Nisinase

**NISSLER CHEESE
OR «NISSLER»**
Mille trous

NITRATES
Nitrates

NITRIC ACID
Nitrique [acide]

NITRITES
Nitrites

NITROCHLOROFORM
Chloropicrine
ou microlysine

**NITROGENOUS SUBSTANCES
OR COMPOUNDS**
Azotées [matières]

NITROSAMINES
Nitrosamines

NIZO [PROCESS]
Nizo [procédé]

NON ENZYMATIC PHASE
Phase secondaire [de la
coagulation du lait par la
présure]

NON FAT SUBSTANCE
Non-gras [du beurre
ou de la crème]

NON IONIC
Non-ioniques
[détergents]

**NON PROTEIN NITROGEN
[NPN]**
Azote non protéique

NORBIXIN
Rocou

NORMALIZATION
Normalisation

NORTH [PROCESS]
North [procédé]

**NPN [NON PROTEIN
NITROGEN]**
NPN

NUCLEOTIDES
Nucléotides

NUTRIENT MEDIUM
Milieu de culture

NUTRITIVE VALUE
Nutritive [valeur]

NUTSHELL EYES
«Coquille de noix» [yeux en]

O

OCCLUSION
Occlusion

1-OCTEN-3-Ol
Octène-1-Ol-3

OCYTOCIN
Ocytocine

**ODOUR (GB)
OR ODOR (Amer)**
Odeur

OIDIUM LACTIS
Oïdium lactis

OILED RIND
Huilée [croûte]

OILINESS
Suiffage

OILING OFF
Graissage

OILING OFF [FOR FAT]
Exsudation

OLEIC ACID
Oléique [acide]

OLIGOELEMENTS
Oligoéléments

OLIGO-SACCHARIDES
Oligosides

ONE-SIDED CHEESE
«Casquette» [fromage en]

OOSPORA LACTIS
Oospora lactis

«OPEN BOOK» COOLER
« Open book [réfrigérant]

OPENNESS
Ouverture des fromages

OPSONIN
Opsonine

OPTICAL ABSORPTION
Absorption optique

OPTICAL DENSITY
Densité optique

OPTICAL PROPERTIES
Optiques [propriétés]

ORANGE G
Orange G

ORCHIL
Orseille

**ORGANOLEPTIC
PROPERTIES**
Organoleptiques
[propriétés]

ORLA JENSEN
Orla Jensen
[classification d']

ORTHOPHOSPHATES
Orthophosphates

OSIDES [SACCHARIDES]
Osides

OSMOSIS
Osmose

OSMOTIC PRESSURE
Osmotique [pression]

OULE
Oule

OVERRUN
Foisonnement ou overrun

OVERSET CHEESE
Chargé [fromage]

**OXIDASES-
OXIDOREDUCTASES**
Oxydases-oxydoréductases

OXIDO-REDUCTION
Oxydo-réduction

**OXIDATION REDUCTION
POTENTIAL**
Oxydo-réduction
[potentiel d']

OXYTETRACYCLINE
Oxytétracycline ou
térramycine

OXYTOCIN
Ocytocine

OZONE (O_3)
Ozone (O_3)

p

PACKAGING
Conditionnement

PALARISATION
Palarisation

PALATABILITY
Sapidité

PALMITIC ACID
Palmitique [acide]

PANNETIER [PROCESS]
Pannetier [procédé]

PANTOTHENIC [ACID]
Pantothénique [acide]

PARACASEIN
Paracaséine

PARACURD
Paracurd

PARAFLOW
Paraflow
PARTIAL ALKALINITY
Alcalin [titre]
TA
PARTICULARS OF SALE
Cahier des charges
PASSBURG [PROCESS]
Passburg [procédé]
PASTEURIZATION
Pasteurisation
PASTEURIZER
Pasteurisateur
PATHOGEN
Pathogène [germe]
PATHOGENIC STREPTOCOCCI
Streptocoques pathogènes
PCB
PCB [polychlorobiphényles]
PEARSON SQUARE
Pearson [carré de]
PEARSON SQUARE [METHOD]
Croix des mélanges [méthode de la]
PEEBLES [PROCESS]
Peebles [procédé]
PEGOT
Pégot
PELL-O-FREEZE [PROCESS]
Pell-o-freeze [procédé]
PENETRABILITY OF MILK POWDER
Pénétrabilité [des poudres de lait]
PENETROMETER
Pénétromètre
PENICILLIN
Pénicilline
PENICILLIUM
Penicillium
PEPSIN
Pepsine
PEPTIDASE
Peptidase
PEPTIDES
Peptides
PEPTONE
Peptone
PEPTONIZATION
Peptonisation
PERFUME RANCIDITY
Rancidité cétonique
PERMANENT HARDNESS
TH permanent

PEROXIDE
Peroxyde
PEROXIDE VALUE
Peroxyde [indice de]
PERZYME PROCESS
Perzyme [procédé]
PESTICIDES
Pesticides
PFAF
DPAD [Dose Potentielle d'Additif alimentaire]
PGA
PGA
pH
pH
pH$_i$
pH$_i$
pH-METER
pHmètre
PHAGE
Phage
PHASES
Phases
PHASE INVERSION OR PHASE REVERSAL
Inversion de phase
PHENYLALANINE
Phénylalanine
PHOSPHATASES
Phosphatases
PHOSPHATES
Phosphates
PHOSPHATIDES
Phosphatides
PHOSPHOCASEINATE
Phosphocaséinate
PHOSPHOLIPIDS
Phospholipides
PHOSPHOPEPTONES OR PHOSPHOPEPTIDES
Phosphopeptones ou phosphopeptides
PHOSPHORESCENCE
Phosphorescence
PHOSPHORIC ACID
Phosphorique [acide]
PHOSPHORUS
Phosphore
PHOSPHORYLATION
Phosphorylation
PHOSPHOSERINE
Phosphosérine
PHOTOCHEMICAL EFFECT
Photochimique [effet]
PHOTOMETRY
Photométrie

PHYCOMYCETE
Phycomycète ou syphomycète
PHYLLOQUINONE
Phylloquinone
[CURD] PIECE
Pain
PIEN CALCULATOR
Pien [calculateur de]
PIERCING
Piquage
PILLET PROCESS
Pillet [procédé]
PIMARICIN
Pimaricine
«PIN POINT»
Pin point [colonies]
PITKAPIIMA
Pitkapiima
«PITTING»
«Pitting»
pK
pk
TO PLACE IN CRATES
Fardeler
PLANCHON VALUE
Planchon [indice de]
PLASTOMETER
Plastomètre
PLIOFILM
Pliofilm
POCHON
Pochon
POISONING
Intoxication
POLARIMETER
Polarimètre
POLENSKE VALUE
Polenske [indice]
POLLUTION BY DAIRY WASTES
Pollution par les laiteries
POLLUTION OF MILK
Pollution du lait
POLYENES
Polyènes
POLYETHYLENE
Polyéthylène
POLYMORPHISM
Polymorphisme [des protéines]
POLYOXYETHYLENIC DETERGENTS
Polyoxyéthylés [détergents]
POLYPEPTIDES
Polypeptides

POLYPHOSPHATES
Polyphosphates

POLYSACCHARIDES
Polyholosides

POLYVINYL
Polyvinyle

POLYVIT [PROCESS]
Polyvit [procédé]

POTASSIUM
Potassium

**POTASSIUM BICHROMATE
OR DICHROMATE**
Bichromate de potassium

**POTTERAT - ESCHMANN
[METHOD]**
Potterat - Eschmann
[méthode]

POUSET
Pouset

PRECIPITIN
Précipitine

PREHEATING
Préchauffage

PRE-INCUBATION
Préincubation

«PRESERVALINE»
Formol

PRESERVATION
Conservation

PRESERVATIVE
Conservateur

PRESSED CHEESE
Pâte pressée

PRESSING
Pressage ou pressurage

PRICKING
Piquage

**PRILL AND HAMMER
[METHOD]**
Prill et Hammer
[méthode]

**PRIMARY PHASE OF
RENNET ACTION**
Phase primaire
[de l'action présure]

PRIMARY REACTION
Réaction primaire

PROCALEX [PROCESS]
Procalex [procédé]

PROCESSING
Fonte

PROCESSING AIDS
Adjuvant

PROGESTERONE
Progestérone

PROGURT
Progurt

«PROKHLADA»
«Prokhlada»

PROLACTIN
Prolactine

PROLINE
Proline

PROPHYLAXIS
Prophylaxie

PROPIONATES
Propionates

PROPIONIBACTERIUM
Propionibacterium

PROSTAGLANDINS
Prostaglandines

PROSTOKVASHA
Prostokvasha

PROTEASES
Protéases

PROTEID
Protéine ou protéide

PROTEIN
Protéine ou protéide

PROTEIN BREAKDOWN
Protéolyse

**PROTEIN EFFICIENCY
RATIO
(PER)**
CEP [coefficient d'Efficacité
Protidique]

PROTEIN NITROGEN
Azote protéique

PROTEINASES
Protéinases

PROTÉOLYSIS
Protéolyse

PROTEOLYTIC PHASE
Phase tertiaire
[de l'action présure]

PROTEOSE - PEPTONE
Protéose-peptone

PROTEUS [GENUS]
Proteus [genre]

PROTIDES
Protides

**PROTOTROPH (n),
PROTOTROPHIC (adj.)**
Prototrophe

PSEUDOMONAS
Pseudomonas [genre]

PSYCHROMETER
Psychromètre

PSYCHROTROPH
Psychrotrophe

PUINA
Puina

PULLING DOWN
Rabattage

PUNCHING
Piquage

PUNGENT CHEESE
Punais [fromage]

PUSH WITH WATER
Pousse [à l'eau]

PUSHING DOWN
Rabattage

PUTREFACTION
Putréfaction

PUTRID [ORGANISM]
Putride [germe]

PYCNOMETER
Pycnomètre

**PYRIDOXINE
[PYRIDOXAL-PYRIDOXA-
MINE]**
Pyridoxine
[Pyridoxal - Pyridoxamine]

PYRUVIC ACID
Pyruvique [acide]

q

Q [COENZYME]
Q [coenzyme]

Q FEVER
Query fever [fièvre Q]

Q_{10}
Q_{10}

Qo_2
Qo_2

QUAC
Ammoniums quaternaires

QUALITY
Qualité

QUANTITATIVE CONTROL
Quantitatif [contrôle]

QUAT
Ammoniums quaternaires

**QUATERNARY AMMONIUM
COMPOUNDS (QAC)**
Ammoniums quaternaires

QUETTE
Quette

QUINON
Quinon

r

RABRI
Rabri

RAD
Rad

RADAPPERTIZATION
Radappertisation
ou radio-appertisation

RADICIDATION
Radicidation

RADIONUCLIDES
Radioéléments du lait

RADIO-PASTEURIZATION
Radio-pasteurisation

RADIO-STERILIZATION
Radio-stérilisation

RADURIZATION
Radurisation

RANCIDITY
Rancidité
ou rancissement

RANCIDNESS
Rancissure

RATE OF REACTIONS
Vitesse des réactions

RATTAN DRAINER
Cageret ou cagerotte,
« caseret ou caserette »
ou caserel, « chasière »

REACTIVATION
Réactivation des enzymes

REAGIN
Réagines

RECHURNING
Rénovation du beurre

RECKNAGEL EFFECT
Recknagel [effet]

**RECOMBINED
[DAIRY PRODUCT]**
Recombiné
[produit laitier]

RECONSTITUED MILK
Reconstitué [lait]

«RECUITE»
Recuite

«RED-PROTEIN»
Lactoferrine ou
protéine rouge

**REDDISH DISCOLOURATION
[DEFECT DUE TO NITRITES]**
Tablards
[rouge des]

REDOX POTENTIAL
Oxydo-réduction
[potentiel d']
Redox [potentiel]

REDUCING AGENT
Réducteur

REDUCTASE
Réductase

REDUCTONES
Réductones

REED MAT
Glotte

REFRACTOMETRY
Réfractométrie

REFRIGERATION
Réfrigération

REGISTER
Registre

**REICHERT - MEISSL -
WOLNY VALUE**
Reichert - Meissl - Wolny
[indice]

RELATIVE HUMIDITY
Humidité relative, hygrométrie

«RELEASER»
Releaser

RENNET
Lab-ferment
ou présure

RENNET CURD
Caillé présure

**RENNET EXTRACTION
FROM VELLS BY
SOAKING**
Macération de caillette

RENNET STRENGTH
Forces des présures

RENNETING
Empressurage

RENNETING TIME
Temps de prise

**RENNETING TO CUTTING
TIME**
Temps de tranchage

RENNIN
Rennine

RENNIN UNIT (RU)
Unité présure

RENOVATION OF BUTTER
Rénovation du beurre

REP
REP [Roentgen
Équivalent Physique]

RESAZURIN
Résazurine

RESINS
Résines

**RETENTATE [MEMBRANE
PROCESS]**
Retentat

RETENTION OF MILK
Rétention lactée

RETINOL
Rétinol

REVERSE OSMOSIS
Osmose inverse

REVERSE PRECIPITATION
Reverse précipitation
[procédé]

rH
rH

RHEOLOGY
Rhéologie

RHEOPEXY
Rhéopexie

RIBOFLAVIN
Riboflavine

RIBONUCLEASE
Ribonucléase

«RIBOT» MILK
Ribot [lait]

RICHMOND FORMULA
Richmond
[formule de]

RICKETTSIA
Rickettsia

RIND
Croûte [des fromages]

RIND TRIMMINGS
Rognures

RING TEST
Ring test

RINGER DILUENT
Ringer [solution]

RIPENING
Affinage ou maturation

RIPENING FACTOR
Maturation [coefficient de]

**RIPENING ROOM
OR CELLAR**
Cave d'affinage ou haloir

RISING OF CREAM
Crémage

«RIVELLA»
«Rivella»

RNA [RIBONUCLEIC ACID]
ARN

**ROD SHAPED
BACTERIUM**
Bacille

RODENTICIDES
Rodenticides

ROEDER METHOD
Roeder [méthode]

ROENTGEN
Roentgen

ROIBA
Roïba

RONNEL
Ronnel

ROPY MILK
Filant [lait]

RÖSE-GOTTLIEB METHOD
Röse-Gottlieb [méthode]

ROTTING
Putréfaction

ROWLAND METHOD
Rowland [méthode de]

RUBIS PIGMENT
Rubis [pigment]

RUN [CHEESE DEFECT]
Coulure

RUSH DRAIN
Jonchée [bretonne]

RYAZHENKA
Ryazhenka

RYED CHIP BASKET
Basset

S

SACCHAROMYCES
Saccharomyces [genre]

SACCHAROSE
Saccharose

SALMONELLA
Salmonella [genre]

SALT-LOVING BACTERIA
Halophile [flore]

SALT-TOLERANT
Halotolérant
[micro-organisme]

SALTER
Cabanière

SALTING
Salage

SALTING ROOM
Saloir

SALTS
Minéraux [sels], sels

SAMMA OR SAMNA
Samma ou samna

SAMPLING PLUNGER DIPPER
Mourette à godet

SANDERS - SAGER METHOD
Sanders-Sager [méthode]

SANDINESS
Sableuse [texture]

SANITATION
Désinfection, hygiène

SANITIZER
Désinfectant

SAPIDITY
Sapidité

SAPONIFICATION
Saponification

SAPONIFICATION NUMBER
Saponification [indice de]

SAPONIFIED CHEESE
Saponifié [fromage]

SAPROPHYTE
Saprophyte
[micro-organisme]

SAPROPHYTIC
Saprophyte

SARAN FILM
Saran

SARCINA
Sarcina ou sarcine

SAUCERETTE
Saucerette

SAV [PROCESS]
SAV [procédé]

SAYA
Saya

SBR [METHOD]
SBR [méthode]

SCALDING
Chauffage

SCHALM TEST
Schalm [test de]

SCHERN-GORLI TEST
Schern-Gorli [test de]

SCHILTKNECHT INDEX
Schiltknecht [indice de]

SCHOORL-LÜFF [METHOD]
Schoorl-Lüff [méthode]

«SCHOTTE»
Recuite

SCHROEDER [PROCESS]
Schroeder [procédé]

SCHULENBURG [PROCESS]
Schulenburg [procédé]

SCHULZ [PROCESS]
Schulz [procédé]

SCOOP
Brasse

SCORCHED [TASTE]
Brûlon [goût de]

SCRUBBING
Brossage

SECOND GRADE BUTTER
Biffe

SECUNDARY PHASE OF RENNET ACTION
Phase secondaire [de la coagulation du lait par la présure]

SECTILOMETER
Sectilomètre

SEDGE
Laîches

SEDIMENT INDEX [MILK POWDER]
Insoluble [indice d']

«SEEDING»
Grainage

SEILLE
Seille

SELENIUM
Sélénium

SEMI-SOFT OR SEMI-HARD PRESSED CHEESE
Pâte souple, pâte ferme

SENN PROCESS
Senn [procédé]

SENSOR
Capteur

SENSORY ANALYSIS
Analyse sensorielle

[QUARG] SEPARATOR
Séparateur de caillé

SEPARATOR SLIME
Boues de centrifugation

SEPASCOPE
Sépascope

SEPTICAEMIA
Septicémie

SEQUESTERING POWER
Séquestrant [pouvoir]

SERAC
Sérac

SERINE
Sérine

«SERODENSIMETRIC CONSTANT»
CDS ou constante sérodensimètrique

SEROLOGY
Sérologie

SERRATIA
Serratia

SERUM ALBUMIN
Sérumalbumine

SESAMOL
Sésamol

«SETTING»
«Setting»

SETTING TIME
Temps de prise

SEWAGE
Eaux résiduaires ou effluents

SFAIC [METHOD]
SFAIC [méthode]

SH [PROCESS]
SH [procédé]

SHALLOW MILK PAN
Bagnolet, rondots

SHARPLES [PROCESS]
Sharples [procédé]

SHATTERY [BODY]
Bréchée [pâte]

SHEFFIELD [PROCESS]
Sheffield [procédé]

SHELL EYES
Déchiquetés [yeux]
ou éraillés [yeux]

SHEPHERD HUT
Jasserie

SHERBAT
Sherbat

SHERBET
Sorbet

SHIGELLA
Shigella

«SLIPPER»
Fromage coulant

SHORT BODY CHEESE
Pâte courte [fromage à]

SIALIC ACID
Sialique [acide]

SIDEROPHILIN
Sidérophiline

SIGMA PROTEOSE
Sigma-protéose

SILAGE
Ensilage

SILICIUM
Silicium

«SIMPLIFIED MOLECULAR CONSTANT»
CMS

SINKABILITY [MILK POWDER]
Immersibilité
[des poudres de lait]

β-SITOSTEROL
β-Sitostérol

SKEWERING
Piquage

SKEWERS
Birous

SKIMMING
Écrémage

SKIRT
Jupe

SKUTA
Skuta

SKYR
Skyr

SLIME
Chânis ou reverum

SLIME SCRAPING
Revirage

SLIMY LAYER
Pégot

SLIMY RIND
Graisse [des fromages]

SLIPPERY RIND
Graisse [des fromages],
peau [de crapaud]

SLIT EYES
Lainure

SLITS
Lainure

SMEAR
Chânis, graisse [des
fromages], morge, pégot
ou reverum

TO SMEAR
Emmorger

SMELL
Odeur

SMETANA
Smetana

SMOKE-DRIED
Boucané

SMOOTHING
Lissage

«SNEZHOK»
«Snezhok»

SOAKING [CHEESE RIND]
Sauçage

SOAP
Savon

SODA ASH
Soude [cristaux de]

SODIUM
Sodium

SODIUM METASILICATE
Métasilicate de soude

SODIUM SILICATE
Silicates de sodium

SOFT CHEESE
Pâte molle

SOLIDS NON FAT (SNF)
Extrait sec dégraissé
(ESD)

SOLUBILITY
Solubilité

SOLUBILITY [OF MILK POWDER]
Solubilité des laits secs

SOLUBLE ACIDS VALUE
Acides solubles
totaux [indice]

SOLUBLE VOLATILE ACIDS VALUE
Acides gras volatils
solubles [indice de]

SOLUTE
Soluté

SOLVENT
Solvant

SOMATIC
Somatique

SOMATIC CELLS
Somatiques
[cellules]

SOMOGYI METHOD
Somogyi [méthode]

SORBATES
Sorbates

SORBET
Sorbet

«SORE UDDER»
Mammite

SÖRENSEN METHOD
Sörensen [méthode de]

TO SOUND
Sonner un fromage

SOURING
Acidification

SOXHLET-HENKEL DEGREE
Soxhlet-Henkel
[degré]

SPECIFIC COHESION
Constante capillaire

SPECIFIC HEAT
Chaleur spécifique

SPECTROPHOTOMETRY
Spectrophotométrie

SPELLACY PROCESS
Spellacy [procédé]

«SPERSOLE»
  «Spersole»
SPHINGOMYELINS
  Sphingomyélines
SPECIES
  Espèces
«SPIRITS OF SALTS»
COMMON NAME OF
HYDROCHLORIC ACID
  Esprit de sel
SPLITTED CURD
  Ficelle [caillé]
SPORES
  Spores
SPORE FORMATION
  Sporulation
SPRAY DRYING PROCESS
  Spray [procédé]
SPRAYING
  Atomisation
SPREADABILITY
  Tartinabilité
SPREADABILITY TESTER
  Étalomètre
SPREADS
  «Spreads»
SPRENGEL TUBE
  Sprengel [tube de]
SQUEEGEE
  Volige
ST PROCESS
  ST [procédé]
STAB
  Sabre
TO STABILIZE
  Stabiliser [un produit]
STABILIZER
  Stabilisant
  ou stabilisateur
STABILIZING AGENT
  Stabilisant
  ou stabilisateur
STACKER DRIVER
  Cariste
STACKING
  Gerbage
STANDARD
  Standard
STANDARDIZATION
  Standardisation
STAPHYLOCOCCUS
  Staphylococcus
  ou staphylocoque
[LACTIC] STARTER
  Levain lactique
«STARTER»
  Ferment, «starter»

B STARTER
  Ferment lactique B
BD STARTER
  Ferment lactique BD
D STARTER
  Ferment lactique D
STARTER-VESSEL
OR STARTER PAN
  Topette
STASSANIZER
  Stassano
  [pasteurisateur de]
STAUF PROCESS
  Stauf [procédé]
STAY TAPING
MACHINE
  Banderoleuse
STEAM PRESSURE
CONTINUOUS IN-BOTTLE
STERILIZER
  Stérilisateur
  hydrostatique
STEARIC ACID
  Stérarique [acide]
STEMATIC PROCESS
  Stématic [procédé]
STERIDEAL PROCESS
  Sterideal [procédé]
STERIFLAMME PROCESS
  Stériflamme [procédé]
STERIFLOW APPARATUS
  Steriflow
STERILITY
  Stérilité
STERILIZED MILK
  Stérilisé [lait]
STERILIZER
  Désinfectant
  ou stérilisateur
STERIPLAK PROCESS
  Steriplak [procédé]
STERITHERM PROCESS
  Steritherm
STEROLS
  Stérols
STIMULUS
(pl. STIMULI)
  Stimulus
STINE PROCESS
  Stine [procédé]
STINKER FAULT
  Pourriture grise
STINKING CHEESE
  Punais [fromage]
[CURD] STIRRER
  Brassoir
  ou débattoir

STIRRING
  Brassage
STORAGE TANK
  Garde [tank de]
STRAIN
  Souche [microbienne]
STRAINER
  Crépine [tôle]
STRAINING VAT
  Crépine
STRAP
  Facture
STRAPPING MACHINE
  Banderoleuse
STRAW-MAT
  Caget, paillon, paillot
  ou vireu
STREPTOCOCCUS
  Streptococcus
  ou streptocoques
STRETCHING
  Filage [de la pâte]
SUBLIMATION
  Sublimation
SUBSTITUTE
  Succédané
SUCROGLYCERIDE
  Sucroglycéride
SUCROSE
  Saccharose
SUGAR
  Sucre
SUGARING
  Sucrage
SULFOCHROMIC MIXTURE
  Sulfochromique [mélange]
SULPHITE OR SULFITE
  Sulfite
SULPHUR OR SULFUR
  Soufre
SULPHURIC ACID
OR SULFURIC ACID
  Sulfurique [acide]
SUNLIGHT EFFECT
  Lumière [effet]
SURFACE ACTIVE AGENT
  Surfactant
  ou tensio-actif
SURFACE ACTIVITY OR
SURFACE TENSION
  Tension superficielle
SURFACE MOULDED
CHEESE
  Fleurie [croûte]
SURFACTANT
  Surfactant

«SURVIVOR CURVE»
«Survivor curve»
«SVEZHEST»
«Svezhest»
SWEATING
Étuvage
SWEET CURDLING
Coagulation douce
SWEETENER
Édulcorant
SWELLING [CAN]
Flochage
SWIFT TEST
Swift [test de]
SWISS CHEESE MAKING COOPERATIVE DAIRY
Fruitière
«SWISS HARP»
Harpe suisse
ou lyre
SWIVELLING WHEY STRAINER
Tournette
SYMBIOSIS
Symbiose
SYNERESIS
Synérèse
SYSTEMATICS
Systématique

t

TABLE CREAM
Fleurette
«TAILLE»
Taille
TAKING OUT OF THE MOULDS
Démoulage
TALLOWINESS
Suiffage
TANK
Citerne, cuve ou tank
TAP
Tape
TARAG
Tarag
TARHANA
Tarhana
ou kushuk

TARHO
Tarho
TASTE
Saveur ou goût
TATTEMJOLK
Tattemjolk
TAXONOMY
Taxonomie
TBA TEST
[THIOBARBITURIC ACID TEST]
TBA [test]
TDT
[THERMAL DEATH TIME]
TDT
TEEPOL
Teepol
TEICHERT METHOD
Teichert [méthode]
TEMPORARY HARDNESS
TH temporaire
TERRAMYCIN
Terramycine
TERTIARY PHASE OF RENNET ACTION
Phase tertiaire
[de l'action présure]
TETRA BRIK PROCESS
Tetra brik [procédé]
TETRA BRIK ASEPTIC PROCESS
Tetra brik aseptic
TETRACOCCUS
Tétracoccus
TETRACYCLINES
Tétracyclines
TETRAHEDRAL PACK
Berlingot
TEXTURATOR [GOLDEN FLOW] OR TEXTURIZER [WESTFALIA] OR TRANSMUTATOR [ALFA]
Texturateur
ou transmutateur
TEXTURE
Texture
TH
TH [Titre hydrométrique]
THERMAL CAPACITY
Chaleur spécifique
THERMAL CONDUCTIVITY
Conductivité thermique
THERMISATION
Thermisation
THERMOBACTERIUM
Thermobacterium

THERMODURIC
Thermorésistant
THERMOLABILE
Thermolabile
THERMOPHILIC BACTERIA
Thermophiles
[bactéries]
THERMOVAC PROCESS
Thermovac [procédé]
THIAMINE
Thiamine
THICKENER
Épaississants
THICKENING AGENT
Épaississant
viscosant [agent]
THIN LAYER CHROMATOGRAPHY
Chromatographie sur
couche mince (CCM)
THIOCARBAMATES
Thiocarbamates
THIXOTROPY
Thixotropie
THOERNER DEGREE
Thoerner [degré]
THOMPSON METHOD
Thompson [méthode de]
THREONINE
Thréonine
THROMBELASTOGRAPH
Thrombélastrographe
TINNED CURDLING TUB
Mignaut
TINNED METAL STRAP
Éclisse
TIPPING-TIME
Coulée [la]
TOTAL ALKALINITY
Alcalimétrique [titre]
TOTAL HARDNESS [H]
TH total
TOTAL ORGANIC CARBON
COT [Carbone Organique
Total]
TOCOPHEROL
Tocophérol
TOFU
Tofu
TONED MILK
Toned milk
TORSIOMETER
Torsiomètre
TORULA
Torula
TORULOPSIS
Torulopsis

TOWEL
Lavette

TOXI-INFECTION
Toxi-infection

TOXINS
Toxines

TRAÇADOU
Traçadou

TRACE ÉLÉMENTS
Mineurs [éléments]
Oligoéléments

TRANSFERASES
Transférases

TRANSFERRIN
Transferrine

[SERUM] TRANSFERRIN
Lactotransferrine

TRENNEL
Trennel

TRICKLING
Épandage

TRICKLING FILTER
Bactériens [lits]

TRIGLYCERIDES
Triglycérides

TRIMETHYLAMINE
Triméthylamine

TROMMSDORF METHOD
Trommsdorf [méthode]

TRT [THERMAL REDUCTION TIME]
TRT

TRYPSIN
Trypsine

TRYPTOPHAN
Tryptophane

TUB
Estagnon

TUB FOR MAKING AISY
Aisylière

TURBIDIMETRY
Turbidimétrie

TURBIDOSTAT
Turbidostat

TURGASEN PROCESS
Turgasen [procédé]

TURNING
Retournement

TURNING [OF MILK] OR TURNING SOUR [OF MILK]
Tourne [du lait]

TURNING BOARD
Planchot ou plancheau

TWISTED STRAW VESSEL
Bourgne

TYKMAELK, TATTEMJOLK
Tykmaelk, Tattemjolk

TYNDALLIZATION
Tyndallisation

TYRAMINE
Tyramine

TYROSEMIOPHILE
Tyrosémiophile

TYROSINE
Tyrosine

TYROTHRICIN
Tyrothricine

---

u

UDDER
Mamelle

UDDER CLOTH OR TOWEL
Lavette

UDDER MASSAGE
Ammouillage

UDDER QUARTER
Quartier

UDDER STIMULATION
Ammouillage

UHT OR ULTRA HIGH TREATMENT
UHT [Ultra Haute Température]

ULTRACENTRIFUGATION
Ultracentrifugation

ULTRAFILTRATION
Ultrafiltration

ULTRA-FLASH STERILIZER
Stérilisateur ultra-flash

ULTRAMATIC PROCESS
Ultramatic [procédé]

ULTRASONICS
Ultra-sons

UNBLEACHED MUSLIN
Calicot [à beurre]

UNCLEAN FLAVOUR
«Étouffée»

UNDAA
Undaa

UNEVEN-SIDED CHEESE
«Casquette» [fromage en]

UNIVERSAL SYSTEM
Universal system

UNSAPONIFIABLE
Insaponifiable

UNSATURATED [FATTY ACIDS]
Insaturés [acides gras]

UNTRUE LACTIC ACID BACTERIA
Pseudo-ferments lactiques

UPERISATION OR UPERIZATION
Upérisation

URDA
Urda

UREA
Urée

UTRECHT DEFECT OR UTRECHT ABNORMALITY
Utrecht [anomalie d']

UV IRRADIATION
Ultra-violet ou UV

V

VACHERESSE
Vacheresse

VACREATION
Vacréation

VACULATOR
Vaculateur

VACUTHERM PROCESS
Vacutherm [procédé]

VAILLERE
Vaillère

VALINE
Valine

VANASPATI
Vanaspati

VAN GULICK METHOD
Van Gulick [méthode]

VANILLIN
Vanilline

VARIATIONS
Variations

VAT
Cuve ou tank

VAT DRIPPINGS
«Brèches»

VELOCITY OF REACTIONS
Vitesse des réactions

VELLS
Caillette

VESSEL
Cuve

«VIBROFLUIDIZER»
«Vibrofluidizer»

VIILI
Viili

VILIA
Vilia

VINYL CHLORIDE
Vinyle [chlorure de]

«VIOLONCELLO»
Violoncelle

VIREU
Vireu

VIRIDANS
Viridans

VIRULENCE
Virulence

VIRUS
Virus

VISCOLIZED MILK
Viscolisé [lait]

VISCOSITY
Viscosité

VITAMINS
Vitamines

VLA
Vla

VOGES-PROSKAUER REACTION
Voges-Proskauer [réaction de]

VOGT PROCESS
Vogt [procédé]

VOLATILIZATION
Volatilisation

VOLUME METER
«Volucompteur»

VOTATOR
Votateur ou votator

VTIS PROCESS
VTIS [procédé]

W

WALDHOF PROCESS
Waldhof [procédé]

WALLEOST
Walleost

WARMING
Chauffage

WASHING SODA
Soude [cristaux de]

WASTAGE OR WASTE
Freinte

WASTES OR WASTE WATER
Eaux résiduaires

WASTE WATER TREATMENT
Épuration des eaux

WATER HARDNESS
Dureté [de l'eau]

WATER INSOLUBLE FATTY ACIDS VALUE (WIA)
Acides insolubles totaux [indice] ·

WATERING OF MILK
Mouillage du lait

WATER REPELLENT
Hydrophobe

WATER SOFTENER
Adoucisseur

WATER SOFTENING
Adoucissement

WATER SOLUBLE FATTY ACIDS VALUE (WSA)
Acides solubles totaux [indice]

WATER SOLUBLE VITAMINS
Vitamines hydrosolubles

WEBSTER PROCESS
Webster [procédé]

«WEED»
Mammite

WEED-KILLERS
Herbicides

WEEPING EYES [SWISS CHEESE]
Pleureur [gruyère]

WEIBULL-STOLDT METHOD
Weibull-Stoldt [méthode]

WEIL-MALHERBE AND BOUE METHOD
Weil-Malherbe et Boue [méthode]

WERNER-SCHMIDT METHOD
Werner-Schmidt [méthode]

WERNERIZER
Wernerizeur

WESTFALIA PROCESS
Westfalia [procédé]

WESTPHAL BALANCE
Westphal [balance de]

WETTABILITY
Mouillabilité

WETTABILITY OF MILK POWDER
Mouillabilité [des poudres de lait]

WETTING AGENTS
Mouillants [produits]

WETTING POWER
Mouillabilité

WHEY
Lacto sérum, mergue, petit-lait, sérum [de fromagerie]

WHEY BUTTER
Whey butter

WHEY CHEESE
Whey cheese

WHEY FROM WHEYCHEESE
Quette

WHEY PASTE
«Whey paste»

WHEY-SPOTS OR WHEY-SPOTTED CHEESE
«Mouillères»

WHEY STRAINER
Chaillée ou faitière

WHEYING OFF [FOR WHEY]
Exsudation

«WHIPPED TOPPING»
«Whipped topping»

WHIPPING
Fouettage [des crèmes]

[WHITE] WHISKERS [CHEESE]
Fleur [du fromage]

WHITAKER TEST
Whitaker [test de]

WHITE BLOOD CELLS
Leucocytes ou globules blancs

WHITE CHEESE
Pâte fraîche

WHITE ROT
Pourriture blanche

WHITESIDE TEST
Whiteside [test]

WHOLE MILK
Entier [lait]

WICKER DRAINER
Cageret ou cagerotte

WICKER STRAP
Éclisse

WICKER TRAY
Planchot ou plancheau

WIDE FLAT SCOOP
Poche ou pochon

WINGER PROCESS
Winger [procédé]

WISER PROCESS
Wiser [procédé]

WMT [WISCONSIN MASTITIS TEST]
WMT

WODE-BOBECK INDEX
Wode-Bobeck [indice de]

WOODEN CRATE
Fardeau

WORKING OUT THE CURD GRAIN
Ressuage ou ressuyage

WRAPPING CLOTH
Étamine

WRAPPING IN TIN FOIL
Plombage

X Y Z

XANTHINE OXIDASE
Xanthine-oxydase

XANTHOPHYLL
Xanthophylle

XEROPHILIC BACTERIA
Xérophile [germe]

YAKULT
Yakult

YEAST
Levure

YIELDS
Rendements [technologiques]

YMER
Ymer

YOGURT
Yaourt ou yoghourt

«YUZHNYI»
«Yuzhnyi»

Z VALUE
Z

ZABADY
Zabady

ZAP METHOD
Zap [méthode]

ZEAXANTHIN
Zéaxanthène

ZEBDA
Zebda

ZEOLEX
Zeolex

ZEOLITE
Permutite

ZEOLITES
Zéolithes

ZIMNE
Zimne

ZINC
Zinc

ZINCICA
Zincica

ZINEB
Zinèbe

ZIRAM
Zirame

ZIVDA
Zivda